山川
歴史モノグラフ
㉚

オスマン朝の食糧危機と穀物供給

16世紀後半の東地中海世界

澤井一彰
Sawai Kazuaki

山川出版社

Food Shortage and Environment in the East Mediterranean World
in the Late 16th Century
by
SAWAI Kazuaki
Yamakawa-Shuppansha Ltd 2015

オスマン朝の食糧危機と穀物供給　目次

凡　例

アラビア文字のラテン文字転写は，原則として『岩波イスラーム辞典』による方式を採用した[大塚ほか 2002:10-13]。ただし，オスマン語史料の場合は，トルコ共和国における一般的なオスマン語の転写方法を採用した。またカタカナ表記についても，基本的には『岩波イスラーム辞典』による方式に従った。ただし，同書の現代トルコ語のカタカナ表記について「例外」とされている箇所については，それらの例外措置をとらなかった[大塚ほか 2002:13]。

固有名詞のカナ表記については，日本での慣習的な表記がある場合には，それに従った(例えば，アナドルではなく，アナトリアとする。ただし，当時の地域名や職名はアナドル州やアナドル州総督のように表記し，アナトリア州やアナトリア州総督とはしない)。

判断が難しいいくつかの場合は，状況に応じてもっとも不自然さが少ないと思われる表記を採用した。地名については，現在もっとも慣例的に用いられているカタカナ表記を用い，初出にのみ史料中で用いられるオスマン語の表記を(　)に入れて，「アレクサンドリア(イスケンデリーイェ)」のようにあらわした。

略号表

BAG　T. C. Başbakanlık Devlet Arşivleri Genel Müdürlüğü(トルコ共和国首相府国家諸文書総局)

DBİA　*Dünden Bügüne İstanbul Ansiklopedisi*. Edited by Tarih Vakfı, İstanbul, 1993-95.(『過去から現在までのイスタンブル百科事典』)

DİA　*Türkiye Diyanet Vakfıİslam Ansiklopedisi*. Edited by Türkiye Diyanet Vakfıİslâm Ansiklopedisi Genel Müdürlüğü. İstanbul, 1988- .(『トルコ宗教財団イスラーム百科事典』)

EI[1]　*E. J. Brill's first encyclopaedia of Islam*. 9 vols. Edited by M. Th. Houtsma et al., Leiden and New York, 1987 (rep. [1st ed. 1913-36]).

EI[2]　*Encyclopaedia of Islam*. New ed. 12 vols. Edited by H. A. R. Gibb et al., Leiden, 1960-2002.

H.　Hicrî (ヒジュラ暦)

İA　*İslam Ansiklopedisi*. Edited by Milli Eğitim Bakanlığı. 13 vols. İstanbul, 1950-86.(『イスラーム百科事典』)

MD　Mühimme Defterleri(枢機勅令簿)

R.　Rumi(ルーミー暦)

オスマン朝の食糧危機と穀物供給――十六世紀後半の東地中海世界

序論

オスマン朝史研究と新たな「地中海世界」像

Işık Doğudan Yükselir (EX ORIENTE LUX)
「光、東方より昇り来る」

1 本書の目的と意義

十六世紀後半、スレイマン一世(在位一五二〇~六六)が君臨するオスマン朝は、アジア、アフリカ、ヨーロッパの三大陸にまたがる文字通りの大帝国を形成していた。その領域は、地中海沿岸部の過半とその北に位置する黒海沿岸部のほぼ全域におよぶ、極めて広大なものであった。パーディシャーと呼ばれたオスマン朝の君主は、イスタンブルを都とし、オスマン朝のヨーロッパ領であるルメリの中心都市エディルネを副都として、君主たるパーディシャーの絶対的代理人である大宰相を筆頭とする強力な官僚機構によって巨大な帝国を統治していた。

パーディシャーの居所であるトプカプ宮殿を岬の先端に抱えつつ、北、東、南の三方を海によって隔てられ、ただひとつ陸へと開かれた西方を堅固な大城壁によって守られた帝都イスタンブルは、同時に十六世紀後半においてヨーロッパでも指折りの人口を擁する巨大な消費都市でもあった。この巨大都市を養うべく、イスタンブルにはオスマン朝領内の各地から小麦をはじめとする各種の穀物が、あるいは陸路によって、あるいは海路を通じて間断なく、また大量に輸送されていた。領内の各地からイスタンブルに安定的に穀物を供給する穀物流通システムを維持することは、当時のオスマン朝政府にとって最重要政策のひとつとして位置づけられていた。本書の主題は、こうした穀物流通をめぐって発生した様々な問題をとおして、十六世紀後半におけるオスマン朝、あるいはより広く地中海世界の諸相を明らかにすることである。

本書の主たる目的は次の二つの段階に大別することができる。その第一はオスマン朝史研究の枠組みにおいて、十六世紀後半におけるオスマン朝社会の実相を、小麦をはじめとする各種穀物と、それを取り巻く諸問題に焦点を絞ることによって具体的に明らかにすることである。周知のように、これまでのオスマン朝社会経済史の主流は、徴税調査台帳をはじめとする様々な徴税記録を用いた土地制度史についての研究であった。とりわけ膨大な量の史料が残されているタンズィマート期以降と比較すると、伝世する史料が質と量の双方において限定的であるそれ以前の時代を対象とした諸研究においては、そうした傾向がより一層顕著であったといえよう。

このため少数の例外を除けば、前近代のオスマン朝において穀物がいかなる重要性を有し、また都市を中心として生じていた穀物を取り巻く諸問題が当時のオスマン朝社会においてどのような影響を与えていたのかという点については、これまでほとんど研究の対象にされてこなかった。その最大の原因は、前述したように残存する一次史料の数量あるいは記述内容の偏りなど、史料的制約によるものである。しかし同時に、これまでオスマン朝社会経済史研究を牽引してきた歴史研究者たちが、穀物をはじめとする各種物資の流通や、それを取り巻く都市社会の問題にそれほど大きな関心を示してこなかったこともまた、否定しがたい事実であろう。本書は、このような未開拓の研究分野であるオスマン朝における都市社会、とりわけ十六世紀後半において極めて大きな重要性を有することになる穀物問題を糸口としつつオスマン社会の実態の一端を明らかにすることによって、オスマン朝社会経済史研究に資することをめざすものである。

以上のように本書は、オスマン朝の都であったイスタンブルを中心に展開した十六世紀後半の東地中海世界における穀物問題を考察の中心とするものである。ただし、すでに述べたような史料的な制限がある以上、十六世紀後半のオスマン朝に流通していた穀物について、計量経済史的な観点から分析を加えることは非常に困難である。さらにいうならば、近代的な統計資料が存在しない十六世紀後半の限られた史料的状況から特定の物資の流通過程を精確に読み取ることは、ほとんど不可能に近いとさえいえる。そのため本書の主眼は、十六世紀後半のオスマン朝において、穀物とそれを取り巻く諸問題がオスマン社会にどのような影響を与え、またそうした問題をオスマン朝政府がいかにして解決しようとしていたのかを明らかにすることにおかれる。イタリアの碩学《せきがく》カルロ・チポラがいうように、経済学の下部領域のひとつである計量経済学に対応する経済史の分野が計量経済史であるとするならば［チポッラ 2001:13-29］、本書はむしろマクロ的視点からオスマン朝の穀物政策や都市政策を解明することをめざすものとなる。用いる史料がオスマン朝政府によって作成された公的記録であるため、そこにあらわれる記述内容が「官のまなざし」に傾きがちであることは否定できない。しかし同時に、各章においては、十六世紀後半の地中海世界において広くみられた穀物問題がオスマン社会におよぼした様々な影響について、できうる限り社会史的観点、すなわち市井の人々の目線からも検討を加えていきたい。

一方で穀物問題のように、いくつもの国境にまたがりつつ展開する広域的な事象について考える際には、オスマン朝だけではなく、十六世紀後半における地中海世界全体の状況もあわせて考慮しておく必要がある。多くの研究者が主張するように、十六世紀後半の地中海世界では、急激な人口の増加がみられ、それに起因する穀物不足が各地で発生していたとされる。こうした時代背景が存在していたことが、十六世紀後半に作成されたオスマン語文書史料においても、穀物についての記述が多くみられる一因であると考えられるのである。以上のような理由によって、本書においては、地中海世界全体の動向も意識しつつ、十六世紀後半のオスマン朝に流通していた小麦を中心とする各種穀物の動きに注目することによって、オスマン朝とりわけイスタンブルの都市社会の実像がいかなるものであったのかを解明することをめざしたい。

本書の主要な目的の第二は、社会経済史研究に大きな成果をあげてきたアナール派を代表する歴史学者、フェルナン・ブローデルが、その大著『フェリペ二世時代の地中海と地中海世界』[1]によって主張した「地中海世界」という枠組みを、オスマン朝の側から再検証することである。ブローデルが提唱した、地中海とその周辺地域をひとつのまとまりをもった世界、すなわち「地中海世界」として捉えるという考え方は、ヨーロッパ史研究に留まることなく、広く世界の歴史学界に極めて大きな影響を与えた。この意味において、ブローデルが十六世紀後半の地中海地域の研究に果たした役割は非常に重要である。いまやブローデルの死後、四半世紀以上が経過したが、とりわけ「フェリペ二世(在位一五五六〜九八)の時代」すなわち十六世紀後半の地中海世界を扱った研究については、『地中海』を凌駕する著作はいまだ世に出されていないといっても過言ではない。

しかし一方で、現在の研究水準に照らすならばブローデルの『地中海』を、まったく非の打ちどころのない研究であると無条件に認めることは、もはやできないというのも事実である。また『地中海』をはじめとするブローデルの研究には、残された非常に大きな課題も存在している。その最大のものは、当時の地中海沿岸部の東半を領有していたオスマン朝についての言及が極めて限定的であり、またオスマン朝についての記述の大部分は、同時代の一次史料に基づいたものではないという点に求められよう。オスマン朝が当時の地中海沿岸部の三分の二以上を領有していたという事実を考慮するならば、これは看過することができない重大な問題である。[2]

もちろん、広大な地中海のすべての地域を独力で研究し、ひとつの著書にまとめあげることは容易なことではない。また、ブローデルが『地中海』を執筆した当時、彼が参照しえたオスマン朝史研究の水準は、現在のそれとは比較するべくもない。しかしながら、『地中海』が書かれてから約半世紀が過ぎた今、こうした状況は大きく変わりつつある。近年、トルコ国内外におけるオスマン朝史研究は、質と量の両面において大きく進展し、本書の考察対象である十六世紀後半についても多くの歴史的事実が明らかとされてきた。

さらに重要な研究上の変化は、トルコ共和国の各文書館・図書館に収蔵されているオスマン語史料の利用状況が、大きく改善されたことである。トルコ共和国においてオスマン語文書史料にアクセスすることは、かつては非常な困難をともなったという。しかし、いまや文書館や図書館は電子化が進展し、データベースを用いての検索や閲覧がおこなわれていることはもちろん、それらをDVD-ROMにコピーして日本に持ち帰ることすら可能となっているのである。[3]

こうした研究状況の変化を踏まえて、本書の主要な目的の第二は、第一の段階で明らかとなった十六世紀後半のオスマン朝における穀物問題の諸相を、さらに大きな地中海世界という枠組みにあてはめることによって、ブローデルが描き出すことのできなかった地中海世界の空白を埋めることにある。そしてそのうえで、改めて地中海世界という概念の妥当性を地中海の東部地域から、すなわちオスマン朝の側から捉えなおしてみたい。これまでもっぱらヨーロッパの視点から語られてきた地中海世界を、その東側に大きく開かれたオスマン朝という窓から眺め見たとき、そこから見える景色は、かつてブローデルが描き出した風景画とは異なるものになるだろう。

2　考察対象とする地域と時代

いうまでもなく、広大な地中海世界のすべての地域をあらゆる時代にわたって独力で詳細に検討することは、もとより不可能である。ここではあらかじめ、本書において主として取り扱うことになる地域と時代について具体的に述べておきたい。まず、本書の主な考察対象地域は、基本的にはオスマン朝が領有した領域のすべてである。

すでに述べたように、膨大な人口を抱える巨大な消費都市であったイスタンブルには、帝国各地から小麦をはじめとする多くの穀物が絶え間なく送り込まれていた。もちろん、こうした状況はオスマン朝期に限られたことではなく、規模の差こそあれ、それ以前のローマ・ビザンツ期から基本的には変化していないと考えられる。[4]本書の主要史料である

「枢機勅令簿」をはじめとする各種のオスマン語文書史料にも、イスタンブルに穀物を供給していた実に多くの地名を確認することができる。十六世紀後半においては、北は黒海北岸のクリミア半島やドナウ川流域、南はナイル川を抱えるエジプトにおよぶ広大な領域の各地から、イスタンブルへと大量の穀物が輸送されていたのである。本書においては、こうした地域の全体、すなわち地中海世界の東部地域と黒海とをあわせた「イスタンブル穀物供給圏」ともいうべき広がりにおける穀物の動きについても明らかにしていきたい。

本書で扱う地域的広がりの大きな特徴のひとつは、ブローデルがほとんど言及しなかった黒海海域を考察対象地域の中心に位置づけていることである。地中海沿岸地域をひとつのまとまりをもった「世界」として考えるのであれば、ボスポラスとダーダネルスという二つの海峡によって地理的に地中海と直接つながる黒海海域を無視することはできない。南北を海によって結び、また東西を陸によってつなぐ地理的要衝に位置するイスタンブルは、我が国においてもしばしば「東西文明の架け橋」などと形容されるように、これまでもっぱら東のアジアと西のヨーロッパとを結びつける街として認識されてきた。しかし、イスタンブルは同時に、北方世界への入口である黒海と南方に広がる広大な地中海とをつなぐ、まさに南北の要ともいうべき場所を占めていたということもまた忘れてはならない。とりわけ本書の主要な検討対象である穀物問題においては、こうした傾向が一層強くあらわれている。イスタンブルへの穀物供給の実態について検討した第三章においては、このような事実を具体的に明らかにしていきたい。

ブローデルが用いた史料の性質によるものであろうが、『地中海』には大西洋や北海さらにはバルト海の状況についての記述が多くみられる。[5] こうした地理的には地中海の外部に位置する海域が、実際には地中海世界にも大きな影響を与えていたことはブローデルがよく論証するところである。[6] しかし大西洋や北海あるいはバルト海地域が、地中海の西部地域に影響を色濃く残したように、黒海もまた、東地中海世界において極めて大きな役割を果たしていたと考えられる。この意味においても、黒海と地中海の東部地域とをひとつのまとまりとして捉えることは、地中海世界全体を考えなおすうえでも非常に大きな意義を有しているのである。この点については、本書の第Ⅱ部の各章において詳細に明らかにしていきたい。

ところで、念のため付言すると、本書の考察対象は、必ずしもオスマン朝のみに限定されているわけではない。繰り返し述べるように、本書の大きな目的のひとつは、オスマン朝のみを研究対象とするのではなく、十六世紀後半の地中海世界全体の状況を地中海の東部地域を出発点として再検討することである。とりわけ、オスマン朝とヨーロッパ諸国との間でおこなわれた「穀物争奪戦」ともいうべき状況を明らかにすることをめざした本書の第四章においては、当然のことながら同時代のヨーロッパ諸国の動向にも注目していく。

もちろん、本書で取り扱う主要史料はオスマン語文書史料であるため、ここで考察することができるのも、こうしたオスマン語史料にあらわれるヨーロッパ諸国の動きが中心となる。また、本書においてヨーロッパ諸語の一次史料を大量に扱うことは現時点における筆者の能力を超えることから、この点については現在のところブローデルやモーリス・エマール、あるいは齋藤寛海などの優れた先行研究を参照するに留める。ただし序論第4節において言及するように、ヴェネツィアをはじめとして、ドゥブロヴニク(ラグーザ)やフランスあるいはスペインに保管されているヨーロッパ諸語の史料が質と量の両面において非常に重要な史料群を形成していることは改めて申し述べるまでもない。とくにオスマン語史料からは明らかにすることが難しい「民のまなざし」に基づく歴史を書くためには、ヨーロッパ諸語によって残された様々な商人文書の利用が不可欠であろう。[7] 今後の大きな課題のひとつとして、この点については将来、可能な限り取り組んでいきたい。

続いて本書が取り扱う時代の範囲について述べたい。本書が考察の対象とする時代は、その草創期から二〇〇年以上を経て、オスマン朝の古典的な政治的・経済的システムが一応の完成をみたとされる十六世紀後半である。[8] 具体的には、トルコでは「立法者」と綽名《あだな》され、ヨーロッパの人々からは「大帝」と呼ばれたスレイマン一世の治世末期にあたる一五六〇年頃をその起点としたい。さらに、スレイマン一世の息子であるセリム二世（在位一五六六～七四）を経て、孫のムラト三世（在位一五七四～九五）の治世末期にいたる一五九〇年頃までを本書の検討対象とする。その理由は以下のとおりである。

まず一五六〇年以前については、オスマン語史料の保存状況が概して劣悪であり、文書史料を用いての具体的な検討が非常に困難であるという要因があげられる。一般にオスマン朝は、他のイスラーム諸王朝に比べると豊富な史料が残されているといわれることが多い。しかし実際には、大量に残された一次史料の大部分は十九世紀半ばの、いわゆるタンズィマート期以降に作成されたものであり、とりわけ十六世紀中頃より以前の時代については、より以前の時代から継続的に受け継がれてきたワクフ文書など一部の史料を例外として、残存する文書史料は質と量の両面において極めて限定的であるというのが実情である。ただし例外的に、一五五九年からは「枢機勅令簿」という勅令の写しを集めた台帳群がまとまって伝世している［澤井 2006］。詳細については第4節の史料解題に譲るが、この枢機勅令簿は質と量の両面で非常に優れた史料群を形成しており、本書における分析も同史料に大きく依拠している。言い換えれば、この枢機勅令簿の存在こそが、十六世紀後半以降のオスマン史研究の可能性を大きく広げているのである。

一方で、一五九〇年頃からは、後代において「ジェラーリー諸反乱」と呼ばれることになる一連の反乱や蜂起がアナトリアの各地で本格化し[9]、これらによって各地の穀物生産はもとより、イスタンブルへの輸送活動も大きな影響を受けたと考えられている[10]。さらに同じ頃には、イスタンブルにとって重要な穀物供給地域であったとされるドナウ沿岸地帯でもオスマン朝に対する大規模な反乱が発生していた[11]。このため、一五九〇年代には、イスタンブルへの穀物供給を含めて、オスマン朝における物資流通システムに非常に重大な変化が生じていた可能性が極めて高い。さらにこの頃、地中海世界の西方における穀物流通にも、ほぼ時を同じくして重要な変化が生じていた。地中海の西部地域には、一五九〇年頃を境として、北方のバルト海から北欧の穀物が大量にもたらされるようになった。すなわち一五九〇年前後の時期は、地中海世界の東と西の双方において、ひとつの画期であったということができよう。以上のような理由によって、本書においては、ひとまず一五六〇年頃から九〇年頃までの時代を主要な考察対象の時期としたい。

3　先行研究とその問題点

このあとの各章において論じることになる個別具体的な諸問題についての先行研究は、膨大な数にのぼる。煩雑さを避けるために、各章に関連する先行研究については、それぞれの章において言及することとし、ここでは本書の大きな枠組みを構成するいくつかの問題についての先行研究を検討し、その問題点を明らかにすることにしたい。

第1節の「本書の目的と意義」においても述べたように、本書の目的は二つに大別することができる。そのひとつは、十六世紀後半のオスマン朝における都市社会の実相を穀物とりわけ小麦を取り巻く諸問題を考察することによって具体的に明らかにすることであり、いまひとつの目的は、そうしたオスマン朝における穀物問題の分析から明らかとなったオスマン朝社会の実態を踏まえて、ブローデルの『地中海』においてはその多くが不明のままとされていた地中海の東部地域や黒海海域の状況に基づいて「地中海世界」という枠組みを再検討することである。本節においても、まずはオスマン朝史研究における穀物問題についての諸研究のうち、とりわけ十六世紀後半を対象としたものを中心に概観し、それらの先行研究にみられる問題点を明らかにする。そのうえで、ブローデルの研究をいま一度詳しく検討し、そこにみられる問題点を洗い出していきたい。

オスマン朝穀物史研究の展開と課題

オスマン朝史研究とりわけ、その社会経済史研究の分野において、穀物問題を正面から取り扱った研究は、それほど多くはない。ただし非常に例外的に、アフメト・レフィクによって著された穀物を含むイスタンブルへの各種食料品の供給についての一論文は、早くもオスマン朝末期の一九一六(ルーミー暦一三三二)年にオスマン語による学術雑誌に寄稿されている[Refik R.1332/1916]。[12] しかし同論文は、紙幅の大半が前述の枢機勅令簿からの食料品の供給についての関連記事をそのまま写すことに費やされており、具体的な分析や考察はほとんどおこなわれていない。この意味において同論文は、いわば史料集的性格を強くもつ研究である。また、そこで引用された史料も、枢機勅令簿そのものが直接閲覧可能となった現在においては、もはやそれほど貴重なものであるとはいいがたい。さらに同書における主要な考察対象である穀物供給についての引用記事は、紹介された枢機勅令簿の合計二六点のうち、わずか六点のみに留まっており、一二点を数える食肉供給についての史料の半数にすぎない。

その後、オスマン朝末期の一九一二～一九・二〇(ヒジュラ暦一三三〇～三八)年には、イスタンブル市政についての大著[Ergin H.1330-8/1912-19・20]が出版された。[13] この著作において、著者のオスマン・ヌーリ・エルギンは、過去のイスタンブルにおける公定価格制度や物資の供給についても一部で言及している。[14] しかし、同書で用いられた史料の多くは十八世紀から二十世紀初頭にかけて作成されたものであり、これら後世の史料をもとに人口規模や穀物流通システムが大きく異なる十六世紀後半のイスタンブルの状況を論じることはできない。

一九三〇年代には、ビザンツ期のコンスタンティノポリス(コンスタンティノープル)とオスマン期のイスタンブルへの食糧供給をひとまとめにして検討した論文[Bratianu 1929/30:Bratianu 1931]が、相次いでビザンツ史研究の学術雑誌である『ビザンティオン』(*Byzantion*)に掲載された。しかし、いずれの論考ともオスマン朝についての考察には、オスマン語史料が用いられておらず、とくに注目すべき新たな指摘もみられない。また同論文では、ビザンツ期のコンスタンティノポリスについてなされていた議論が、唐突に十八世紀や十九世紀のオスマン朝についてのものに移るなど、論述の展開についても問題が多いといわざるをえない。

第一次世界大戦とその後の「祖国解放戦争」を経て、オスマン朝が解体されトルコ共和国が成立すると、新たに共和国の首都となったアンカラには一九三五年に「言語・歴史・地理学部」が創設された。[15] その名が示すように、「言語・歴史・地理学部」においては、共和国体制の堅持とトルコ人のアナトリアにおける「生存権」の主張を訴えていく学術的活動が、言語学的、歴史学的あるいは地理学的見地からさかんにおこなわれるようになった。そのような活動の成果のひとつが、創設後まもない「言語・歴史・地理学部」で学んだムスタファ・アクダーによる研究［Akdağ 1949: Akdağ 1950］である。「オスマン帝国の草創および興隆期におけるトルコの経済的役割」(Osmanlı İmparatorluğunun Kulusuş ve İnkişafi Devrinde Türkiye'nin İktisadi Vaziyeti)と題され、二部に分けて掲載されるほどに長大なこの論考においては、いわゆるトルコ共和国の「公定歴史学」[16]の路線に沿ったかたちで、草創期から十七世紀にいたるオスマン朝の歴史において「アナトリアがいかに経済的に重要な土地であったのか」ということが一貫して主張されている。とくに第二部においては、「穀物不足」と題された一節が設けられており、本書の主要な考察対象である十六世紀後半の状況についても枢機勅令簿を用いて若干言及されている。しかし、同論文には共和国の「公定歴史学」に影響されたオスマン朝に対する強い偏見と先入観とが散見されるうえに、その性質上あくまで「トルコ」のみが考察の対象とされ、オスマン朝を構成していたそれ以外の地域については主要な研究対象とはされなかった。また、伝世する七〇冊以上の枢機勅令簿のうち、わずか数冊のみが用いられているにすぎないなどの史料上の問題が存在することも付記しておく必要があろう。

一方で、イスタンブルにおいてはアンカラとは違ったかたちでオスマン朝史研究が進展しつつあった。オスマン朝社会経済史研究は、イスタンブル大学経済学部において精力的に研究をおこなったオメル・リュトフィー・バルカンのもとで大きな発展を遂げることになる。その主要な原動力は、ブローデルの盟友でもあったバルカン自身はもとより、イスタンブル大学経済学部におけるバルカンの同僚や学生たちによる諸研究であった。その一人であるサブリー・ウルゲネルは、食糧危機を経済的不均衡の問題と関連づけて研究した著書のなかで、十六〜十八世紀におけるオスマン朝の穀物供給にも言及している[Ülgener 1951:46–77]。しかし、同書における考察は、オスマン朝において作成された年代記に依拠するものであり、現在のオスマン朝社会経済史研究には不可欠なものである同時代の文書史料はまったく用いられていない。そもそも年代記は、残存する点数がそれほど多くないうえに、穀物問題についての記述となるとさらに限定的なものに留まる。そのため同書は、本来は経済学者であるとともにトルコ共和国における経済史の先駆者の一人であったウルゲネルによる意欲的な試みであったにもかかわらず、史料的制約に阻まれて同時代の状況の具体的な把握と、その詳細な分析を十分におこないえなかった。この意味において同書は、皮肉にも、年代記史料のみを用いてオスマン朝の社会や経済の実像を明らかにすることの限界を如実に示したものであるといえるのである。

しかしこの直後、ウルゲネルと同じくイスタンブル大学経済学部で教鞭をとっていたリュトフィー・ギュチェルの研究活動によって、オスマン朝穀物史の研究は大きく前進することになる。未刊行の文書史料を駆使したギュチェルによる一連の研究は、いわばオスマン朝物資流通史研究における大きな画期となるものであった。なかでも、十六世紀後半のオスマン朝における穀物流通についての専論[Güçer 1953]は、この分野における歴史学的研究の嚆矢《こうし》として非常に重要である。同論文においては、レフィクの論文[Refik R.1332/1916]以上に、多くの枢機勅令簿が用いられている。ギュチェルは、この論文によってこれまで知られていなかったオスマン朝期の穀物流通の実態について検討し、新たに多くの事実を指摘した。十六世紀後半のオスマン朝における穀物流通の基本的な構造は、同論文によってはじめて明らかにされたといってよい。

ただし、この優れた論考にも問題がないわけではない。紙幅の関係から、ここでは大きな問題点を二点指摘しておきたい。ひとつは、同論文においては考察の対象となる時期が十六世紀末、具体的には一五七四年以降に限定されていることである。しかし、同論文の主要史料である枢機勅令簿は、一五七四年より以前の五九年から伝世している。言い換えれば、ギュチェルは枢機勅令簿の第三四巻以前の各巻には言及すらしておらず、またその理由についてもまったく説明していない。このため、同論文では、一五七四年以前の状況だけでなく、十六世紀の第三四半期と第四四半期との間の連続性や断絶性といった問題についても明らかにされないままとなっている。

いまひとつの問題点は、ギュチェルが主張するいくつかの点が、同時代史料ではなく十八世紀に作成された「食料枢機勅令簿 Mühimme-i Zehair Defteri/Zahire Mühimme Defteri」と呼ばれる史料に基づいて議論されていることである。この「食料枢機勅令簿」は、元来、多種多様な勅令の写しを集めたものである枢機勅令簿とは違って、食料品にかかわる勅令のみを集めて編集された史料であるが、一七四〇年代以降に作成された帳簿のみが伝世している[BAG 1995:106f.; BAG 2000:46f.]。ジェラーリー諸反乱に代表される十六世紀末の多くの危機を乗り切り、十七世紀のキョプリュリュ時代の様々な改革を経て、さらに十八世紀初頭からは「チューリップ時代」と一般に呼ばれる長期にわたる平和と文化爛熟の時代を過ごしたのちに、再び危機を迎えることになったとされるオスマン朝経済が、約二〇〇年も前の十六世紀後半と同じシステムのもとに機能していたと考えることは極めて危険である。とりわけ、のちに言及するローズ・マーフィーが、一七一八年に締結されたパッサロヴィッツ条約によってオスマン朝がドナウ川対岸地域（具体的にはワラキア西部）の直接支配をおこないえなくなって以降、穀物流通の構造が大きく変化したと指摘している点にはおおいに注目する必要がある[Murphey 1988:219f.]。そこで、本書においてはギュチェルの論文[Güçer 1953]が使用しなかった第三四巻以前の枢機勅令簿をあわせて用いることによって、ギュチェルが明らかにしえなかった一五七四年以前の状況を含めて、十六世紀後半のオスマン朝における穀物問題をより幅広い見地から検討していきたい。

ギュチェルは、さらにその後、単著[Güçer 1964]を執筆し、その検討対象を十七世紀末にまで広げるとともに、オスマン朝における穀物問題についてより多角的な視点から検討をおこなった。しかし、『十六～十七世紀のオスマン帝国における穀物問題と穀物から徴収された諸税』(*XVI.-XVII. Asırlarda Osmanlı İmparatorluğunda Hububat Meselesi ve Hububattan alınan Vergiler*)という書名からも明らかなように、同書におけるギュチェルの主たる関心は、本書で扱う穀物問題というよりも、むしろ穀物から徴収された様々な税目の分析にあった。そのため、穀物問題それ自体については、わずか四一ページからなる第一部で簡単に言及するに留まっており、「オスマン帝国財政における穀物の位置」と題された、それ以降を占める長大な第二部においては、もっぱら各種の税目や徴収額についての検討に主眼がおかれている。すなわちこの著作においても、オスマン朝における穀物問題が具体的にどのようなものであり、またオスマン朝政府がどのような対策を講じていたのかという点は解明されることのないままに現在にいたっているのである。

以上のような課題を抱えつつも一九五〇年代から六〇年代にかけて、オスマン朝における穀物問題についての研究は、ギュチェルによって一応の進展をみせた。しかしこのあとには研究状況は一変し、現在まで続く非常に長い「停滞期」を迎えることになる。[17] とりわけ、徴税記録台帳を用いた研究が多く発表されるようになると、オスマン朝社会経済史研究の主流は、徐々に地方の土地制度史や社会史の研究へと移行していった。[18] このことも、ギュチェル以降にオスマン朝における穀物問題についての研究が大きく発展することがなかった、ひとつの要因であろう。

こうした研究状況のなかで唯一の例外ともいいうる研究が、先に述べたマーフィーの論文[Murphey 1988]である。この論考において、マーフィーはオスマン朝における生産から消費にいたる各種食料品の流れの概観を多くの先行研究や主に十八世紀以降に記されたいくつかの年代記に基づいて提示した。とりわけ、食糧の輸送、貯蔵および製粉作業などの諸問題については、ギュチェルの研究も含めて、これまで具体的に明らかにはされてこなかった多くの事実を指摘している。ただし、論文の題名が「イスタンブルの食料供給 Provisioning Istanbul」であるにもかかわらず、イスタンブルについての事例は比較的少なく、むしろオスマン朝全体を対象とした食料品輸送の一般的原則ともいうべきものを抽象的に提示するに留まっている。また、当該論文において検討対象とされた時期も十六世紀から十九世紀までと非常に幅広いため、マーフィーが明らかにした歴史的事実が、はたして三〇〇年ものタイムスパンを通じて、一貫して普遍的なものであったのかという疑問も残る。

その後、二十一世紀に入ると、オスマン朝を含む地中海史研究は、新たな段階を迎えた。ブローデルが提示した歴史地理学的な構造に依拠しつつも、十六世紀後半から十九世紀後半にいたる三世紀以上にわたる長期間を検討対象とし、地中海世界の内的変化を明らかにしようとしたファールク・タバクの著作［Tabak 2008］はその代表であろう。さらに、環境史と十六世紀末以降のオスマン朝における政治経済的な変化の連関に注目したサム・ホワイトの研究［White 2011］もあらわれた。いずれの研究も、一次史料に基づく実証性という点においては、いまだ改善の余地が多々みられるものの、新たな研究の視角を提供しているという点では特筆に値しよう。

なかでも、『帝国の空腹との戦い――オスマン社会における飢饉（一五六〇〜一六六〇）』（*İmparatorluğun Açlıkla İmtihanı: Osmanlı Toplumunda Kıtlıklar (1560-1660)*）と題して出版されたザフェル・カラデミルの著作は、取り扱う時代や問題関心が、本書にもっとも近い［Karademir 2014］。これから得たいくつかの知見によって、本書の内容がより充実したものとなったことは否定しないものの、ここでは本書の内容との大きな違いについて二点ほど指摘しておきたい。

ひとつは、同書の冒頭においても明記されているように、著者のカラデミルが、おおむね現在のトルコ共和国の領域に焦点を絞って十六世紀後半のオスマン朝における食糧不足の問題を議論しているという点である［Karademir 2014:9］。しかし、改めて述べるまでもなく、十六世紀後半におけるオスマン朝の領域は、現在のトルコ共和国のそれを大きく凌駕する広がりをもっていた。とくに本書で考察する十六世紀後半における環境の変化や物資流通などの諸現象が、現在の国境線によって隔てられたり、制限されたりすることがなかったことは明らかであろう。

また、カラデミルは、「オスマン朝における食糧危機を同時代のヨーロッパの状況と比較することは、この研究の主たる目的ではない」として、あたかもオスマン朝における食糧不足や飢饉の状況を周辺の世界と切り離して論じている［Karademir 2014:24f.］。しかしながら、とくに本書の第四章において明らかになるように、オスマン朝における食糧不足の出現は、同時代のヨーロッパの状況と切っても切り離せない関係にあり、これをオスマン朝の現象としてのみ捉えることは不可能である。当時は存在していなかったトルコ共和国の国内の状況の分析に重きをおくカラデミルの姿勢は、オスマン史をあくまで「国史」の一部として扱おうとするトルコ共和国の「旧来型の」歴史研究者のある種の限界を如実に示すものであるといえよう。

『帝国の空腹との戦い』と本書の内容との大きな違いの二点目として、カラデミルが検討の対象とした一五六〇年から一六六〇年という時代設定の問題があげられる。すでに第2節でも述べたように、本書が考察対象とする時代は、おおよそ一五六〇年から九〇年までの約三〇年間である。対してカラデミルは、一〇〇年という長期間を検討の対象とした。しかし、この著作を読む限り、この期間の設定についての根拠は明確ではなく、どうやら文書史料が利用可能になる一五六〇年代からその後の一〇〇年間の状況を観察してみるというような曖昧な理由によるものであるように推察される[Karademir 2014:20]。

しかし、カラデミルによるこの長期間にわたる時代設定は、少なくとも食糧問題について考えるうえでは、必ずしも良い結果をもたらしていないように思われる。例えば、同書においては、ある状況について言及する際に、一五七一年の事例を取り上げた直後に、「もうひとつの事例」として一六七〇年の出来事が説明されている[Karademir 2014:79]。異なる場所の異なる時代の事例をやみくもに積み上げていくこうした手法は、同書のいたるところで散見される大きな特徴である。しかしながら、先の例にもあらわれているように、こうした方法は、一〇〇年以上の時間的経過はもちろんのこと、特定の地理的環境による影響をも、ほとんど無視しているに等しい。

「旱魃《かんばつ》」「蝗害《こうがい》」「密輸」といった項目別に記述された同書は、ある特定の事例についての史料を参照する際には便利な史料集とはなりえよう。しかし一方で、その考察は、説得的な分析に乏しく、同書から食糧問題についての時間的経過による変化、あるいは特定の時代や地域の特徴を読み取ることは極めて困難であるといわざるをえない。

以上のような先行研究に加えて、近年はオスマン朝における穀物流通やイスタンブルへの食糧供給に関連する、様々なアプローチからのいくつかの研究も刊行されている。なかでも、イスタンブルのトプカプ宮殿における食糧消費の実態を解明したアーリフ・ビルギンの著作[Bilgin 2004]は、首相府オスマン文書館とトプカプ宮殿博物館文書館(Topkapı Sarayı Müzesi Arşivi)に所蔵されている大量の未刊行史料に加えて、シャリーア法廷記録も一部利用した優れた研究である。考察の対象はあくまでトプカプ宮殿を中心とする宮廷への食糧調達ではあるが、本書を執筆するうえでも非常に参考となるデータも多く含まれている。また、これまでその実態がよくわからなかったパン屋やパン焼窯についての研究も盛んになりつつある。とりわけ十七世紀についてのメフメト・デミルタシの『十七世紀のオスマン朝におけるパン焼業』(*Osmanlıda Fırıncılık 17. yüzyıl*)と十八世紀から十九世紀を対象としたサーリヒ・アイヌラルの『イスタンブルの製粉所とパン焼窯——食料貿易一七四〇〜一八四〇』(*İstanbul Değirmenleri ve Fırınları: Zahire Ticareti, 1740–1840*)は、本書とは検討対象とする時期や問題関心がずれるものの、ともに首相府オスマン文書館に所蔵された多くの文書史料を中心に、シャリーア法廷記録もあわせて用いた興味深い研究成果であると評価することができる[Demirtaş 2008; Aynural 2002]。このように多様化に向かいつつある最近のオスマン朝社会経済史研究の成果も十分に踏まえたうえで、本書は、東地中海世界における穀物問題とそれを取り巻くオスマン社会の実像を具体的に明らかにすることによって、オスマン朝史研究の一層の進展に貢献することをめざしたい。

「地中海世界」とオスマン朝——ブローデル『地中海』再考

ここまでは、オスマン朝社会経済史研究の枠組みにおいて穀物史研究が占める位置について言及し、その展開を時間の経過に従って追いかけるとともに、これらの先行研究にみられる様々な問題を明らかにしてきた。ここからは、本書のもうひとつの主要な目的である、十六世紀後半における地中海世界を地中海東部地域から再検討するための前提として、ブローデルの『地中海』にみられる問題点をいま一度確認しておきたい。

すでに述べたように、ブローデルによる大著『地中海』は、実質的な改訂版である第二版が出版されてから半世紀近くが過ぎた現在においても、十六世紀後半における地中海地域を研究する者にとって欠くべからざる重要な研究であり、歴史学の分野における巨大な金字塔として我が国においても高く評価されてきた。筆者もまた、『地中海』をはじめとするブローデルの諸研究によっておおいに啓発され、また多くを学んだ一人である。

しかしながら、『地中海』は偉大な業績であると同時に、とりわけオスマン朝史研究者にとっては容易に看過することのできない大きな課題を抱え続けてきた著作でもある。なかでも、ブローデルがヨーロッパ諸語の史料に大きく依存し、実質的にはスペイン、フランス、イタリアといった地中海西北地域についての事例が同書の大部分を占めているにもかかわらず、それらでもって地中海世界の全体像を描き出そうとしたことは、のちに厳しい批判につながることにもなった。[19]

周知のように十六世紀後半の地中海世界は、西地中海の西欧キリスト教世界と東地中海を支配したオスマン朝とが並存していた空間であった。また、この時代の地中海南岸に目を向ければ、そこは時としてオスマン朝とフェリペ二世が率いるスペイン(ハプスブルク家)とがしのぎを削る舞台ではあったが、基本的にはオスマン朝の支配が優越する地域であった。[20]すなわち十六世紀後半において、地中海沿岸部の実に三分の二以上の地域は、東地中海世界の中心都市であるイスタンブルに都をおくオスマン朝の極めて強い影響力のもとにあったということができる。この意味において、ブローデルの表現に修正を加えるならば、地中海世界における十六世紀後半とは「フェリペ二世の時代」であると同時に、「スレイマン一世とその後継者たちの時代」でもあったのである。そして、こうした歴史的事実を考慮するならば、ヨーロッパ諸語による史料のみを用いて十六世紀後半における地中海世界の全体像を捉えようとしたブローデルの試みは、いまだ克服されていない大きな課題を抱え続けているといえよう。[21]

我が国において、この問題をはじめて正面から指摘したのは、おそらく鈴木董であろう[鈴木董 1997:17-43][22]。鈴木は、

『海から見た歴史――ブローデル『地中海』を読む』に収録された「「イスラムの海」としての地中海」と題するこの論考において、以下のように述べる。

東西が一つのリズムを生きていた時代の地中海世界の全容を捉えんとするブローデルの『地中海』において、地中海世界の西北の一画を占める南欧三社会についての微に入り細をうがった分析に比し、当面の検討の対象たる十六世紀の地中海世界の、東北、東南、西南の三つの空間をとぎれなく覆っていたイスラム世界の諸社会についての記述と分析の薄さは否定しがたいのである。［鈴木董 1997:25］

そして、そのうえでこのように続ける。

すでに半世紀を過ぎようとしているブローデルの問題提起に応えるべきわれわれの今後の課題は、まさにブローデルが彼の『地中海』を執筆するときには望むべくもなかったその後の研究の蓄積をもふまえて、イスラム世界にも深く立ち入った、地中海世界の西と東との真の統一的な把握の実現に向かって歩を進めていくことであろう。[23]［鈴木董 1997:27f.］

本書は、こうした問題意識を共有しつつ、ブローデルが我々に残した課題と向き合う試みの第一歩である。具体的には、穀物という日常生活に欠かすことのできない地中海世界における最重要物資を取り巻く諸問題を明らかにすることによって、十六世紀後半の東地中海の状況の一端を可能な限り同時代の一次史料に基づきつつ、解明していくことをめざす。

本書の成果が、ブローデルの『地中海』においては、いわば薄暗がりのなかに取り残されてしまったかのような東地中海を照らし出す東方からの一筋の光となり、鈴木のいう「地中海世界の西と東との真の統一的な把握の実現」にわずかにであれ貢献することができるならば、地中海を愛することにかけてはブローデルにも勝るとも劣ることはないと自負する筆者にとって、これ以上の喜びはない。

4　本書で用いる諸史料

本書が歴史学のディスィプリンに沿って書かれる以上、その素材となる史料が極めて重要であることは、ここで改めて申し述べるまでもない。本書においては、序論で述べた研究の目的を達成するべく、主としてオスマン語で記された史料、とりわけイスタンブルの各種文書館に所蔵されている未刊行の一次史料を数多く用いた。また、オスマン語文書史料を補完するために、やはりオスマン語で書かれた年代記や地誌、あるいはヨーロッパ人による旅行記についても渉猟しつつ、必要に応じて参照した。以下においては、本書で用いた史料の特徴やその性格について詳しく論述する。

オスマン語文書史料

この項では、本書の主要史料であるオスマン語文書史料について解説する。数多くのオスマン語文書史料のなかでも、君主の名によって発せられた勅令の写しである枢機勅令簿は、前近代のオスマン朝史研究にとって最重要史料のひとつである。その多くはイスタンブルにある首相府オスマン文書館に所蔵されている。本項の前半においては、首相府オスマン文書館に保管されている枢機勅令簿をはじめとする様々な文書史料についての情報を提供する。

一方で、首相府オスマン文書館以外にも重要なオスマン語史料を所蔵している研究機関が存在する。とくにトプカプ宮殿博物館文書館には、かつて長くオスマン朝君主の居所であったトプカプ宮殿に保管されていた多くの貴重な文書が収蔵されている。本書においても、とりわけ第一章で用いた主要史料はトプカプ宮殿博物館文書館に保管されている記録である。本項後半においては、こうした史料群について説明する。

枢機勅令簿と首相府オスマン文書館所蔵史料

トルコ共和国のイスタンブルにある首相府オスマン文書館は、オスマン朝期に作成されたオスマン文書の所蔵点数において世界最大の規模を誇っている。一般に一億五〇〇〇万点以上の史料が保管されているといわれる首相府オスマン文書館は、オスマン朝期の一八四六年に設立された「文書の蔵 Hazine-i Evrak」にまで遡る起源を有し、中東地域においては最古の歴史をもつ文書館でもある。しかしまた、首相府オスマン文書館は古い歴史をもつだけでなく新技術の導入にも極めて積極的であり、例えばここ数年は、史料を良好に保全するとともに閲覧者の閲覧環境を向上させるために、史料の電子化が急速に推進されつつある。[25] 一方で、未整理・未公開の史料も多数存在することから、同文書館における一連の作業の進捗状況が、今後のオスマン朝史研究の進展のみならず、地中海世界全体の歴史についての研究の動向を大きく左右するといっても過言ではない。[24]

本書の主要史料は、首相府オスマン文書館に収蔵されている枢機勅令簿と呼ばれる史料群である。枢機勅令簿(Mühimme Defteri)の「mühimme」とは、アラビア語に由来し「重要な」を意味する形容詞「mühimm」が名詞化した「重要事」を意味する語であり、defter はギリシア語を起源とし、アラビア語やペルシア語で帳簿や台帳を意味する daftar がオスマン語化したものである。具体的には、オスマン朝の最高意思決定機関であった「御前会議 Divan-ı Hümayun」[26] において決定された諸事項が、オスマン朝の君主の名において、一人称で相手に直接命令する形式をとる勅令を写した台帳である。[27]

勅令の正文は、発送されたあとに受取り先において処分されたり、のちに紛失したりすることが多かったと考えられ、実際にその大部分は伝世していない。そのため、勅令の写しを集めたものである同史料が有する史料的価値は、数あるオスマン文書史料のなかでも極めて高い。すなわち、枢機勅令簿は、オスマン朝の政策決定の全貌を把握することができる稀有の史料であるということができる。さらに、膨大な量の文書史料が残存するタンズィマート以降に比して、圧倒的に点数が少ないそれ以前の時代に属する史料のなかにおいては、枢機勅令簿の存在感はより一層大きなものとなる。

また、枢機勅令簿の記述内容は、ただオスマン朝領内の事例に留まらず、地中海世界の全体を含むオスマン朝と政治的、軍事的あるいは経済的関係を有していた国々にもおよんでいる。具体的には、当時、オスマン朝にとっての最大の敵であり、スペイン、ネーデルラント、ドイツ、オーストリアに加えてハンガリーの一部を支配していたハプスブルク家や、ヴェネツィア、フランス、モロッコなどの地中海沿岸部の国々のほかに、ポーランドやロシアなどの東欧から中央アジアにかけての地域、さらには東方のイランに割拠したサファヴィー朝の情勢やインド洋海域におけるポルトガルの動向、あるいはアチェを中心とする東南アジアの状況など、非常に広大な地域についての情報を包含している。この意味において、枢機勅令簿は、地中海世界を研究するうえにおいて、ヴェネツィア共和国の史料群に匹敵し、ブローデルが用いたドゥブロヴニクの史料よりも質と量の両面において圧倒的に重要なものであると評価することができる。

枢機勅令簿のもうひとつの重要な特徴は、同史料のもつ連続性である。そもそも伝世する史料の点数自体が非常に少ない十六世紀後半において、枢機勅令簿のような重要な史料的価値を有する史料が長期間にわたって連続して残されてきたこと自体、非常に稀有なことである。のみならず、枢機勅令簿は、例外となるわずかな時期を除くと十六世紀中頃、より正確には一五五九年から同世紀末にいたるまで、ほとんど途切れることなく首相府オスマン文書館に保管されている[28]。この枢機勅令簿がもつ類まれなる連続性によって、我々はオスマン朝内外の多くの事象についての連続性や断絶性、あるいは時代ごとの変化について詳しく検討することが可能となるのである。

このように非常に利用価値の高い枢機勅令簿ではあるが、同史料を使用する際にまったく問題が存在しないわけではない。枢機勅令簿を用いる際にもっとも留意するべき点は、枢機勅令簿が首相府オスマン文書館の単一のフォンドにのみ存在しているわけではなく、また枢機勅令簿フォンド(Mühimme Defterleri)内にも実際にはその史料的性格を大きく異にする台帳が多数混在しているという事実である[29]。

そのため筆者は、二〇〇二年からイスタンブルに留学し、首相府オスマン文書館において、枢機勅令簿フォンドに分類されたもののうち、本書の考察対象年代である十六世紀後半に属する諸台帳のすべてを精査した。同時に、枢機勅令簿フォンド以外の各フォンドにおいて枢機勅令簿であると考えられる史料を峻別して作成年代順に整理し、その成果を論文［澤井 2006］として発表した。

本書ではこの論文の分析結果に基づき、首相府オスマン文書館において枢機勅令簿フォンドに分類されている一五九〇年までの枢機勅令簿六六冊のうち五二冊を用いた。また、これに加えて「枢機勅令簿補遺フォンド Mühimme Zeyli Defterleri」に分類された台帳のうちの四冊と「大宰相府御前会議局枢機勅令簿フォンド A. DVN.MHM Defterleri」の一冊もあわせて使用した。[30]

最後に、本書の主要史料である枢機勅令簿の史料的限界についても触れておかなければならない。すでに述べたように、枢機勅令簿は十六世紀という時代を知るうえで、稀有な記述内容の豊かさと史料的連続性を有している。しかし、同史料がオスマン朝官僚機構によって作成されたことを考慮すると、そこには一定の史料的限界も存在する。すなわち、同史料に記された情報は、あくまでオスマン朝政府によって把握されていたものに限定されており、またその記述内容にはオスマン朝政府の意向や願望が強くあらわれる。この意味において、枢機勅令簿は「公的史料」の枠組みにおいて記録されたものであり、枢機勅令簿の記述内容だけでもってオスマン朝における民間の状況についても検討することは難しいといわざるをえない。また、枢機勅令簿は、特定の問題が発生した際に、その対応策を指示した勅令を集めたものである。そのため、枢機勅令簿のみを用いて、何らの問題が生じていない、いわば「平時」の状況を明らかにすることはできない。ここに枢機勅令簿がもつある種の史料的限界が存在するといえよう。そのため、枢機勅令簿を用いる際には、同史料が、あくまで特定の問題が発生した際に、それを解決しようとする「官のまなざし」を反映したものであるという認識をもちつつ、その内容を精査していく必要がある。本書においても、枢機勅令簿の記述が、当時の状況をどの程度精確に反映しているかについて考える史料批判の精神を常にもちつつ考察をおこないたい。

トプカプ宮殿博物館文書館所蔵史料

首相府オスマン文書館は、一八四六年の設立当初から文書館として機能することを目的として設置された「文書の蔵」に起源を有することから、そこに所蔵されている文書・記録の大部分もまた、大宰相府(Bab-ı Ali. フォンド名としてはBab-ı Asafi)や財務長官府(Bab-ı Defteri)など中央政府の官僚機構から移管されたものである。一方で、トプカプ宮殿博物館にある文書館においては、主として宮廷に残されていたと考えられる文書や記録が保管されている。

いうまでもなく、トプカプ宮殿は、コンスタンティノポリスを征服したメフメト二世(在位一四四四～四六、五一～八一)以来、アブデュルメジト一世(在位一八三九～六一)が一八五六年にドルマバフチェ宮殿に移るまでの約四世紀の長きにわたって君主の居所であり続けた、オスマン朝における政治の中枢であった。確かに、十六世紀中頃からは、前述の御前会議に君主自身が出席することはほとんどなくなり、十七世紀後半になると重要な決定の大部分がそれまでの御前会議の開催場所であったトプカプ宮殿の「ドームの間」ではなく、大宰相が所管する大宰相府において決裁されるようになった。しかしその後も、文書主義に基づくオスマン朝においては、君主が居住するトプカプ宮殿には、巨大な官僚組織の各部局をはじめとする中央や地方の様々な場所から、多くの上奏や書簡が送られ続けていた。こうした文書や記録は、トプカプ宮殿に綿々と蓄積され、トルコ共和国が成立したのちも、引き続きトプカプ宮殿内に設立された文書館において保管されることとなったと考えられている。

以上のような経緯から、トプカプ宮殿博物館文書館には、首相府オスマン文書館にあるものとは異なった性質をもつ史料が数多く収蔵されている。本書において用いるのは、そうした史料のひとつであるE.12321である。E.12321は、前述の枢機勅令簿のひとつとされる史料である。すでに詳しく述べたように、枢機勅令簿は、その大部分が首相府オスマン文書館の枢機勅令簿フォンドに保管されている。しかし、E.12321は、トプカプ宮殿博物館文書館に収蔵されているのみならず、首相府オスマン文書館にある枢機勅令簿よりも一五年も古い一五四四／四五年の日付をもつ台帳である。同史料は、二〇〇二年にハリル・サーヒルリオールによってCD-ROMを付して出版された。E.12321がトプカプ宮殿博物館文書館に保管された経緯はまったく不明であるが、この史料が現存する最古の枢機勅令簿であることは、サーヒルリオールの詳細な研究からもまず間違いがない。

年代記、地誌、旅行記

近年目覚ましい進展をみせているオスマン朝史研究を牽引してきた原動力は、未刊行のオスマン語文書史料を多く用いたオリジナリティの高い諸研究である。とりわけ、一億五〇〇〇万点以上の文書史料を所蔵するといわれている首相府オスマン文書館の利用がしやすくなった一九八〇年代以降の研究の進展には目を見張るものがある。

同時代のオスマン朝官僚機構によって作成された文書史料が、当時の詳細な情報や一定の数的データを提供するという点において第一級の史料であることは、ここで改めて述べるまでもない。ただ一方で、こうした官僚や書記たちによって作成された文書や記録は、その史料的性格から記述の視点と内容とが非常に限定的であることが多く、また特定の時代や分野の全体を見渡すような分析には必ずしも適していない。そのため、本書では、未刊行のオスマン語文書史料を分析の中心に据えつつも、これを補完するためにオスマン語で記された年代記や地誌、あるいは当時のイスタンブルを訪れたヨーロッパ人によって記録された旅行記なども用いた。本節第二項の前半は、こうした史料のうちオスマン朝で記された年代記と地誌、後半はヨーロッパ諸語で書かれた旅行記についての史料解題である。

オスマン朝の年代記とイスタンブル地誌

十六世紀後半のオスマン朝においては、多くの年代記が著された。個々の書誌情報については、フランツ・バビンガー［Babinger 1929］や小笠原弘幸［小笠原 2014］の著作の史料解題において非常に詳しく検討されている。しかし、これまでも述べてきたように、これらのオスマン朝年代記には当時の物資流通や穀物供給についての記述はほとんど確認することができない。また、年代記のいくつかは、君主や有力者に献呈されることを目的として執筆されたことから、その内容は君主の輝かしい事績や征服活動が中心となることが多かった。そのため、近年では文書史料と年代記との双方を用いた研究は減少する傾向にあるようにも感じられる。しかし、このことは、これまで用いられてきた年代記史料が、その重要性を失ったということを意味するわけではない。本書においては、文書史料から明らかとなる事実を補完するためにも、以下にあげるような複数の重要な年代記を用いる。

いくつかの年代記は例外的に本書の主題に関係する情報を含んでいる。そのひとつである『諸情報の精髄』(*Künhü'l-Ahbar*)は、ゲリボルル・ムスタファ・アーリーによって十六世紀末に執筆されたものである。オスマン語による華麗な散文で記された同年代記は、天地創造からメフメト三世(在位一五九五〜一六〇三)の治世までを記録した壮大な世界史である。この年代記は、本書が対象とする十六世紀後半に執筆された同時代史料であるばかりでなく、ほかの史料にはみられない当時の社会や経済の状況についての興味深い情報が多く含まれている。これは、著者のアーリーがイェニチェリ書記官長職などを歴任した優れた財務官僚であったことに深く関係するものであると考えられている。この史料については、トルコ中部に位置するカイセリのラーシト・エフェンディ図書館(Rasit Efendi Kütüphanesi)所蔵の写本がカイセリ大学出版局から刊行されたので、これを利用した[Ali 2000]。ただし、同写本は必ずしも最良のものではないため、あくまで参考程度の使用に留めた。

本書で用いたもうひとつの重要な年代記は、これも財務官僚出身であったムスタファ・セラーニキーによって記された『セラーニキー史』(*Tarih-i Selaniki*)である。同年代記は、一五六三年から九九年までの歴史を記録したものであり、これは本書の考察対象時期とほぼ一致する。セラーニキーもまた、スィパーヒー書記官職や両聖都財務官職、俸給局長、アナドル財務官職などを務め、それらの職にあった際の見聞が年代記に多く反映されている。とりわけ、イスタンブルを中心としたオスマン朝の社会の動きや、経済情勢についての詳細な記述は、オスマン朝年代記史料群のなかの白眉であると評価することができよう。この年代記は、かつてイスタンブル大学教授であったメフメト・イプシルリによってトルコ歴史協会(Türk Tarih Kurumu)から刊行された[Selaniki 1989]。本書においては、主にイプシルリによる刊本を用いるほか、必要に応じてオスマン期の版本のドイツにおける復刻版[Selaniki 1970]も適宜参照した。

十六世紀後半のオスマン朝において多くの年代記が著されたこととは対照的に、同時代に記された地誌の存在はほとんど知られていない。オスマン朝の都であり地中海世界における最大の都市のひとつであったイスタンブルについても事情は同じである。そうしたなか、イスタンブルを訪れたペトルス・ギリウス(ラテン語名。フランス語ではピエール・ジル)が残した『コンスタンティノポリス地誌』(*De Topographia Constantinopoleos*)は同時代の貴重な史料である。ラテン語で記された同書は、ギリウスの興味関心を強く反映して古代のローマ遺跡やビザンツ期の建築物についての記述が多くを占めている。しかし同時に一五六一年に出版された同書は、十六世紀のイスタンブルの様々な情報を内包するものとなっている。ただし本書においては、筆者の能力の限界からラテン語の原書ではなくトルコ語訳[Gyllius 1997]を参照するに留めた。

十七世紀に入ると、さらにいくつかのイスタンブル地誌が書き残されている。そのひとつは、イスタンブルのエレムヤ・チェレビ・キョミュルジヤンによってアルメニア語で記された『イスタンブル誌』である。十七世紀半ばのイスタンブルの様子を詳しく書き記した同書は、イスタンブル大学に務めたアルメニア系トルコ人であるフランド・アンドレアスヤンによってトルコ語に翻訳され一九五二年にイスタンブル大学文学部出版局から刊行された[31][Kömürcüyan 1952]。同書はまた、文書史料や年代記にはみられない同時代のイスタンブルの生活や地理的特徴についての豊富な情報を有している。ただし、十七世紀中頃に執筆されたということに加えて、筆者の能力の限界からトルコ語訳を用いざるをえないことから、本書における使用は補助的なものに留まり、また使用には慎重を期すように心がけたことを付記しておきたい。

十七世紀には、イスタンブルの歴史を考えるうえで、もうひとつの重要な史料が執筆されている。『エヴリヤ・チェレビの旅行記』(*Evliya Çelebi Seyahatnamesi*)として一般に知られている同史料は、オスマン語で一六三〇年頃から約五〇年以上にわたって書き続けられたとされ、最終的には全一〇巻となった大旅行記である。そのうちの第一巻は、もっぱらイスタンブルの記述にあてられており、イスタンブルにまつわる伝説や当時の風俗などを含む様々な貴重な情報が数多く記されている。

エヴリヤ・チェレビは、もともとイスタンブルのウンカパヌと呼ばれる小麦粉計量所があった地区に生まれているため、イスタンブルについての記述は、旅行記というよりもむしろイスタンブルの地誌という性格が強い。この意味においても、イスタンブル出身の著者によって記述されたイスタンブル地誌という同書の史料価値は極めて高い。

しかし、この史料もまた十七世紀に執筆されたものであり、正確には本書が検討対象とする十六世紀後半の同時代史料ではない。さらに、同書の記述内容には誇張が多いことも知られていることから、前記の『イスタンブル誌』と同様に、その使用には十分に注意する必要があることはいうまでもない。本書においては、もっとも信頼できる刊本[Evliya 1996]を主に用い、必要に応じて史料のファクシミリ[Evliya 1989]を参照した。

ヨーロッパ諸語による旅行記

ほかのイスラーム諸王朝と比較すると豊富な史料を有するオスマン朝ではあるが、その大部分は巨大な官僚機構によって生み出された「公的史料」であり、旅行記や日記、商人の帳簿といった私的な史料は近代にいたるまで、ほとんど確認することができない。ただし、伝世する史料の多くが公的な性格をもつという点は、オスマン朝のみにあてはまる現象ではなく、広くイスラーム諸王朝にみられるひとつの特徴であるということもできる。

このため、これまでのオスマン朝社会経済史研究においては、膨大な文書史料を駆使することによって多くの歴史的事実が明らかにされてきた一方で、用いる史料が公的な性格を有することから、そこで明らかとされた事象の多くは、どうしても支配者層や官僚組織からみた歴史になりがちであった。そこで本書においては、オスマン語文書史料を補完する目的で、十六世紀後半にイスタンブルを訪れたヨーロッパ人たちによって書き残されたいくつかの旅行記を用いることにした。

十六世紀にイスタンブルを訪れた旅行者についての研究は、すでにギリシア系トルコ人であり生前はフランスで教鞭をとったステファノス・イェラスィモスによって詳細におこなわれている。『オスマン帝国における旅行者たち（十四〜十六世紀）』(*Les voyageurs dans l'empire Ottoman (XIVe–XVIe siècles)*)と題されたこの優れた研究によって、我々はいかに多くの旅行者たちがイスタンブルを訪問し、またその際にいかに多くの旅行記を書き残しているのかを知ることができる[Yerasimos 1991]。

また、オスマン朝美術史を広く研究したメティン・アンドもヨーロッパ人による旅行記をもとに多くの図像史料を用いて『十六世紀のイスタンブル』(*16. yüzyıl'da İstanbul*)を著している[And 1994]。さらに近年においては、ギュルギュン・ウチェル＝アイベトが、非常に多くの旅行記から情報を抽出して、『ヨーロッパ人旅行者たちの目から見たオスマン世界とその人々（一五三〇〜一六九九年）』(*Avrupalı Seyyahların Gözünden Osmanlı Dünyası ve İnsanları (1530–1699)*)を執筆した[Üçer-Aybet 2003]。同書においては、イスタンブルをはじめとするオスマン朝の都市社会の様子がヨーロッパ人による旅行記の記述によって、いきいきと描き出されている。これらの先行研究の研究成果を踏まえて、本書ではとくにイスタンブルの日常生活についての記述が多く確認される以下の旅行記を用いた。

まず筆頭にあげるべきは、ハプスブルク家の大使に随行してイスタンブルに長期間滞在したステファン・ゲルラッヒの『日誌』(*Tage-buch*)である。一五七三年から七六年までをイスタンブルで過ごしたゲルラッヒの日誌は、他の旅行記にはみられない非常に詳細な情報が月ごとに記されているところに最大の特徴がある。十六世紀後半という本書の対象時期に書かれたということに留まらず、その内容からみても、イスタンブルについての第一級史料であり、オスマン朝について記された多数の旅行記のなかの白眉であると評価することができる。本書においては、十七世紀に印刷されたベルリン旧図書館 Alt Staat Bibliotek 所蔵の初版本と、アンカラのトルコ歴史協会図書館所蔵のものに加えて、かつてイスタンブル大学教授としてオスマン史を研究し、同時にドイツ語にも堪能なケマル・ベイディルリの監修によってトルコ語の訳註が付されたものを参照した[Gerlach 2006]。

十六世紀のイスタンブルを訪れた多くのヨーロッパ人のなかでも、これまでもっともよく知られてきた人物は、おそらくビュスベクであろう。ハプスブルク大使としてイスタンブルに赴いたビュスベクは、一五五五年から六二年まで同地に滞在し、その際の詳細な記録をラテン語で残した。この記録は、早くも一五八二年にアントウェルペンにおいて出版され、その後も各地で版を重ねるとともに、英語、フランス語、トルコ語など多くの言語に翻訳された[Yerasimos 1991:239-242]。

本書では、これら以外にも多くの旅行記を参照したが、個別の旅行記の詳細な書誌情報については、必要に応じて各章において言及することにしたい。

第Ⅰ部

十六世紀後半におけるオスマン朝の食糧事情とイスタンブル

Aç ayı oynamaz
「腹をすかした熊は踊らず」(トルコの格言)

本書の主要なテーマは、十六世紀後半の地中海世界をめぐって繰り広げられた穀物問題の実態とそれがオスマン社会に与えた様々な影響を、オスマン朝の都であったイスタンブルへの食糧供給を中心に具体的に明らかにすることである。しかし、十六世紀後半の地中海世界における穀物問題を明らかにするための前提として、まずは当時の気候の状態やその影響を強く受けていたと考えられる食糧事情などについても考察し、その状況を把握しておく必要がある。

近年、ようやく重要性が認識されつつある環境史あるいは気候変動の歴史的研究は、いまだ緒についたばかりというのが実情である。先行する自然科学系の諸分野に比べると、歴史学の枠組みにおいては研究の蓄積も極めて限定的であるといわざるをえない。それでも、ある時代の環境や気候の変化を歴史学的アプローチから明らかにしようとする試みは、その時代の人間が気候の変化をどう感じ、またその変化にどのように対応しようとしていたのかという問題を理解することを可能にする。この意味において、比較的新しい研究分野である環境歴史学は、自然科学系の諸分野の研究成果からは解明することが難しい、過去における人間と自然との関係性を解き明かす大きな可能性を有していると思われる。

以上のような前提を踏まえて、本書の第一章においては、環境歴史学の立場から十六世紀後半に進行しつつあった気候の寒冷化と、それに起因すると思われる厳冬あるいは洪水の多発について、同時代史料の記録をもとに詳細な分析をおこないたい。加えて、本書における考察対象の中心がイスタンブルへの穀物供給であるため、当時のイスタンブルで生じていた急激な人口流入や、それに起因して発生した様々な都市問題についても検討しておく必要があろう。そこで第二章においては、こうした諸問題の実態とそれらに対して講じられたオスマン朝の対応策についての分析をおこなう。

ブローデルが『地中海』において、気候や地理的環境などの「構造」の分析こそが、あらゆる歴史を研究する際の基礎となっていると述べていることは、けだし至言であろう。[1] 本書の第Ⅰ部は、以上のような諸問題を論じることによって、第Ⅱ部において考察されることになるオスマン朝における穀物流通システムとイスタンブルへの食糧供給、あるいは東地中海世界を舞台に展開されたヨーロッパ諸国との穀物争奪戦などの問題を考えるうえでの、いわば基礎としての役割を果たすことになろう。

第一章 「食糧不足の時代」とオスマン朝の食糧事情

本章においては、十六世紀後半の地中海世界における穀物流通を検討する前提として、当時の自然環境がいかなる状況にあったのかという問題、すなわち十六世紀後半の地中海世界における「環境の役割」について考察する。具体的には、十六世紀後半にみられた環境の変化、とりわけこの時代のひとつの特徴であるとされる気候の寒冷化やそれを背景にした食糧不足の問題について検討していきたい。

これまで、環境や気候といった事象は、必ずしも歴史学研究の主流とはされてこなかった。しかしながら、本書の考察対象時期である十六世紀後半を含めて、生産と流通の過程の大部分を自然エネルギーに依存していた工業化以前の社会においては、自然環境や気候の変動による影響は、現在のそれとは比較にならないほど大きなものであったことは疑いない。なかでも、この時代に地中海世界を襲ったと考えられる気候の寒冷化は、農業生産力の低下の原因となっただけでなく、収穫された物資の集積や輸送をも困難にした可能性が高い。こうしたことからも、十六世紀後半の地中海世界における穀物流通についての具体的な検討を始める前に、議論の前提となる同時代の自然環境がいかなる状況にあったのかという点について考察を加えておきたい。

近年、地球環境の重要性が叫ばれるようになり、それに呼応するようにして二十世紀も末に近づいた頃から、ようやく歴史学の分野においても環境史や気候変動についての研究が、少しずつではあるがあらわれるようになった[1]。例えば、二〇〇九年には我が国における代表的な学術雑誌のひとつである『史林』において「環境」特集が組まれたことは、特筆に値しよう。[2]また、こうした潮流は、オスマン朝史研究の分野においても、わずかではあれ確認することができる。例えば、最新の概説書である『ケンブリッジ・トルコ史』(*The Cambrige History of Turkey*)第三巻の「導入」に続く最初の論考は「オスマン朝の生態学(エコロジー)」を取り扱ったものであり、この論文は、オスマン朝を対象とした生態学についての、ほとんど最初の試みとして評価することができる[Hütteroth 2006]。また我が国におけるオスマン朝史についての最新の概説書[林 2008]においても、気候変動や環境の変化が歴史に与えた影響についての言及がなされている[林 2008:41, 210]。

ただ、こうした歴史学のゆっくりとした歩みとは対照的に、この間の自然科学の諸分野における研究の進展は、比較にならないほど急速かつ目覚ましいものがある。とりわけ近年では年輪分析や極地で採取された氷柱の分析によって、我々は過去数千年にわたる気候変動と気温の変化についての非常に多くの知見を共有することができるようになった。[3]

本章においては、こうした先行研究の成果を踏まえたうえで、十六世紀後半にみられた気候変動、とりわけ気候の寒冷化という問題に注目し、それがこの時代に与えた影響について考察する。第1節の最初の項においては、十六世紀後半の地中海世界全体において確認される気候の寒冷化の問題について先行研究の成果をもとに検討する。また、同節の次の項においては、こうした気候の寒冷化と連動して進行していたと考えられる食糧不足の問題を、同時代の地中海世界における食糧事情を概観することによって考察する。さらに第2節においては、十六世紀後半に作成された一連の枢機勅令簿の記述内容から抽出したデータをもとに、この時代のオスマン朝における気候の寒冷化がどの程度進行しており、それに関連する大雨や洪水などの自然災害が、いつどこで発生していたのかを具体的に明らかにしたい。そして最後に第3節において、こうした自然環境を背景とする十六世紀後半のオスマン朝における食糧事情がいかなるものであったのかを、同じく枢機勅令簿の記録から詳細に解明することをめざしたい。

1　十六世紀後半の地中海世界における「環境の役割」

十六世紀後半の地中海世界の歴史を巨視と微視との視点から研究し、多くの業績を残したフェルナン・ブローデルは、その大著『地中海』冒頭の第一部を「環境の役割」(La part du milieu)と名づけた[Braudel 1966, vol.1:19–322]。よく知られているように、この第一部は、三層構造からなるブローデルの歴史理解の基層部分であるとともに、大部な『地中海』のなかでも非常に重要な一部分を構成している[鈴木董 1997:19–22]。

人文地理学から多くの影響を受けてきたリュシアン・フェーブルに代表されるフランス歴史学、とりわけアナール学派の伝統を受け継いでいるとはいえ、今から約半世紀も前に、環境と歴史との関係性がいかに重要であるかを説いたブローデルの視点は、当時としては極めて斬新なものであったといえよう。しかしまた、ブローデルのそのまなざしが、時代を大きく先取りしたものであったがゆえに、関連する諸分野、例えば環境史や気候変動についての研究が現在ほど盛んでなかった時代に書かれた『地中海』には、そうした時代的な制約による一定の限界や考察の不足も垣間見られるのである。

そうした問題のひとつが、本章で詳しく考察する十六世紀後半の地中海世界でみられた気候の寒冷化の状況についてのブローデルの検討不足である。ブローデルは、『地中海』第一部の第四章を「自然の単位――気候と歴史」(L'unité physique, le climat et l'histoire)と名づけ、地中海における気候の同質性や季節性についての詳しい分析をおこなっている。しかし、気候の寒冷化の問題については、同じ章の「気候は十六世紀以来変化したのか?」(Le climat a-t-il change depuis le XVIe siècle?)と題された一節にわずかに四ページが割かれているにすぎず、それに三ページ程度の簡単な「補足的覚書」(Note complémentaire)が付されているのみである[Braudel 1966, vol.1:245–252]。

図１　第１章に登場する地名と位置関係（ルメリおよび西アナトリア）

しかし現在では、地球規模で進行しつつあった気候変動、すなわち気候の寒冷化は、まさにブローデルが取り扱った「フェリペ二世の時代」すなわち、十六世紀後半に変化の極期に入ったと一般に理解されている。この気候変動の影響は十九世紀中頃まで継続したといわれており、とりわけこの時期には、その命名が適当であるかどうかはしばらくおくとしても、一部の研究者が「小氷期 the Little Ice Age」と名づけるほどの寒冷化が進行していたという点において、人類の長い歴史においても、重要な変化が生じていた時代として捉えられている。[4]

かりに十六世紀後半の地中海世界において、このような寒冷化の現象が進行していたとするならば、この時代は、長期にわたる持続的な安定によって特徴づけられるとされる地中海の自然環境における、非常に例外的な変化の節目として注目に値しよう。

地中海世界における気候の寒冷化

十六世紀後半の地中海世界において、それ以前の時代に比べて気候の寒冷化が進行していたことは、これまでも多くの研究によって指摘されてきた。この問題について、歴史学的手法を用いてもっとも体系的かつ信頼のおける研究をおこなったのはフランスのエマニュエル・ル・ロワ・ラデュリであり[Le Roy Ladurie 1982]、また気候変動の存在を膨大なデータを用いて証明したのはイギリス人気候学者のヒューバート・ラムであった[Lamb 1995]。

そのほかにも、歴史学の手法を用いた研究の代表的なものとして、十六世紀後半にみられるアルプスの氷河の拡大やブドウ収穫日の時期の遅れ[Le Roy Ladurie 1982; 田上 1995; Landsteiner 1999]、同時代の絵画史料に描かれた曇天の増加に注目した論考をあげることができる[Neuberger 1970; Burroughs 1981]。これらの多くの先行研究は、いずれも十六世紀後半において気候の寒冷化が進行することによって、アルプスの氷河が拡大したことや、ドイツあるいは東欧においてブドウの収穫日が年々遅れる傾向にあったという事実を明らかにしている。また、一万二〇〇〇点以上の風景画を分析した前記の研究によって、この時代の絵画史料には、晴天よりも曇天や雪景色が圧倒的に多く描かれていたこともわかっており、このこともまた十六世紀後半が、それ以前の時代に比べて、寒冷化が進行していた時代であったということの傍証となりえよう。

なかでも、現在のところヨーロッパの気候の歴史についての、もっとも包括的で優れた研究であると評価することができるル・ロワ・ラデュリの『気候の歴史』が明らかにしたところによると、アルプスの氷河の拡大からも、あるいはブドウ収穫日の推移からみても、一五五〇年以降の時期は、それ以前の時代に比べると、冷涼な夏の増加と、より厳しい冬に特徴づけられる気候の寒冷化が着実に進行していた事実を確認することができる[Le Roy Ladurie 1982, vol. 1:70f., 95–97; vol. 2:11–17]。

他方、自然科学の諸分野においては、年輪分析、氷柱分析、湖や海洋の堆積物のデータ分析などについての膨大な数の研究の蓄積が存在する。ここでは紙幅の関係から、最新の代表的な研究成果のひとつであり、また権威ある学術誌である『ネイチャー Nature』誌に掲載されたアンダシュ・ムーベリらの論文[Moberg et al. 2005]をあげるに留める。この研究は、低分解能と高分解能の双方の代理指標データを用いて、過去二〇〇〇年の北半球における気温の変動を再構築したものであり、その結果、十六世紀後半においては、グラフ(図2)にみられるような、明らかな気温の低下が存在していたことを指摘している。最新の研究手法を用いて、気温の変動を多角的に分析したこの論文の信頼性は、極めて高く評価されている。グラフからは、一四〇〇年頃から始まる急激な気温の低下が、一五五〇年から一六〇〇年にかけて、その極期に達したことが見て取れよう。

また二〇〇〇年六月には、全米科学アカデミー(NAS: National Academy of Science)が先のムーベリの論文を含む評価の高い複数の個別の研究成果を総合して、地球温暖化についての報告をおこなった[NAS 2006]。そこで示されたグラフ(図3)においても、やはり十六世紀後半における急激な気温の低下を確認することができる。

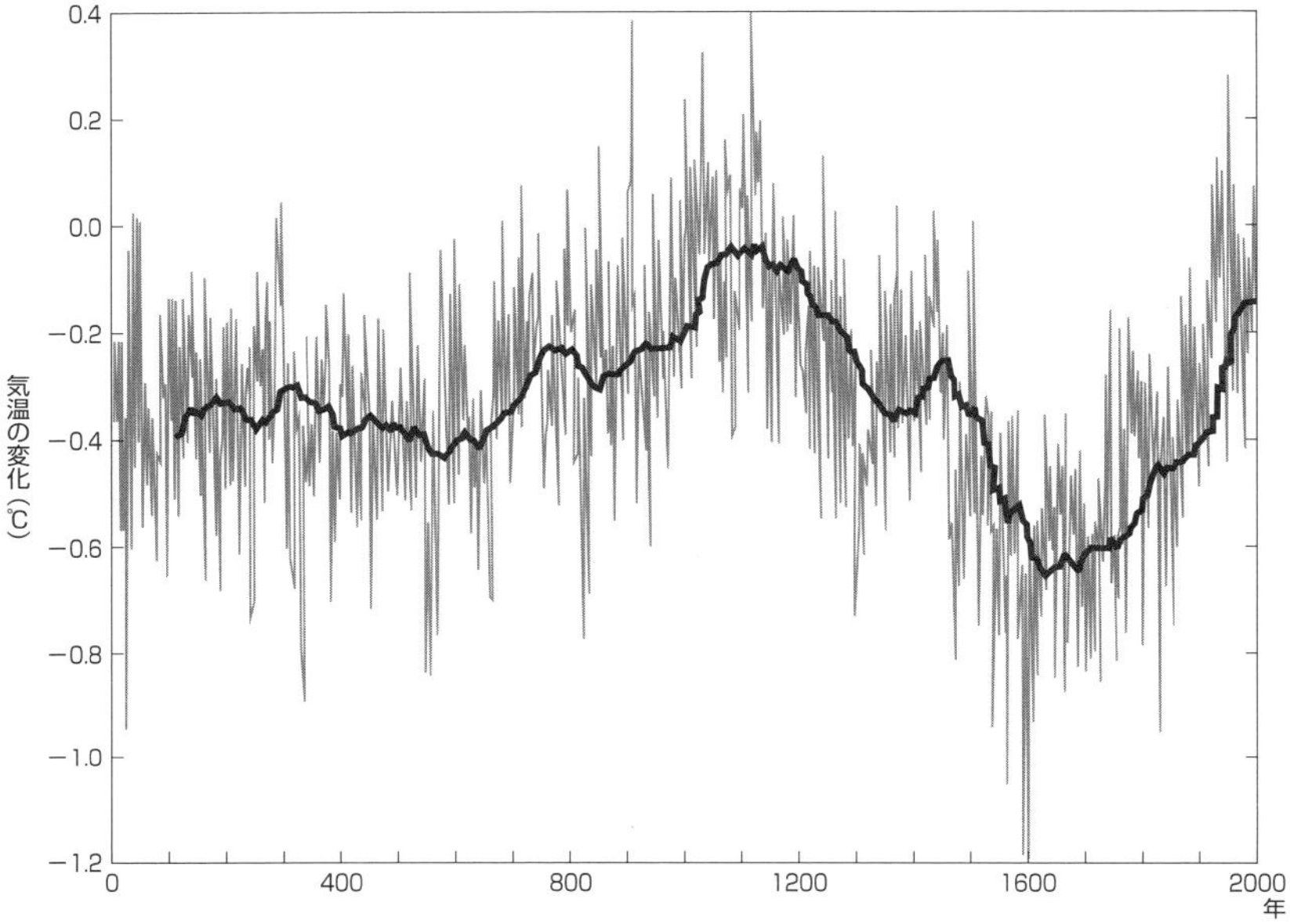

図２　過去2000年間の気温の変化
［出典］Moberg et al. 2005.

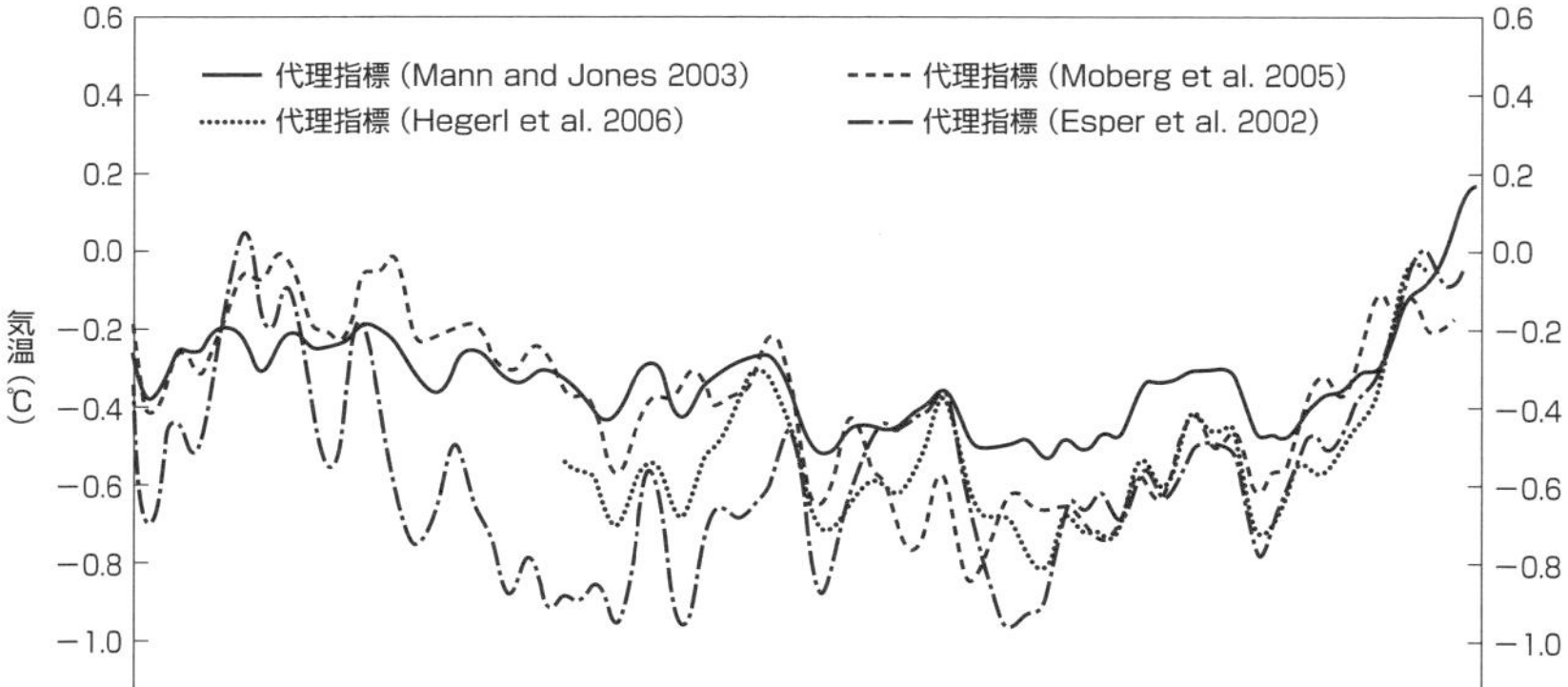

図３　諸研究にみる過去の地表気温の再構成とその変化
［出典］NAS 2006.

以上の先行研究は、いずれも一般に「中世温暖期 Medieval Warm Period」と呼ばれる暖かい時期のあとにあたる十六世紀後半の地中海世界において、気候の寒冷化が認められることを様々な自然科学的手法によって明らかにしたものである。ただ、こうした気候の寒冷化がいつ頃始まったのかは、現在のところ明確には解明されていない。[5] しかしここで重要なことは、少なくとも本書の検討対象である十六世紀後半には、地中海世界において寒冷化の進行が多くの自然科学を専門とする研究者たちによって確認されているという事実である。これに加えて、環境史や気候史を研究する者の多くもまた、こうした気候の寒冷化は一五五〇年頃からその極期に入ると考えており、この寒冷化の傾向は、その後も十九世紀中頃まで継続したと主張している[6][Le Roy Ladurie 1982, vol.2:11;鈴木秀夫 2000:305;Moberg et al. 2005:615f.;永田諒一 2008:31-33]。

一方で、環境や気候の変化についてオスマン朝を対象とした研究は、ほとんど存在しない。[7] ただしオスマン朝の生態学についての数少ない業績としては、ウォルフ＝ディーター・ヒュッテロートの論考をあげることができる[Hütteroth 2006]。ヒュッテロートは、多くの、しかし古いものでは一九三〇年代という、かなり以前におこなわれた諸研究を引用しつつ、十六、十七世紀に生じたとされる気候変動は、農業生産の諸条件に影響を与えない程度の「気候の振幅 climatic oscillation」にすぎなかったと主張する[Hütteroth 2006:21]。しかし、ヒュッテロートの議論を通観すると、その主張は、先にあげたような多くの先行研究とはまったく異なるレベルで展開されていることに気づかされる。

ヒュッテロートは、地中海地域においては「気温や降水量に基づく植物栽培範囲は基本的に変化していない」ことを根拠に「大規模な気候変動の不在 no major changes of climate」を強調する[Hütteroth 2006:22f.]。しかしながら、本章でこれからおこなう議論も含めて、多くの先行研究は、ヒュッテロートが批判するような地中海的な生活様式の変更を強いるほどの大規模な気候変動の存在を主張しているものではない。より重要な問題は、ヒュッテロートが確たる史料的根拠を提示することなく「気候の振幅」であるとして片づけている気温の変化、すなわち数値としては摂氏一度にも満たないような極めて微小な気温の変化が、結果として、当時の社会にいかなる影響をもたらしたのかを実証的に検証する必要があるということである。

確かに、ヒュッテロートのいうように、気候変動の存在を誇大視することや、史料に基づくことなくその影響を過大評価することには慎重でなければならない。これから本章でおこなう作業は、そうした点に留意しつつ、十六世紀後半のオスマン朝においても気候の寒冷化が確認されること、およびそれと同時並行するかたちで、多くの自然災害やそれにともなう食糧不足が発生していたことを同時代の史料から明らかにしようとする試みである。

本章の冒頭でも述べたように、十六世紀後半を含めた前工業化時代においては、環境や気候の変化が与える影響が現在よりもずっと大きかったことを考慮するならば、気候や気温の極めて微小な、あるいはごく短期的な変化が、ときとして農業生産そのものや収穫物の流通過程に甚大な結果をもたらしていたという可能性を完全に否定することはできない。

科学技術が高度に発達した現代でさえ、気温のほんのわずかな変化が、しばしば農業生産や日常生活にも大きな影響を与えることは、我々も日々の経験からよく知るところである。例えば、日頃よく耳にする「冷夏」は、気象庁によって集められた過去三〇年間の平均気温のデータをもとに算出される。一九七一年から二〇〇〇年の平均値をもとにした場合、「冷夏」とは北日本の場合、その夏の気温が平年を〇・六度下回る現象を指し、西日本にいたっては平年の気温をわずかに〇・二度下回っただけで「冷夏」として認定されるのである。このように、数値のうえでは極めて微小なものであるという印象を与えられがちなわずかな気温の変化は、その微細な数値から我々が想像する以上に、実生活に大きな影響をおよぼす可能性を有しているのである。[8]

それでは十六世紀後半の地中海世界において、気候の寒冷化は、どの程度進行していたのであろうか。ヒュッテロートも強調するように、年間降水量や年平均気温の精確な記録が存在しない以上、この問いに対する答えを、歴史学的手法に基づいて数値として導き出すことは非常に困難である[Hütteroth 2006:22]。一方で、自然科学の手法を用いた場合、一定の幅はあるものの、より信頼性の高い推定値を提示することが可能となる。年輪のデータと湖や海洋の堆積物のデータを詳細に分析した前述のムーベリの論文[Moberg et al. 2005]によると、十六世紀の平均気温は、中世温暖期にあたる九〜十世紀に比べると、おおよそ〇・六度から〇・九度低いものであった[Moberg et al. 2005:614]。この数値は、別の有力な測定方法である坑井《こうせい》測定や大気大循環モデルから得られた数値ともおおむね一致するということである。

一方、統計的な史料によって信頼できる数値が得られる二十世紀の気温と比較した場合についても、十六世紀後半の平均気温は相対的に低いものであったことが明らかにされている。例えば前述の気候学者ラムは、十六世紀後半の気温が一九二〇年から六〇年までの平均気温に比べると約〇・九度低かったことを指摘している[Lamb 1995:211]。すなわち、前述の「冷夏」の定義を受け入れるならば、十六世紀後半の地中海世界は、それ以前や以後の時代に比べると、かなりの頻度で冷涼な夏と厳しい冬とが継続した状況におかれていたと考えられるのである。

「食糧不足の時代」の地中海世界における食糧事情

ブローデルは、『地中海』において、十六世紀の地中海世界における食糧事情について次のように述べている。

> 十六世紀は都市世界に対して常に微笑んできたわけではない。食糧不足と疫病が立て続けに都市を襲った。輸送の遅さと高すぎて手の出ない値段の輸送費、収穫の不安定のために、どの都市も年がら年中食糧不足の危機にさらされている。[Braudel 1966, vol.1:300]

ここからは、主としてブローデルの研究成果に依拠しつつ、十六世紀後半の地中海世界における食糧事情をより詳しくみていきたい。

ブローデルによると、一五七五年に現在のルーマニア地域においては、家畜が大量に死亡し、三月には人間の背丈にも達する降雪のために、鳥たちは人の手で捕まえられるほどであったという[9][*ibid.*:300f.]。一五五四年には、「イタリア中で物凄い食糧不足」が起こり、何万という人々が餓死し、小麦の価格は急騰した[*ibid.*:522]。また、一五八三年にも、イタリア全土、とりわけ教皇領内で災禍が広がり、人々は飢え死にした。ブローデルが「特別貧しい国ではない」とわざわざ付け加えるフィレンツェでさえ、一三七五年から一七九一年までの間に、わずか一六回の豊作に対して一一一回もの飢饉を経験している。

また、十六世紀後半には、一五六〇年のジェノヴァや、一五五九年、六〇年、六二年、六三年、六五年、六六年の六年間と一五七〇年、七一年および七七年のメッシーナのように、通常は小麦輸出港として機能するような都市でさえ、甚大な飢饉を経験した[*ibid.*:301, 303]。一般には穀物生産地として知られているシチリアにおいても、一五五〇年から五四年と一五七五年から八〇年の間に加えて、一五九〇年以降にも不作と飢饉が続いた[*ibid.*:545f.]。南イタリアの中心都市であるナポリでは、一五六〇年、六五年、七〇年、八四年、八五年そして九一年と立て続けに食糧不足が発生し、街は荒廃した[*ibid.*:529]。とりわけ一五九一年の食糧不足に際しては、都市人口を減らすために大学すらも閉鎖され、学生たちは家族のもとへの帰宅を余儀なくされたという[10][*ibid.*:302]。

北イタリアの大都市ヴェネツィアでは、早くも一三九〇年にはオスマン朝からの穀物輸入が開始され[11]、大規模な飢饉に際しては、例えば一五三九年、一六〇七年、二八年にみられるように「湾」と呼ばれたアドリア海の外部への小麦輸出を全面禁止にするという措置が講じられた[12]。とりわけ一五五〇年には、現地から送られた書簡に「「小麦ならびにその他の穀物の不足」の結果、何もかも悪くなっている」と書かれるほどに状況は逼迫《ひっぱく》した[*ibid.*:535]。さらに、一五六九年の秋には、食糧不足を理由に外国人とその従者たちが街から追放された[*ibid.*:302]。このときのヴェネツィアでは、都市の備蓄を取り崩して小麦粉の配給が毎日おこなわれた[13]。加えて、その二〇年後にあたる一五八九年にも小麦価格の急騰があり、翌一五九〇年から九一年にかけては、こうした食糧不足の状況はさらに緊迫したものとなった[*ibid.*:540]。

ヴェネツィア近郊のヴィンチェンツァでは小麦が収穫されず、一五六四年から六五年の冬にかけて「ほとんどすべての人が雑穀類で生活している」という状態であった[*ibid.*:540]。一方、不作があらかじめ予想されていたヴェローナでは、一五五九年と六〇年にヴェネツィアを通じて、はるばる南ドイツのバイエルン地方からアルプス山脈のブレンナー峠を越えてもたらされる小麦を手に入れようとする試みがなされた[*ibid.*:300, 303]。しかしそうした努力も虚しく、一五六二年には極度の旱魃《かんばつ》から再び凶作となり、現地に駐在していたスペイン大使ヘルナンデスが国王フェリペ二世に「貧しい人々は雑穀類を食べております」と書き送るほど、状況は危機的なものとなった。一五七三年には当時ヴェネツィア領であったザンテ島においても食糧不足が発生し、人々は大麦でこねた黒パンを食べて飢えをしのいだ[*ibid.*:517]。

イタリアの外に目を向けてみても、十六世紀後半の地中海世界全体を覆っていた深刻な食糧不足の状況にはそれほど大きな違いはみられない。一五六二年にフランス南部の港湾都市であるマルセイユでは食糧不足のためにユグノーが街から強制退去させられ、八三年八月にはパンの配給制が実施された。スペインでも、例えば一五五七年八月にバルセロナで、そして翌年にはバレンシアでも小麦が不足し、この状況は五九年においても変わることはなかった[*ibid.*:302f.]。一五七八年にもスペインは甚大な食糧不足に襲われ、シチリアからの穀物の緊急輸送がなされている。スペインでは、早くも一五五〇年代には国外からの穀物輸入が開始され、八〇年代にはその動きは決定的なものとなった[芝 2004:250-252]。さらに一五八〇年代以降になると、スペインの小麦生産の落込みは三〇％以上に達したという[14][ケイメン 2009:75]。

一方、スペインよりも深刻な状況におかれていたポルトガルは、早くも十六世紀初頭には近隣のアンダルシアやカスティーリャはもとより、遠くシチリアや北欧からの小麦に頼らざるをえなくなっており、このことを裏づけるように、リスボン駐在スペイン大使サルミエントは一五五六年十月一日付の手紙で以下のように述べている。「今年は今まで以上にパンが少なかったので、神様の助けがなければ、誰もが将来という観念に恐れおののいている。当地リスボンでは、現在のところフランスから海路でやって来た穀物でつくったパンが少しあるが、ただちにすべてなくなってしまう」

[Braudel 1966, vol. 1 : 534f.]。

平時においては国内の小麦が比較的豊富な地域であるはずのアンダルシアにおいても、一五六一年から六九年まで続いた食糧不足を背景にして、遅くとも一五七〇~八〇年代にはポルトガルと同様の事態が進行する。そしておそらくは、一五八三年に食糧の欠乏がスペイン全土に拡大したことが、アンダルシアにおいてもまた、外部からの食糧供給に依存するという傾向を不可逆的なものにしたと考えられる[*ibid.* : 530-533]。

オスマン朝に従属していたアドリア海の港湾都市国家ドゥブロヴニクには、オスマン朝領から小麦をはじめとする各種の穀物が頻繁かつ大量に輸送されていた。[15] しかし十六世紀後半のような「食糧不足の時代」においては、一五七二年一月付のドゥブロヴニクからフランス国王シャルル九世宛の書簡に、「この街では、ここから五〇〇マイル離れたところに買いに行かなければ、一粒の小麦さえ食べることができません」と記されたような危機的な事態もときとして起こりえたのである[*ibid.* : 524]。

このように十六世紀後半においては、地中海世界の広範な地域において食糧事情が恒常的に悪化していたことが確認される。なかでも一五六一年は、長い十六世紀後半においても、地中海世界のほぼ全域が不作に見舞われたという点において特筆するべき年であった。早くも一五六一年の春には、ポルトガルで「常ならぬ旱魃」がみられ、スペインでも収穫は惨憺《さんたん》たるものになった。第三章で詳述するように、オスマン朝の都イスタンブルでも食糧不足が発生し、穀倉地帯であるはずのシチリアにおいてさえ穀物価格が急騰する事態となった[*ibid.* : 520f.]。

続く大規模な食糧危機は、一五八六年からイタリアを襲った不作続きが、とりわけ九〇年にピークを迎えた数年間に発生した。一五九〇年にフィレンツェのトスカーナ大公は、はるかバルト海の港湾都市であるグダニスク(ダンツィヒ)にまで小麦を輸入するための代理人を送り、翌九一年にはヴェネツィアも同様の行動にでるにいたった。同年の六月、あるフィレンツェ商人は当時の気候の状況と収穫との関係について以下のように記している。「雨が非常にたくさん降っているので、人々は去年と同じ収穫になると恐れている。小麦、なかでも平野の小麦は地面に倒れてしまい、湿気が多すぎるために乾燥するどころか腐ってしまう」。同年九月には、同じ商人が「小麦不足のために骨の折れる一年である。最良の、しかももっとも確実な救済策は、ハンブルクおよびダンツィヒからの小麦を待つことである」とまで記していることから、一五九一年もまた、地中海世界では深刻な凶作の年となったことが理解される[*ibid*.:543]。

以上のように、ヨーロッパ諸語の史料をもとにしたブローデルの研究成果からは、十六世紀後半における地中海世界の各地で、断続的に大規模な食糧不足が発生していたことが明らかとなっている。ブローデルは、「おおざっぱにいって、〔十六〕世紀が進むにつれて食糧事情は悪化し、「農民の経済情勢」はますます憂慮すべきものになっている。食糧不足は、数のうえで増えているのではなく——食糧不足は常に頻繁であった——深刻さを増している」と述べるとともに[*ibid*.:529]、この問題を以下のように結論づけている。

> 結論として、小麦の危機はみな似通っている。……十五世紀とか十六世紀初めのかなり安泰な豊穣は、遅かれ早かれ、窮乏の増大に代わるのである。[*ibid*.:548]

以上のように、十六世紀後半における地中海世界においては、まさに「食糧不足の時代」と呼ぶにふさわしい状況、すなわち飢饉や食糧不足といった深刻な状況が各地で確認された。ではこうした食糧事情は、地中海世界の東部と南部の大半を支配していたオスマン朝においては、はたしていかなるものであったのだろうか。この問題について、ブローデルは、「我々の史料調査がイスラーム諸国をとおして小麦の危機にもっと照明を当てれば、危機はますます似通ったものになる。〔ブローデルが『地中海』第二版を執筆した一九六六年当時の研究状況においては〕イスラーム諸国の小麦の危機はおおむね観察できないのだが、イスラーム諸国でも危機は進行しているのだ」という曖昧な見通しを示すに留まっている[*ibid*.:548]。

以下においては、ブローデルが明らかにしえなかった「食糧不足の時代」におけるオスマン朝の状況を、現存するオスマン語史料を用いて具体的に明らかにしていきたい。

2　オスマン朝における気候の寒冷化と自然災害

すでに述べたように、当時のオスマン朝における自然環境がいかなるものであったのかを明らかにした研究は、ほとんど存在しない。わずかな研究の蓄積のなかで、もっとも重要なものは、一九九七年にギリシアのレスィムノにおいてクレタ大学地中海研究所の主催で開催された国際学会の成果をまとめた論文集である。『オスマン帝国における自然災害』(*Natural Disasters in the Ottoman Empire*)と名づけられた同書には、一七におよぶ論文が収められている。しかし、その大部分を占める一四の論文は地震についての専論であり、本書で考察する対象とは直接の関係性はない[Zachariadou 1999]。本書の議論の枠組みにおいて、同書で参考となるのは、一五六〇年の黒海北岸における飢饉を扱った論文[Veinstein 1999]のみである。

一方で、十六世紀後半のオスマン朝の気候や自然災害についての専論としては、管見の限り、わずかにオルハン・クルチの論文[Kılıç 2001]が存在するのみである。[16]この論文は、枢機勅令簿を用いて、そこに記された自然災害を嵐、洪水、厳冬、落雷の四つに分類し、それぞれの勅令の写しの現代トルコ語訳を付した、いわば史料集的な性格をもつ論考である。検討の対象となる時期が十六世紀後半であること、また用いられている史料が枢機勅令簿であることは、本章における試みと同様ではあるが、その内容は以下の二点において大きく異なる。第一点目は、この論文においては七〇冊近くにのぼる十六世紀後半に属する枢機勅令簿のうち、わずかに一九冊のみが使用されており、十六世紀後半を通じてオスマン朝の各地で発生した自然災害を通時的かつ体系的に概観する意図がみられないことである。[17]そして、より重要な第二点目は、この論文においては、オスマン語史料の現代トルコ語訳が紙幅の大半を占めており、それぞれの自然災害の広がりや時代的変化についての考察がほとんどなされていないことである。

本節では、以上の先行研究を踏まえつつも、これまで体系的に研究されることのなかった十六世紀後半のオスマン朝において発生した気候の寒冷化と自然災害の状況を、同時代史料である枢機勅令簿の記述から詳細に明らかにしていく。先にみてきたように、十六世紀後半の地中海世界における食糧事情は、ブローデルがヨーロッパ各地に散在する膨大な量の一次史料から、いわば超人的な努力によって集めた情報をもとに再構成されたものである。

一方、ここで検討する同時代のオスマン朝における気候の寒冷化や自然災害あるいは飢饉や食糧不足といった問題は、記述内容についての高い信頼性と長期間にわたる連続性とをあわせもつ枢機勅令簿という稀有な史料が存在するため、より詳細かつ通時的な情報を得ることが可能である。そこで、まず本節においては、十六世紀後半のオスマン朝において、気候の寒冷化がどのように生じ、またそれにともなう自然災害がどの地域で発生していたのかを枢機勅令簿の記述をとおしてみていきたい。それに続く第3節においては、そうした気候の寒冷化や自然災害を背景にして発生したと考えられるオスマン朝における飢饉や食糧不足の状況を、同じく枢機勅令簿の記述内容から具体的に明らかにしていく。

気候の寒冷化

枢機勅令簿は、政治、軍事、経済、地方行政など様々な情報を包含する巨大な史料群を形成している。また、これからみていくように枢機勅令簿には、当時のオスマン朝における天候や気候の変化やそれに起因する自然災害についての情報も数多く含まれている。

まずは、十六世紀後半のオスマン朝各地でみられた冬の厳しさについての記述に注目したい。厳冬についての最初の記述は、一五六五年四月に確認することができる。ここでは、東部アナトリアの拠点都市であるヴァンに、前年すなわち一五六四年の冬からの大雪が降り積もっていること、そのため、ヴァン城塞においては定期的な雪かきが不可欠となり、それが現地の大きな負担となっていることが記されている[MD6:1003]。この地中海東部における厳しい寒さは、一五六五年の冬においても継続した。この年の十月末、遠征のためにソフィア(ソフヤ)に集結したルメリ州総督指揮下の軍団は、大量に降り続いた雨と雪のために、天候が穏やかな場所に全軍を退避させざるをえなかった[MD5:410]。同じ頃、セルビアのスメデレヴォ(セメンディレ)近郊にいたメフメト・アー指揮下の軍団も、激しい降雨と降雪から逃れるために付近の藁置場に難を逃れなければならなかった[MD5:411]。

一五六五年の冬は、とりわけオスマン朝のヨーロッパ領を形成するルメリにおいて厳しかった。オスマン朝における製鉄業の中心地であり、巨大な鉄鉱山を抱えるサモコフ(サマコフ)では、この年の「異常な降雪」によって、製造が命じられていた三〇〇個の錨を準備することができなかったばかりか、すでに完成させていた鉄製品を輸送することにも大きな困難をきたした[MD5:459]。通常、これらの重い鉄製品は荷車によって輸送されていたにもかかわらず、このときには降雪によって荷車での輸送が不可能となった。そのため、運搬量は荷車に劣るものの、より機動性の高いラクダによる移送に切り替えざるをえなかった[18][MD5:472, 535]。

このように、一五六四年から六五年にかけての冬と翌一五六五年から六六年にかけての厳しい冬は、大雨と大雪に特徴づけられるものであった。これらの冬には、おそらく大雨や大雪の原因となる大きな低気圧が地中海東部に長期間停滞していた可能性が高いと考えられる。このことを裏づけるかのように、一五六四年から六五年にかけての冬には、暴風による三件の海難事故が報告されている[19][MD6:383, 581, 671, 825]。また、翌年の一五六五年から六六年にかけての冬にも、同じく三件の海難事故が発生しており、この二年間の冬には、例年にはみられないほど多くの暴風に起因する海難事故が記録されているのである[20][MD5:633, 651, 660]。

続く一五六六年から六七年にかけての冬も、前年と同じく厳しいものであった。この年、ルメリにあるイプサラに食糧の供出が命じられた際には、住民が地元のカーディーに対して、「今年は厳冬となったために、我々の耕作地からはわずかばかりのものしか収穫されなかった」と述べて負担の減免を願い出ている[MD7:196]。この「厳冬」という言葉は、このあとも何度となく枢機勅令簿で繰り返し用いられることになる。

一五六七年十二月には、中央アナトリアの都市カイセリの防衛に従事していたシス県知事であるイブラヒムという人物に対して、冬期にはカイセリとシスの間に横たわるトロス山脈の街道が閉ざされてしまうことから、それまでに本拠地であるシスに帰還することが命じられた[MD7:524]。同じく、同月には、東方からイスタンブルの宮廷に送られるはずであった鷹が、厳しい冬の到来のために東部アナトリアのエルズルムでの越冬を余儀なくされた[MD7:551]。さらに同じ頃、ルメリのディディモティコ(ディメトカ)は、激しい雹《ひょう》のために穀物が完全になくなるという状態に陥った[MD7:575]。さらには、同じ十二月にルメリの中心都市のひとつであるシリストラ(スィリストレ)からオスマン朝の副都として機能していたエディルネに送られるはずの食糧が、厳しい寒さによってバルカン山脈を南に越えることができず、その北側で倉庫に保管されて春を待たざるをえない状況に陥った[MD7:505]。

翌一五六八年は、アナトリアにおいてまだ冬が訪れないうちから寒さが厳しさを増した。枢機勅令簿には、九月末であるにもかかわらず、アナトリア中部の都市スィヴァスに拠点をおくルム州総督が「スィヴァスの街において冬は非常に厳しく、厳冬に耐え切れず」に近隣のトカトにおいて越冬することを求め、それが許可された旨が記されている[21][MD7:2164]。

しかしこののち、枢機勅令簿からは、厳冬についての記述は数年間にわたって確認されなくなる。おそらくは一五六〇年代末の数年間は、少なくとも東地中海地域においては、冬期の天候は一定の安定性を取り戻したのではないかと推測される。次に厳冬についての記載が確認されるのは、一五七一年から七二年にかけての冬においてである。一五七一年十月十三日付の勅令には、前述のサモコフにおいて冬が非常に厳しいことが記されている[MD16:590]。同年十一月から十二月にかけては、ルメリ沿岸部においても冬の厳しい寒さと、食糧不足が各地で発生していることがイスタンブルに報告された[MD16:648]。さらに年が明けた一五七二年の二月には、冬の厳しさは、ついにイスタンブルにまでおよび、都では宮殿の屋根やモスクの鉛屋根が吹き飛ばされるほどの強風が吹き荒れた[MD16:475]。地中海においてオスマン朝の捕虜となり、ガレー船の漕ぎ手として、ちょうどこの頃イスタンブルに留まることを強いられていたハイデルベルク出身のミカエル・ヘベレルによれば、この冬には黒海と地中海とをつなぐボスポラス海峡も凍結したという[22][Heberer 2003:249]。

一五七三年二月には、通常は凍りつくことのないはずのドナウ川が凍結し、河畔の街ベオグラードでは人々が氷に覆われて破損した船舶の修理に追われた[MD21:259]。同じ時期には、マルマラ海をアジア側のラプセキからヨーロッパ側のロドスジュク（テキルダー）に渡ろうとした船が嵐のために座礁するという海難事故が発生しているため、この頃にも巨大な低気圧がルメリを覆っていた可能性が高いと考えられる[MD21:302]。

この年にみられた異常な天候については、ハプスブルク大使に随行してイスタンブルに長期滞在していたステファン・ゲルラッヒが以下のような詳しい記述を残している。

> この日〔一五七三年十月十二日〕我々は、ここ〔イスタンブル〕で猛烈な吹雪を経験した。暴風は、あたり一面を厚い雪の層で覆ってしまった。多くの木々は根もとから引き抜かれ、枝は引きちぎられた。そして夜半には、海上に投錨していた約三〇〇隻の船舶が、船内にあった積荷とともに沈没した。さらにコンスタンティノポリス〔イスタンブル〕の港にあった六隻のガレー船もまた水に沈んだ。[Gerlach 2006, vol.1:91]

同年の十二月には、イスタンブルにおいて降雪にともなうパンの値上げをめぐって騒動が発生したため、政府は公定価格の引締めや小麦粉の臨時供出などの対応をおこなっている[MD23:406-408]。このときの天候を前述のゲルラッヒは、以下のように記している。「〔一五七三年〕十二月九日は猛烈な嵐となった。そのあとに降った雪は、あらゆる場所を覆いつくした」[Gerlach 2006, vol.1:110]。ゲルラッヒはまた、翌一五七四年の冬にもイスタンブルは四日間にわたって猛烈な嵐に見舞われたと記している23[Gerlach 2006, vol.1:160]。

一五七五年の十二月には、アンカラ方面からイスタンブルに送られていた食糧が、エスキシェヒル周辺において、猛烈な冬のために前進できなくなったことが報告されている[MD27:330]。同じ頃、ルメリのプロヴディフ(フィリベ)においてもイスタンブルのために準備された米が、厳しい冬のために輸送不能となり、春に改めて送られることとなった[MD27:404]。この年の冬には、黒海の諸港に停泊する艦隊のための乾パンの製造がアナトリアのエルズルムとトラブゾンに命じられていた。しかし、この乾パンの製造作業も現地を襲った冬の厳しい寒さのために完了の見込みが立たなかったため、あわせてアマスヤやトカトなどアナトリア北部のほかの各都市にも作業を支援する旨の命令が出された[MD27:430]。

翌一五七六年の十二月には、前述のイプサラにおいて冬期に大雪が降って凍結が発生し、トゥンジャ川やマリッツァ川が氾濫して耕作地は失われたことから、この年のイスタンブルへの食糧輸送は免除された[MD28:1026]。

さらに一五七七年になると冬の寒さは一層厳しさを増した。一五七七年十二月十九日付の勅令では、イラン遠征に向かっていた軍団が、この年の厳しい冬の寒さによってカイセリより先には進めないとの報告を受けて、西アナトリアのキュタフヤにおいて越冬することが命じられている[MD31:468]。また同じ頃、北イラクのシェフリゾル州においては、同地で冬営する予定であった軍団が、異常な冬の寒さのためにテントでの冬営が不可能となったため、一旦軍団を解散して春に再集合することが命じられた[MD31:469]。すなわち、この年には、本来ならば冬期でさえテントでの野営が十分に可能であった北イラク地方においてさえ、それが不可能となるほどに寒さが厳しさを増していたと考えられるのである。この一五七七年から七八年にかけての冬には、ルメリ方面においても激しい寒さが長期間にわたって継続した。モルダヴィアでは厳冬が春まで続き、四月も末になったにもかかわらず雪が溶けないことから、モルダヴィア公から毎年イスタンブルに送られていた貢納金は、その後の雪解けを待って輸送せざるをえなかった[MD34:394]。

一五八〇年二月には、アナトリアの主要都市であるトカトやアマスヤにおいて大雪が降り[MD41:1069]、八四年の十一月には対サファヴィー朝遠征に赴く大宰相麾下《きか》の軍団が、やはり厳しい冬の寒さのためにアナトリアのカスタモヌにおいて越冬を余儀なくされた[MD53:668]。

しかし、この頃から厳冬についての記述は、一五九〇年にいたるまでの数年間にわたって枢機勅令簿から姿を消す。これは、おそらくはオスマン朝における冬の気候が、一五八〇年代半ば以降に再び小康を取り戻したためであると考えられる。

以上のことから、十六世紀後半のオスマン朝における気候の寒冷化について、次のような傾向を導き出すことができよう。一五六〇年頃までは比較的安定していたオスマン朝における冬の気候は、その頃を境に急速に悪化し、六〇年代末の小康期を経て七〇年代に再び寒冷化のピークを迎える。こうした寒冷化の傾向は一五七〇年代を通じて継続したと考えられ、やがて八〇年代に入ると再びやや安定する兆しをみせるのである。

大雨と洪水

以上のように、十六世紀後半のオスマン語史料からは、当時の気候の寒冷化を示唆する多くの記述を確認することができた。しかし、気候の寒冷化は冬にのみみられる現象ではない。言い換えるならば、冬の厳しさは気候の寒冷化の一側面にすぎない。気候の寒冷化は、冬期には厳冬や激しい降雪としてあらわれるが、一方で夏期においては冷夏として表面化する。とりわけ気候の寒冷化と深く関係する冷夏や長雨、それに起因する洪水は、冬の厳しい寒さと同様あるいはそれ以上に、農業生産や収穫物の輸送に非常に大きな影響を与えた可能性が高い。そこで、続いては十六世紀後半のオスマン朝の各地でみられた大雨や洪水の状況について詳しく検討していきたい。

枢機勅令簿にあらわれる最初の洪水についての記録は、一五五九年の十月三十日のものである。このときは、ドナウ川の河口付近に氾濫の危険性があることから、オスマン朝に従属するワラキア公であるペトリ（在位一五五九～六八）にしかるべき対策を講じるように命令がなされた[MD3:470]。翌一五六〇年五月には、西のドナウ川と並ぶ東の大河であるティグリス・ユーフラテス川が氾濫し、この洪水によってイラク支配の中心地であったバグダードでは城壁が破壊された[MD3:1189]。

一五六〇年代に入ると、厳冬の増加と連動するようにして、大きな被害をもたらす洪水が頻発し始める。一五六三年には、史料に記録された数多くの洪水のなかでも、おそらくもっとも大きな被害をもたらしたと考えられる洪水が、イスタンブルとその郊外を含む広い地域を襲った[24]。こうした気候や災害についての記述は通常、オスマン朝の年代記史料にはほとんどみられない。しかし、このときの大洪水の凄まじさについては、著名な年代記である『セラーニキー史』の冒頭で以下のように非常に詳細に伝えられている。

ヒジュラ暦九七一年ムハッラム月末日（一五六三年九月十九日）非常な強風とともに、一昼夜にわたって猛烈な大雨がやむことなく降り続いた。巨大な雷が七四回にわたって落ちた。そして、昼の礼拝（の時間）のあとに、ハルカル[25]の谷から、まるで海のように流れ吹き出る洪水が発生し、その流れ行くところにいた人も動物も、すべて流し去った。……

その夜、やむことなく降り続いた雨による大洪水は、新たに築かれた水道橋のアーチにある空洞の部分を、破壊したものやゴミとともに埋め尽くし、すべての谷は海のごとくになり、澱んだ水は水道橋の上を覆って流れ、建物に被害をもたらして破壊した。一夜のうちにして、恐ろしいこの世の終りが到来したかのような轟音とともに、これまでマーラヴァとして知られていた水道橋は破壊された。そして、ほかの水道橋も海のような流れに飲み込まれた。

キャーウトハーネ[26]にある高いプラタナスの木々は、巨大な洪水によるゴミの頂となった。キャーウトハーネにいたった洪水は、聖なるエビー・エイユーブ・エンサーリー〔エユップ〕の街にまで押し寄せ、至高なる場所である聖《せい》廟《びょう》のなかにまで浸入し、〔その高さは〕一ズィラー〔約七五センチ〕に達した。

そして、〔洪水の水は〕イスタンブルの金角湾にある港やガラタの海峡〔ボスポラス海峡〕に納まり切らず、沿岸にある城壁やバルコニーのある家々は、耐え切れずに崩壊して、廃墟、廃屋となった。ただ、非常に強固につくられているものだけが被害を免れた。そして、〔トプカプ宮殿が位置する〕宮殿岬は、非常に潮の流れが速いところであるにもかかわらず、一週間にわたって海の色が変色して流れた。

そして、スィリヴリの街にあった橋や大チェクメジェ湖や小チェクメジェ湖、ハラーミー谷にあった橋など、ともかくどこに強固につくられた橋があろうとも、この大洪水の衝撃と衝突力には耐え切れずに廃墟となった。

[Selaniki 1989, vol. 1: 1f.]

右のセラーニキーの鮮やかな描写からも明らかなように、この未曾有の大洪水は、イスタンブルに甚大な被害をもたらした。その被害の大きさは、洪水の発生から一年以上が経過した翌一五六四年の十二月になってもなお、イスタンブルの水道システムを修復するためにエディルネやテッサロニキ(セラーニキ)などの周辺諸都市からイスタンブルに職人を送る旨の命令が数多く出されていることからも明らかである[MD6: 548, 555]。

続く一五六五年八月には、それ以前に氾濫したワラキアを流れるヴァフラチ川の河床が移動したことについて報告がなされている[MD5: 145]。同年の十月後半には、前項ですでに述べたようにルメリの各地で大雨と大雪が降り続いた。この大雨と大雪が農業に与えた影響は大きく、ブルガリアに位置するサモコフ平野の各地では、多くの農作物の立腐れを引き起こした[MD5: 459]。年が明けた一五六六年一月には、イスタンブル東方のイズミト(イズニクミト、かつてのニコメディア)付近にあるアーヤーン湖が氾濫して、船舶用材木を運搬していた荷車が通行不能となったために、より高い場所に新たな道を切り開くように命令がなされた[MD5: 905]。

一五六六年はまた、一五二〇年の即位以来、長らく君主の座にあったスレイマン一世が陣中で没することになる最後の親征がおこなわれた年でもあった。しかし、降り続く大雨と、それによって生じた多くの洪水によって、ハンガリーのスィゲトヴァルに向かう遠征軍の進軍は困難を極めた。五月一日にイスタンブルを発したオスマン軍団は、さっそく五月九日にブルガス(現リュレブルガス)手前で増水した川の渡河に手間取ったあげくに、ようやくブルガス宿営地に到着するも、今度は降り出した大雨に悩まされた[MD5:1656]。五月二十日には、通常は陣中でおこなわれるはずの午後の御前会議が、おりからの激しい降雨によって中止となった[MD5:1668]。

その一〇日後の五月三十日には、前線に位置するベオグラードを管轄するセメンディィレ県知事であるバイラム・ベイから、ドナウ川とサヴァ川が氾濫していることが知らされた[MD5:1747]。さらに、一週間後の六月六日には、ドナウ川とサヴァ川に加えてドラヴァ川も氾濫したことが明らかとなり、流域に位置するポゼガ(ポジェガ)とスィレムの県知事たちに対して洪水の状況についての詳しい調査が命じられた[MD5:1797, 1798]。しかし、同日にはすでに前述のセメンディィレ県知事からドラヴァ川が引き起こした洪水は、これまでに見たことのないほど大規模なものであるという報告がなされており[MD5:1802, 1803]、ドナウ川、サヴァ川の氾濫ともあわせて、このときの三つの大河の氾濫によって、ルメリからハンガリーにかけての中欧一帯には甚大な被害が生じたものと考えられる。こうした状況に加えて、六月十日には最前線のペーチ県知事であるハムザ・ベイからも、水位の上昇によってドラヴァ川での架橋は不可能であることが報告されていることから、ドラヴァ川では、下流だけでなく上流域においても急激な水位上昇がみられるほど激しい降雨があったものと推察される[MD5:1845, 1846]。この一連の大雨と、それが引き起こした大規模な洪水のためもあって進軍が大幅に遅れたオスマン軍団は、さしたる成果をあげることなく、スレイマン一世の死去にともなってイスタンブルに帰還せざるをえなかったのである。

一五六八年には、エーゲ海沿岸部が大雨とそれにともなう洪水の被害を受けた。四月、テッサロニキの西方五〇キロに位置するヴェリア(カラフェルイェ)を流れるインジェカラという名の川が氾濫して、カドゥチャユルという名の村に流れ込み、周辺を湖のようにしたことから、村人たちは逃散した[MD7:1344]。また五月には、アナトリア西部の重要拠点であるマニサにおいて、これより以前に街を流れる川が氾濫し、一〇の泉亭、一つのモスク、四つの橋、二つのマドラサ(イスラーム学院)を破壊したほか、溢れ出した水はアイヌ・アリ修道場に押し寄せて、帝室御料にも甚大な被害を与えた。このため、市内のモスク、給食施設、病院を洪水から保護するために、一五万アクチェ(当時のオスマン朝の基軸通貨であった銀貨)を費やして新たな堤を建設することが決定された[MD7:1405]。

さらに同年十二月には、テッサロニキの北東五〇キロに位置するセレス(スィロズ)近郊のデミルヒサールにおいて、クルチャイと呼ばれる小川が大雨によって洪水を引き起こし、土地に大きな被害をもたらした[MD7:16]。ちなみに「クルチャイ」は、トルコ語で「涸れた小川」を意味することから、このときの北部ギリシアは、通常はほとんど水が流れていないようなワーディー(涸れ谷)が氾濫するほどの集中豪雨に見舞われたと考えられる。一五七〇年三月には、アドリア海沿岸部に位置するヘルツェゴヴィナ(ヘルセキ)地方の広い地域において長雨による飢饉が発生した。このときには、ボスニア(ボスナ)とヘルツェゴヴィナの臣民に食糧の購入と外部地域への穀物の持出しが禁じられる措置がとられた[MD9:214]。

翌一五七一年もルメリでの大雨は継続した。一五七一年三月、アドリア海の出口に位置しコルフ島に近いデルヴィナ(デルヴィネ)において、激しい降雨によって城壁の壁が六尋《ひろ》(クラチ)[27]にわたって崩壊した[MD12:228]。同じ頃、クサンティ(イスケチェ)に近い西トラキアのゲニセア(カラス・イェニジェスィ)では、リュトフィー・パシャ橋の橋脚のうち二つが洪水の激しい流れによって流し去られた[MD12:161]。さらに九月には、一五五九年五月以来、一二年ぶりにティグリス川が再び氾濫し、これによって破壊された運河を修復する旨の命令がバグダード州総督に送られた[MD12:893]。

一五六八年にマニサにおいて、洪水を未然に防止するための堤防の建設が試みられていたことはすでに述べた。しかし結局堤防はつくられることがなかったのか、それから五年後の一五七三年一月にマニサは再び洪水に襲われた。家屋や店舗は破壊され、堀は埋没したため、大規模な清掃作業が必要となったことが報告されている[MD21:139]。また同年三月には、同じくアナトリア西部のアクヒサールにおいて、サカルヤ川に注ぎ込む支流が氾濫し、川の水が四方に溢れて近隣の耕作地を荒廃させた。この洪水のために泥土が流入して河床が上昇したため、浚渫《しゅんせつ》がおこなわれる必要があることが後日報告されている[MD21:521]。さらに同じ年の八月、一五六八年にも洪水があった西トラキアのデミルヒサールにおいて、今度はカラス川という別の河川が氾濫して大きな被害が生じた。カラス川についても、この状態を放置するならば再び洪水が起きた際に、より甚大な被害を受けることになるため、これを未然に防止するために河床の浚渫が不可欠であるとの報告がなされた[MD22:433]。

以上みてきたように、一五七三年に生じた洪水の分布は、六八年に各地で大きな被害をもたらした洪水の傾向と極めて類似している点において興味深い。この分布の類似性は、そこに氾濫しやすい河川があったというだけでなく、局地的な集中豪雨が特定の場所において繰り返し生じていた可能性をも示唆するものであると考えられる。

同様の傾向は、オスマン朝の都であったイスタンブルについても指摘することができる。すでに述べたように、一五六三年にイスタンブルは未曾有の大洪水に襲われ、復興に長期間を要する甚大な被害を受けた。しかし一五七四年に、イスタンブルは再び大洪水に見舞われる。この年の六月八日、降り続いた大雨に起因する大規模な洪水によって、イスタンブルに大きな被害が生じたことが、枢機勅令簿に記録されている。わずか一〇年余りの間に二度の大洪水を経験したあとであるためであろうか、さすがにこのときには、きたるべき洪水による被害を防止するために、イスタンブルに張りめぐらされた地下排水溝の上に建てられた建築物の撤去と、洪水によって詰まった排水溝の清掃および拡充が命令されている[MD26:128]。同様の排水溝の拡張命令は、二度目の洪水から五年が経過した一五七九年一月にも繰り返し発せられていることを確認することができる[MD36:55]。

一五七六年十二月には、ルメリを流れるトゥンジャ川とマリッツァ川が氾濫して、耕作地を荒廃させた[MD28:1026]。また一五七八年九月には、やはり七三年にも洪水に襲われたアナトリア西部のアクヒサールにおいて、ゲディク・スと呼ばれる川が氾濫し、農民の収穫物をはじめ、付近一帯に大きな被害を与えた[MD35:730]。このゲディク・スが一五七三年に洪水を引き起こしたとされる「サカルヤ川の支流」と同じ川であるかどうかは不明である。しかし少なくとも、短期間のうちに同一地域で河川の氾濫が頻発していることは、先にも指摘したように、注目する必要があろう。

一五七九年は中央アナトリアの各地で大雨の被害が続いた。十月、同地を流れるベイパザル川が氾濫して付近で栽培されていた米をはじめとする農作物が被害を受けた[MD41:255]。この大雨はこの年の秋から冬にかけても継続したと考えられる。それを裏づけるように、枢機勅令簿の一五八〇年一月一日付の勅令には、ベイパザル川の北に位置するボルにおいても、長雨のために稲が立腐れを起こして収穫できない事態となったことが記されている[MD41:704]。

このように一五六〇年代と七〇年代をとおしてオスマン朝の各地で大きな被害をもたらした大雨や洪水であるが、八〇年代に入ると、その記録は枢機勅令簿にほとんど確認されなくなる。[28] この傾向は、厳冬についての記述の減少とおよそ時期を同じくしており、一五八〇年代には地中海東部地域における冬の厳しい寒さがやわらぐとともに、大雨とそれにともなう洪水の被害も次第に減少していったものと考えられる。

以上のように、十六世紀後半のオスマン朝においては、一五六〇年代半ばから急速に天候が不順となり、冬の厳しい寒さに加えて、夏の大雨や洪水といった各種の自然災害が増加したことが確認された。大雨と洪水は一五七〇年代をとおしてオスマン朝の各地で継続的に確認されたが、八〇年代に入ると一定の安定を取り戻したと考えられる。枢機勅令簿から収集したデータに基づいて作成したグラフ(図4)は、このことを如実に証明している。[29]

これまでみてきたように、十六世紀後半のオスマン朝においては、気候の寒冷化の傾向がおおよそ一五八〇年頃を境にして微妙に変化していたことを確認することができる。しかし一方で、十六世紀後半におけるオスマン朝を全体として眺めた場合、その気温は十六世紀後半を通じて相対的に現在よりも低い状態で推移していた可能性が極めて高いと考えられる。統計的な資料が存在しない前近代において、当時の気温の変化を正確な数値として拾い上げることは非常に困難である。しかしながら一方で、同時代に記された旅行記には、当時の平均気温の低さを示唆するかのような記録が数多く存在する。

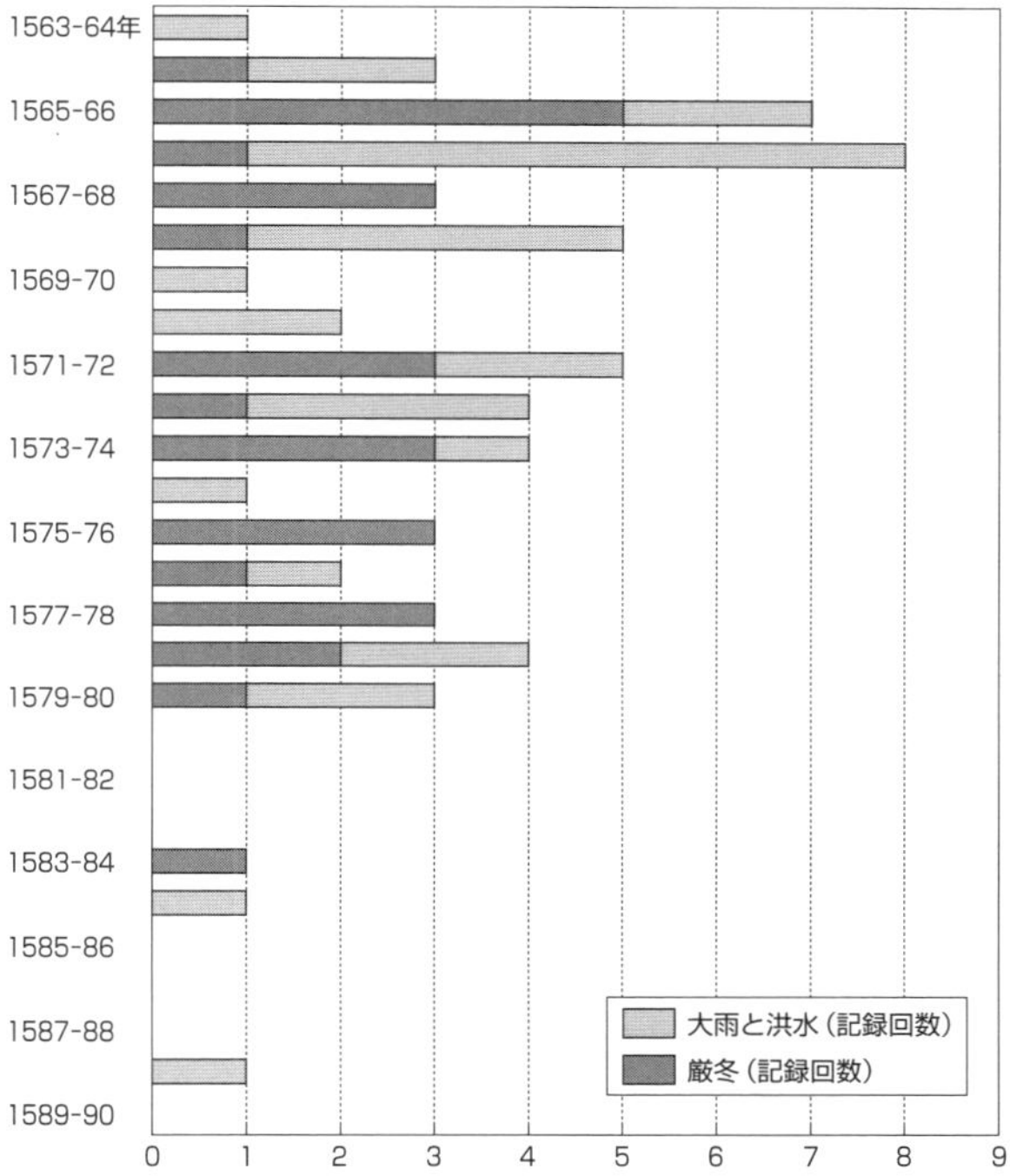

図4　オスマン朝における厳冬と大雨，洪水（1564～90年）

例えば、前述のヘベレルは、十六世紀後半のイスタンブルにおいては冬期に大量の降雪があり、そうした雪を保存して夏に利用するため、いくつもの氷室が存在していたことを記している。ガレー船の漕ぎ手として捕らえられていたヘベレルは、実際に降り積もった雪を氷室に運搬するという重労働に従事させられ、彼が見たイスタンブル郊外のペラ地区にあった二つの氷室は、その深さが一八尋（約三四メートル）におよぶ巨大なものであったという[30]［Heberer 2003:192］。また同じくヘベレルは、ブルサ近郊にそびえ立つオリンポス山（現ウルダー山）についても、「雪がまったく絶えることのないこの山は、常に真っ白に見えるのである」と書いており、標高が約二五〇〇メートルとそれほど高いとはいいがたいオリンポス山にも十六世紀後半においては万年雪がたたえられていたことを伝えている[Heberer 2003:305]。これら一連の記述は、十六世紀後半の気温が現在よりもずっと低かった可能性が極めて高いことを如実に物語るものであるといえよう。

それでは、このような気候の寒冷化が進行し、自然災害が頻繁に発生していた十六世紀後半のオスマン朝における食糧事情はいかなるものであったのだろうか。以下においては、その答えを求めてさらに詳しい検討をおこなっていきたい。

3　十六世紀後半のオスマン朝における食糧事情

十六世紀後半における地中海世界の北西部すなわちイタリア、南フランス、スペインにおいて断続的に、しかしときとして甚大な飢饉や食糧不足が発生していたことは、ブローデルの研究成果に依拠しつつ、第1節においてすでにみてきたとおりである。本節でこれから考察するように、食糧が恒常的に不足するという傾向は、地中海東部を中心とするオスマン朝の支配領域においても基本的に同様であったと考えられる。また、これまで詳しくみてきたような気候の寒冷化や自然災害に加えて、マイケル・クックが指摘するように、十六世紀を通じて進行していた人口増加や、そうした人口増加の伸びに対して食糧生産力が追いつかなかったことも、食糧事情の悪化に拍車をかけたと推定される[Cook 1972]。すなわち、十六世紀後半において地中海の北西部で確認された食糧不足や飢饉は、同時期のオスマン朝の各地においても慢性的にみられる現象であったということができよう。

すでに述べた気候の寒冷化の進行や大雨・洪水に代表される自然災害の頻発を背景にして、十六世紀後半におけるオスマン朝の食糧事情は一般的に厳しい状況にあり、地域によってはときとして深刻な食糧危機に瀕することもあった。以下においては、枢機勅令簿にみられる様々な記述をもとに、十六世紀後半のオスマン朝において、飢饉や食糧不足がどのように発生していたのかを時系列を追って確認する。そのうえで、そうした飢饉や食糧不足に悩まされていたオスマン朝が抱えた構造的な問題について詳しく検討していきたい。

食糧不足と飢饉

十六世紀後半を通じて、地中海世界の北西部を構成する西欧キリスト教世界において飢饉や食糧不足が広範にみられたように、同時期のオスマン朝においても飢饉や食糧不足が断続的に発生していたことは、先行研究がすでに明らかにするところである。この意味において、ブローデルが繰り返し述べているように、十六世紀後半の地中海世界はある種の運命を共有していた。

十六～十七世紀にオスマン朝で発生した飢饉についてはリュトフィー・ギュチェルの著作において簡単な一覧表が作成されている[31][Güçer 1964:8f.]。しかし明確な理由は記されていないものの、この表には一五七八年以前の事例はまったく収録されておらず、また七八年以降のデータについても非常に不十分なものに留まっている。管見の限り、一五五九年からの記録が現存している枢機勅令簿には、本書における考察対象の下限である九〇年までの約三〇年間に三五一件もの飢饉や食糧不足の事例を確認することができる[32]。詳細についてはあとに譲るが、全体の約四割を占めるのはオスマン朝最大の都市であるイスタンブルで頻発した食糧不足であった[33]。しかし、イスタンブルにおける食糧不足は、その他の地域における飢饉や食糧不足とは、その要因や構造を大きく異にする。そのため、この問題については第三章において改めて論じることとし、ここではオスマン朝の各地に発生した飢饉と食糧不足の状況について考察していきたい。

これまで気候の寒冷化についてみてきたように、食糧不足や飢饉についてもまた、枢機勅令簿の記述は一五五九年に始まる。一五五九年から六〇年にかけては、エーゲ海沿岸地域において深刻な食糧不足と飢饉の発生が各地で相次いだ。まず、当時はいまだジェノヴァ領であったキオス島(サクズ)で[34][MD2:53]、次いで西トラキアの港湾都市カヴァラ[MD2:

172]でも飢饉となり、さらに同年の夏から秋にかけてはエーゲ海のアナトリア側に位置するベルガマやバルケスィルにおいても大規模な食糧の欠乏が生じた[MD3:128, 357]。この年にはまた、ハンガリー地方においても飢饉となりつつあることがブダ(ブディン)州総督から報告されたほか[MD3:384]、アゾフ(アザク)[MD3:216, 343]、カッファ(ケフェ)[MD3:1051-53, 1056, 1072]、アクケルマーン[MD3:1500]などの黒海北岸地域一帯でも大飢饉が発生した。[35] とりわけ、この年に黒海北岸を襲った大飢饉の被害は甚大で、飢餓にあえぐ多くのタタール系の人々が人身売買によって奴隷に身を落とすほどであった[MD3:1478, 1500]。さらに同年には、北アフリカのトリポリ(トラブルス・ガルプ)地域においても穀物に大きな不足が生じたため、遠く離れたギリシア西部から船舶による大規模な穀物輸送が実施された[MD3:248, 251]。

以上のような一五五〇年代末の食糧不足の状況は、本来は食糧が豊富であるはずのルメリ東部やアナトリア西部の諸地域にも漸次的に波及したと推測される。ルメリ東部を構成する西トラキアの中心都市コモティニ(ギュミュルジネ)では、イスタンブルに食糧を輸送したために地元住民が食糧不足に陥り[MD3:916]、同じく東トラキア地方のヴィゼにおいては食糧の退蔵がおこなわれたことから食糧に欠乏が生じた[MD3:1226]。そしてついに一五五九年十二月末には、食糧不足となったブルサ周辺において、イスタンブルに送られる途中の食糧が略奪されるという前代未聞の事件が発生するほどに事態は悪化していたのである[MD3:640]。

一五六四年にはエーゲ海にある島々や半島部に位置する不毛な土地において食糧不足が頻発した。九月にアナトリア南西部のカラス地方とエドレミトにおいて食糧の欠乏が発生したことを皮切りに、エーゲ海の島嶼《とうしょ》部の各地やドゥブロヴニクでも食糧不足が相次いだ。

こうした深刻な食糧不足の状況に対応するため、穀物の一大生産地であるエヴィア島(アールボズ)からは、飢饉や食糧不足が発生した諸地域への大規模な穀物輸送が実施された。具体的には、ドゥブロヴニクに三〇〇〇ミュド(約一五三九トン)、ジェノヴァ領キオス島に二〇〇〇ミュド(約一〇二六トン)もの大量の穀物が与えられたのをはじめとして、ロドス島に一〇〇〇ミュド[36]（約五一三トン）、レムノス島（リムニ）に五〇〇ミュド（約二五六・五トン）、コス島に一〇〇ミュド（約五一・三トン）、レスボス島（ミディルリ）には三〇〇ミュド（約一五三・九トン）の穀物がそれぞれ輸送された[MD6:226]。また、アナトリア南東部のタルハニヤートとチェシメ近郊のセフェリヒサールにも各二〇〇ミュド（約一〇二・六トン）の穀物が送られたほか[37][MD6:226]、のちにムラト三世として即位することになる皇太子ムラトが治めるマニサ地方でも飢饉が発生したために、ギリシア北部のテッサロニキから三万キレ（約七六九・二トン）の大麦と一万キレ（約二五六・四トン）の小麦とが輸送された。エーゲ海のアナトリア沿岸部においては、ラプセキでも食糧の欠乏が発生したため、海を隔てた西トラキアのドラマから食糧を輸送することが求められた[MD6:312]。さらに、同年十一月にはレムノス島のカーディー管区（カザー）に属するイムロズ島（現ギョクチェアダ島）でも食糧の欠乏が生じたため、ここにもカヴァラから一〇〇ミュド（五一・三トン）の穀物が送り込まれた[38][MD6:343]。

　こうした一連の食糧不足は、一五六四年においてエーゲ海地方の広い範囲で発生した大規模な凶作に起因するものであった。このことは、一五六四年十一月六日付の枢機勅令簿に「レスボス島のモロヴァのカーディー管区に住む何人かのイェニチェリたちが、彼らが栽培する穀物が実らずに、食糧の問題について甚大な窮乏が生じている」と知らせてきたことが記されていることからも明らかである[MD6:344]。

　一五六四年にはまた、エーゲ海沿岸部だけでなく、エジプトにおいても飢饉が発生した。そのため、現地の官有倉庫に保管されている穀物の調査と同地における公定価格の調整がエジプト州総督とエジプト州財務長官に命じられている[MD6:485]。また年が明けた一五六五年一月末には、アナトリア東部の中心都市であるヴァンにおいても大規模な飢饉が発生して、「どの方面からもまったく糧秣《りょうまつ》や食糧がもたらされないこと」がイスタンブルに伝えられた[39][MD6:690]。

　以上のような危機的ともいうべき甚大な食糧不足は、さらに一五六五年の春まで悪化しつつ継続したと考えられる。一五六五年二月、前述のラプセキからは以下のような悲痛な叫びにも似た報告がイスタンブルにもたらされた。

> ……我々の地方は飢饉となって、まったく穀物が見つかる可能性はない。どの場所からも穀物はもたらされず、アナトリア沿岸部から我々の県に、いくつかの場所から五〜六ミュド〔約二・五〜三トン〕を積載する小舟によって〔穀物を〕もたらしていた。〔しかし、それも〕禁じられて、そこからも来なくなった。すなわち、穀物が与えられないならば、この諸城塞における我々の状況は危機的である。……[MD6:731]

一五六五年三月には、エーゲ海に浮かぶアンドロス島においても、「甚大な飢饉と食糧不足が生じて、穀物が極限までに欠乏していることを知らせてきたので、エヴィア島から六ミュド〔約三トン〕の穀物が与えられることが命令された」[MD6:824]。この年の飢饉がいかに悲惨なものであったかは、三月二十日付の枢機勅令簿の記録が、この状況をまるで「神の災害 afet-i semavi」であると表現していることや、三月二十六日付の記録に「大部分の者たちは草を食んで」飢えをしのいでいるという記述からも推察することができる[MD6:885. 926]。

四月中頃には、黒海西岸の港湾都市である「ポモリエ〔アフヨル〕方面にある穀物のうちの一部が海上において腐った」にもかかわらず、それを飢饉のキオス島に送って販売することを求めたニコラという名のズィンミーの船長の船に一一〇ミュド〔約五六・四三トン〕が積み込まれた[MD6:1063]。このように、一五六四年から六五年にかけての状況は、腐った穀物にまで値がつくほどに深刻なものとなっていったのである。

同様に、一五六四年から続いていたドゥブロヴニクにおける食糧不足もまた六五年になっても回復する兆しをみせなかったばかりか、周辺地域であるオスマン朝の直轄領にまでその悪影響がおよび始めた。七月にはドゥブロヴニクを取り囲むように位置するヘルセキ県において、ドゥブロヴニクのキリスト教徒たちが高値で穀物を買い占めたことによる欠乏が生じた[40][MD6:1353]。さらに八月になると、ドゥブロヴニクの貴族たちの支援要請に応えて、アルバニア地方の主要な港湾都市であるヴロラ〔アヴロンヤ〕から一五〇〇ミュド〔約七六九・五トン〕の穀物が送られた[MD5:106]。ヴロラにはまた、同じ頃に食糧不足に陥った近隣のノヴィ城塞への食糧輸送も命じられている[MD5:361]。

一方で先にみたように、一五六四年から六五年にかけて深刻な食糧の欠乏が生じていたロドス島では、各地からの大量の穀物輸送によって、事態は沈静化する兆しをみせ始めていた。それでも軽微な食糧不足は継続して発生していたために、一五六五年十一月にはカヴァラから二〇〇ミュド(約一〇二・六トン)の穀物が送られたほか[MD5:488]、ロドス島の対岸に位置するアナトリアのメンテシェ県やテケ県からもさらなる食糧輸送がおこなわれた[MD5:513, 514]。

目を地中海の南岸地域に転じても、食糧不足の状況は同じく厳しいものであった。やはり前年からの飢饉が継続していたエジプトでは、一五六六年一月にも食糧の欠乏が生じ[MD5:895]、二月には、ついにはるか遠く離れたテッサリアのラリッサ(イェニシェヒル)やファルサラ(チャタルジャ)からの大規模な食糧輸送が実施されるという異例の事態となった[MD5:1034]。このときのエジプトにおける飢饉の主要因は、ナイル川の水位が通常の水準にいたらず、また堤が改修中であったために、いくつかの地域に灌漑用水を入れることができなかったことであり、そのため同地における公定価格は高みへと向かった[41][MD5:813]。

一五六六年の春以降には、広大なオスマン朝領の周縁部のひとつに位置するペルシア湾の港湾都市バスラにおいて食糧不足が発生したため、上流のバグダードから食糧を輸送することを命じた勅令が何度も発出されたほか[MD5:1158-61]、同じ頃にはオスマン朝統治下のエチオピア地方においても食糧不足が発生した[MD5:1163]。

さらに一五六六年から六七年にかけての冬には、前節においてすでに詳しく述べたように、ルメリ北部とルメリ東部において大雨と洪水が相次いだ。そして、おそらくは、これらの自然災害の影響によってルメリ北部から東部にかけての広い地域において食糧不足が頻発した。例えば、ルメリ北部では、セメンディレ県[MD5:970, 1931]やトゥムシュヴァル州[MD5:1838, 1839]において、またルメリ東部では、イスタンブルの西方に位置する港町であるスィリヴリや[MD5:1271, 1346]、ソフィアとプロヴディフの間に位置するイフティマン[MD5:1679]、さらにはソフィア周辺地域においても食糧不足が発生した[MD5:1674]。

一五六七年になってもルメリ各地における食糧不足の状況が好転することはなかった。ただし、その主要因は前年に生じた大雨と洪水から一転して、この年に東地中海を広く覆った旱魃によるものに変化した。八月中旬には、東トラキアのケシャンのカーディーが大麦について欠乏が生じていることを報告してきたことに加えて、南方からイスタンブルにいたる穀物供給ルートにおけるもっとも重要な穀物集積地であるテキルダーにおいても大麦の欠乏が発生したことが確認される[42][MD7:92]。さらに九月になると、平年においては豊富な穀物生産量を誇るテッサリア地方においても凶作となり、それにともなって飢饉が引き起こされた。例えば、テッサリアの中心都市であるラリッサのカーディーは、「昨年〔一五六六年〕は、勅令に従って諸船舶に多くの穀物が積み込まれたにもかかわらず、[43]今年は季節通りに雨が降らず、穀物が甚大な不作となっている」、といって飢饉によって貧民に窮乏が生じていることをイスタンブルに奏上している[MD7:174]。

この年の旱魃の影響は、ルメリだけに留まらず、アナトリアにおいても確認される。同じく一五六七年九月にコンヤにおいてラクダのための大麦と藁の徴収がなされた際に、困窮した人々は集まって「この地域においては、今年は雨が降らなかったために、我々の穀物は収穫されなかった」と当局に訴えている[MD7:227]。また同年には、これ以前の年にも数多くみられたように、ロドス島[MD7:213]やレスボス島[MD7:293]あるいはナクソス島[MD7:463]といったエーゲ海の島嶼部の広範な地域においても飢饉や食糧不足が続発した。

このように夏の時点ですでに各地で飢饉や食糧不足が多発していた一五六七年の食糧事情は、この年の冬の到来とともに、さらに悪化の一途をたどった。十一月には、トラキアのカザンラク（アクチャクザンルク）において飢饉となったほか[MD7:418]、穀物の集積地であるロドスジュク（前述のテキルダーの別名）方面においても食糧の欠乏が生じた[MD7:438]。そしてついには、ルメリにおける最重要拠点であり、オスマン朝の副都としての機能を果たしていたエディルネにおいてさえ、大麦の大規模な欠乏が発生する事態に立ちいたった[MD7:445]。十二月になると、ルメリの北西辺境地帯に位置するポゼガにおいても食糧の欠乏が生じた。ポゼガは「昔から穀物の豊富な地域であり、食糧の豊富さでよく知られた地域であるにもかかわらず」この年には「大麦がまったくとれなかった」[MD7:512]。また同月には、トラキアのディディモティコにおいて、「〔収穫前の〕穀物を、神の御意志により、雹が襲っ」たことから、この年は穀物がまったく収穫されなかったことが報告された[MD7:575]。

すでにみてきたように、エジプトではナイル川の水位不足に起因する飢饉が続いており、テッサリアのラリッサから緊急の食糧輸送が実施されていた。しかしこのあとには、テッサリアにおいても食糧の欠乏が発生したことから、おそらく食糧輸送は停止された。この影響を受けて一五六七年になるとエジプトでは、「数年来、エジプト地方においては飢饉と物価高のために〔官有の穀物〕倉庫に穀物が存在しない」という危機的な状況に陥ることになった[MD7:588]。

一五六八年にも、一月にはイラク南部のバスラに送られる軍団の糧食が[MD7:700]、三月にはルメリの重要な鉱業都市であるルドニクの鉱山で働く鉱夫たちの糧食が欠乏した[MD7:1048]。一方で、島嶼部における恒常的な飢饉や食糧の欠乏は、この年にも継続しており、三月後半にロドス島で食糧の欠乏が発生し[44][MD7:1131]、六月末にはエーゲ海の島々や沿岸部の一部を含むジェザーイル州総督の管轄領域においても飢饉となった[MD7:1644]。また七月には、エーゲ海に面するアナトリアのエドレミトでも食糧が欠乏寸前の状態になるにいたった[MD7:1733]。

しかし一五六八年の夏頃を境として、エーゲ海沿岸部における一連の食糧不足は徐々にではあるが、ようやく終息に向かった。一方でこの頃から、オスマン朝の周縁部における飢饉や食糧の欠乏が増加する傾向をみせ始める。一五六八年の七月[MD7:1749]と十二月には[MD7:24]、黒海北岸のカッファにおいて、相次いで食糧不足が発生した。また、同年八月にはシリアのシャム（ダマスクス）州で飢饉となり、さらに十月にはイラク南部のバスラにおいて、この年の一月に引き続いて食糧の欠乏が引き起こされた[MD7:2287]。

一五七〇年代に入ると、六〇年代にみられたような極端な食糧事情の悪化は、一旦影を潜めた。しかしそれでも、食糧不足それ自体は各地で継続したほか、一部では甚大な被害をともなった飢饉も発生した。例えば一五七〇年三月には、長雨によってヘルツェゴヴィナ地方に飢饉が発生し、同地域においては食糧需要が急増した[MD9:214]。七月になると、マケドニア地方の中心都市であるスコピエ（ウスキュプ）一帯においても飢饉となった[MD14:249]。これらルメリ北西部一帯で発生した飢饉は、穀物の収穫期を過ぎても終息せず、同年十月後半にはヘルセキ県における飢饉の程度を調査する命令が出されるほどであった[MD14:630]。そしてついに十月末にいたって、この時期にたびたび実施されていたパーディシャーのエディルネ行幸と同地における冬営が、「ルメリにおいて食糧の欠乏が生じているため」に中止に追い込まれる事態となった[MD14:793]。さらに同年十一月には、ルメリにおける飢饉の継続によって状況が一層悪化している様子を記した記録が枢機勅令簿に残されている[MD14:844. 845]。一五七〇年にルメリを襲った一連の飢饉や食糧不足は、すでに本章第2節の第2項で検討したように、一五七〇年から七一年にかけてルメリの広い地域で発生した長雨と洪水の影響を受けたものであると推測される。

ルメリで発生した大飢饉ほど状況は深刻でなかったにせよ、この時期にはアナトリアの一部や島嶼部においても食糧不足は継続していた。一五七〇年十一月には、アナトリア中部に位置するアクサライにおいて前年すなわち六九年に引き続いて、この年も大麦が凶作となるとの予測が奏上された[MD14:868]。一方で島嶼部においても、食糧不足の連鎖が発生していた。一五七一年一月、このときすでにオスマン領となっていたキオス島において、まず食糧が欠乏したために、ロドス島からキオス島への食糧輸送が実施された[45][MD14:1249-51]。しかし、そのわずか二カ月後の同年三月には、今度はロドス島において穀物を中心とする食糧が欠乏状態に陥り、このときには対岸に位置するアナトリアのテケ県から食糧が送り込まれた[MD12:237]。

一五七一年三月にはシリアのシャム州において食糧が欠乏したため、アナトリア東南部の拠点であるディヤルバクルからの食糧供給が実施されたほか[MD12:141. 143]、六月には北イラクのシェフリゾル州においても食糧の欠乏が発生した[MD17:34, 35]。また同年十二月には、征服直後のキプロス島において食糧が欠乏したために、アナトリアのメンテシェ県にいるカーディーたちに食糧を輸送する旨の命令が発せられた[46][MD16:266]。さらに同じ頃、北アフリカのトリポリ地方においては、「五年来、収穫がなく、食糧は欠乏状態にあって、人々は草で飢えをしのいでいるため」に、はるばるギリシア北部のテッサロニキから必要な量の食糧が船舶によって同地に輸送された[MD15:452, 514]。

一方で、前年度にヘルツェゴヴィナ地方を襲った大飢饉は終息に向かいつつあったものの、食糧事情は一五七一年においても依然として厳しい状態にあった。一五七一年五月にヘルセキ県において再び食糧欠乏が発生したほか[MD12:366]、七月には同地に近いノヴィ城塞でも食糧の欠乏状態に陥った[MD12:885]。加えて一五七一年はルメリ北西部において厳冬となったために、十一月から十二月にかけての時期には、ヘルセキ県を含むルメリのアドリア海沿岸部の広い範囲において食糧不足が発生した[MD16:648]。

一五七二年には、数年来、飢饉にあえいできたエジプトからようやく良い知らせがもたらされた。すなわち、この年の三月には、「ナイル川(の洪水)が望みどおりに生じたことから、甚大な飢饉と物価騰貴は終息した」という報告が中央政府になされた[MD12:1093]。しかし同じ頃、そうしたエジプトの状況とは対照的に、その北方にあるパレスティナ地方においては食糧事情が悪化し、ムスリムにとってはメッカ、メディナに次ぐ聖地であるイェルサレム(クドゥス)でも四月になって飢饉が発生した[MD12:1162]。この年の四月にはまた、ペロポネソス半島の先端部に位置するメソーニ(モドン)、コローニ(コロン)といった、かつてヴェネツィアの艦隊基地がおかれていた諸城塞において食糧が欠乏したほか[MD16:414]、五月になると例年のようにロドス島においても欠乏状態が確認されている[MD19:57]。

ただこの年には、数年来の飢饉にあえいできたルメリ北西部の食糧事情は、時がたつにつれて回復の兆しをみせつつあった。しかしそれでも一五七二年五月には、トゥムシュヴァル州において食糧の欠乏が発生したことが報告されたことに加えて[MD19:37]、前年のように欠乏という表現はとられなかったものの、七二年にも前述のノヴィ城塞では緊急の食糧需要が発生した[MD19:323]。同様に、同年七月にはヘルセキ県に隣接するキリス県においても食糧に大きな需要が生じた[MD19:635]。

一五七三年一月にはアナトリア西部に位置し、エーゲ海沿岸の港町であるフォチャとその周辺で飢饉が発生した[MD21:33]。また同年十月には、フォチャの対岸に浮かぶレスボス島においても食糧需要が発生したため、近くにあるレムノス島から一隻ないし二隻の船をもってレスボス島への食糧輸送をおこなうようにとの命令が出された[MD22:669]。その少し前の七月には、前年に引き続いてペロポネソス半島のメソーニとナヴァリノ(アナヴァリン)において「まったく食糧が見つからないこと」が報告された[MD22:373]。

これらエーゲ海沿岸部の食糧不足に加えて、この年には、中東各地においても飢饉が頻発した。一五七三年一月、メッカとメディナの両聖都を擁するヒジャーズ地方において大規模な飢饉が発生し、同地においては飢餓のために多くの人々とラクダが死亡した[MD21:56]。また、前年に続いてパレスティナ地方では食糧不足が継続していたが、枢機勅令簿には、このときの食糧不足は同地域で発生した旱魃とそれに続くイナゴの襲来に起因するものであると記録されている[MD22:424]。

一五七四年一月には七一年に続いて再びキプロス島で食糧が不足したほか[MD23:498]、エジプトからの小麦輸送が停滞したことから、メッカとメディナにおいては貧民たちが困窮した[MD24:354]。また五月には、バグダードにおいて旱魃のために飢饉が発生している[MD24:503]。

しかし一五七四年秋以降についての傾向として特筆するべきは、このあとの七六年に発生することになるルメリにおける大飢饉の先駆けとなる現象が、飢饉が大規模化する一年以上前のこの時期にすでに確認しうるという事実である。具体的には、一五七四年九月後半に東トラキアのイプサラにおいて甚大な飢饉が発生した結果、同地においては、食糧はもとより翌年の播種用の小麦さえ残らない状況となったため、エディルネへの食糧輸送が免除されたことが記録されている[MD26:660]。ここで重要な点は、このとき「翌年の播種用の小麦さえ残らない」という危機的な状況が存在していたことである。すなわち、日々の食糧にも事欠いた農民の一部は、差し迫った飢餓から逃れるために次の年の播種用の小麦にまで手をつけて食用への転用をおこなわざるをえなかった。このため、当然のことながら彼らの手元には翌年に播くべき種は残らず、そのために次の年の収穫はまったく見込めないか、あるいは激減するという結果を招いたと考えられるのである。

一五七五年の冬になると、飢饉はルメリの全域からさらに黒海北岸地域にまで拡大した。十一月にカッファで食糧が不足した際には、おそらくはすでに周辺地域からは食糧を確保することが不可能な状況に陥っていた。そのためこのときには、遠く黒海を南に隔てたアナトリアのサムスンとトラブゾンから二隻分の食糧が送られている[MD27:188]。十二月になるとルメリの各地にいる県知事たちとカーディーたちに、先に記したような播種用の小麦や大麦の不足による飢饉の連鎖を未然に防ぐために以下のような命令が送られた。

> ……何人かの者たちの手元には、食べるべきまた播くべき小麦や大麦が残っていないことを知らされたことから、このことによくよく配慮し、手元に小麦や大麦がある者たちから、アクチェでもって〔小麦や大麦が〕ない者たちが購入することを確実にすること。[MD27:308]

同じ頃、飢饉が拡大していたルメリでは毎年製造されている艦隊用の乾パンを焼くことができないために、この年にはエジプトで一万五〇〇〇カンタル(約八四六トン)もの乾パンがつくられて送られた[MD27:320]。十二月十五日には、ペロポネソス半島のモラ県においても甚大な飢饉が発生したために、この年のイスタンブルへの食糧輸送計画は放棄されるにいたった[MD27:354]。

一五七六年二月になると、ペロポネソス半島における飢饉はさらに拡大し、ギリシア西部に位置しオスマン艦隊の重要な拠点であったレパント(イネバフトゥ、現ナフパクトス)においても「人々のもとや帝室御料には食糧は見当たらない」

という状況に陥った[MD27:562]。同じ頃、エディルネの給食施設においては、与えられた量に満足せず、より多くのスープを求めるマドラサの学生たちが門前で騒動を引き起こした[MD27:572]。また、テキルダー近郊のイネジクにおいても、食糧が見当たらなかったために、この年のイスタンブルへの食糧輸送は中止された[MD27:561]。エーゲ海沿岸地域で食糧不足が発生すると、その影響を受けて食糧事情が悪化する傾向にある島嶼部においても、二月にサモトラキ島で[MD27:651]、三月にはキオス島において食糧不足となった[MD27:823]。さらに一五七六年は、イスタンブルへの重要な食糧供給地域であるドナウ沿岸部やワラキアにおいても大麦が収穫できず、投機を目的として大麦の青田買いをおこなっていた者たちと地元農民との間に紛争が頻発した[MD27:719, 720]。

一五七五年から七六年にかけての大飢饉は、ルメリだけに留まらず、西アナトリア一帯にも広がった。宮廷用の特別な小麦、いわゆる「ビティニア小麦」[47]を供給していることで知られるブルサ近郊のイェニシェヒル[48]においては、一五七四年十一月からすでに食糧の欠乏が発生していたが[49][MD26:931]、これが七六年二月にいたって大規模な飢饉へと発展した。そのため、この年のイスタンブルへの食糧輸送計画は放棄されることが決定された[50][MD27:630]。同じ頃、イズミト近郊のカヴァク船着場においては、小麦粉商人や旅行者たちが、現地ではパンを見つけられないことを報告している[MD27:732]。同年三月には、ブルサにも近く陶器製造で有名なイズニクにおいて、親方や職人たちが窮乏状態となった[MD27:893]。

さらにこの年には、オスマン朝の周縁部でも食糧不足や飢饉が発生した。東アナトリアの拠点都市であるヴァンでは、一五七六年二月に大規模な飢饉となり「誰のもとにも食糧が残っていない」状態に陥った[MD27:734]。小麦の収穫期を過ぎた八月になってもヴァンでは飢饉が継続していたため、東南アナトリアのディヤルバクルからの食糧輸送が命令されたほか[MD28:10]、十一月から十二月にかけてもディヤルバクルから合計一〇万キレ(約二五六四トン)もの大量の食糧を送ることが命じられた[MD29:30]。しかし一五七七年三月にはディヤルバクルにも一〇万キレの食糧を搬出する余力がないことがオスマン朝政府に知らされたために、結局は半数の五万キレ（約一二八二トン）のみがヴァンに送られることとなった[MD30：47，48，71]。また同じ頃、飢饉はアラビア半島のヒジャーズ地方においても発生しており、メディナの外港であるヤンブーでは、各地の飢饉に対応するために輸送用のラクダが出払ってしまったことから、ラクダによる輸送料が高騰したことが記録されている[MD29：336]。

一五七七年の収穫期を過ぎると、オスマン朝の中枢であるルメリ東部からアナトリア西部に加えて、支配領域の周縁部にまでおよんだ一連の大飢饉はようやく終息に向かった。その一方で、同年の夏以降には黒海北岸地域とアナトリアの広い範囲において食糧不足が発生した。八月、黒海北岸の重要拠点であるアクケルマーンにおいて飢饉が発生し[MD31：450]、九月にはカッファにおいても飢饉となったほか[MD31：401]、アクケルマーンでも飢饉は継続した[MD31：582]。飢饉から回復しつつあったルメリの状況とは対照的に、アナトリアは一五七七年も前年と同様に、広範囲の凶作に見舞われた。例えばロドス島へは、一五二二年の征服以来、アナトリアから食糧が供給されてきたが、この年はアナトリア各地における収穫量が著しく少なかったために急遽エジプトから食糧が送り込まれた[MD33：41]。また、アナトリア全域で収穫物が減少したことから、この年にはイスタンブルへの食糧輸送の実施は見合わされることとなった[MD33：257]。

アナトリアにおける食糧不足の状況は一五七八年には改善したものの、黒海北岸地域における飢饉は一層悪化しつつ継続した[51]。四月に再び発生したカッファの飢饉は、六月になるとさらに深刻な状況となったため、シリストラ、アクケルマーン、ヴァルナ、バルチク（バルチュク）といったドナウ川や黒海西岸に位置する多くの港町に集積された食糧がカッファへと送り込まれたほか[MD35：28]、アナトリア北部の黒海に面する港湾都市のサムスンからも小麦や大麦に加えて本来は輸送や保存に適さないはずの小麦粉までもが送られた[MD35：29]。長時間の輸送に耐えない小麦粉が、長距離輸送されることは非常に稀である。このことからも、この事例は、当時のカッファにおける飢饉の被害の大きさを如実に示すものであるといえよう。さらにこのときには、ルメリからイスタンブルに向かっていた三隻の食糧輸送船のうち一隻を急遽カッファに廻送するという措置もとられた[MD35:502]。加えて同年十二月には、西アナトリアのベルガマにおいて食糧の持出しによる飢饉が生じ[MD25:982]、同様の飢饉は翌一五七九年十月にもベルガマと、そこに近いアヤズメンドにおいても発生したため、同地域からイスタンブルにある帝室食料庫への食糧の買上げは中止された[MD40:467]。

一五七九年には、シリア地方において飢饉が相次いだ。二月、地中海に臨む港湾都市であるスィドン(サイダ)とベイルートにおいて飢饉が発生し、キプロス島からの食糧輸送が求められた[MD36:220]。また三月にはシリア北部の中心都市であるアレッポにおいても飢饉となったことが報告され、このとき実施されていたイラン遠征のための食糧供出が不可能であることが奏上された[MD32:614]。この年にはまた、モンテネグロのコトル湾周辺においても食糧不足が発生し、同地域を管轄するイスケンデリーイェ県の県軍政官に対応策を講じることが命じられた[MD36:271]。さらに五月には、東アナトリアのヴァンでも飢饉となった[MD36:717]。

この年の冬から翌年の一五八〇年にかけては、黒海北岸地域を再び甚大な飢饉が襲った。このときの飢饉による被害の程度は、おそらく一五五九年から六〇年にかけて同地域に発生した大飢饉に匹敵するものであったと考えられる。一五七九年十月にはタタールの人々、とりわけ女性や子どもの多くが奴隷として売られるほどに状況は悪化していた[MD40:500]。一五八〇年一月には、飢饉のために奴隷として売られてきた女性や子どもを自由人として解放するようにとの命令が、飢饉に襲われた黒海北岸地域から一〇〇〇キロ近くも離れたスィリストレ県やヴィディン県にいるカーディーたちに送られている[MD39:291]。この事例もまた、一五八〇年前後の黒海北岸地域において発生した飢饉の被害の大きさを物語るものであろう。

一五八〇年は、三月にエジプトでも飢饉が発生したほか[MD39:522]、アナトリアの各地でも食糧不足が発生した。具体的には、四月に西アナトリアの中心都市であるマニサで食糧の欠乏が生じたことに加えて[MD39:631]、七月にはマニサからそう遠くないウシャクにおいても飢饉となった[MD43:261]。さらに同月には、中部アナトリアの中心都市であるコンヤにおいても食糧不足が発生したことが報告された[MD42:880]。年が変わった一五八一年一月には冬の到来によって西北アナトリアのムドゥルヌで食糧が底をついたことから、官有の食糧を放出しての救済措置がとられた[MD42:990]。おそらくこうしたアナトリアにおける食糧事情の悪化を受けて、一五八〇年七月にロドス島で大規模な食糧需要が発生した際には、通常のようにアナトリアからではなく、遠く黒海沿岸部からの食糧輸送が実施されている[MD43:220]。

さらにこの年の食糧不足は、地中海世界西部にまで広がっていたようであり、そのことを証明するかのように当時オスマン朝と友好関係にあったフランスの大使[52]が食糧支援を求めてオスマン宮廷を訪れている。しかし苦しい食糧事情のもとにあったのはオスマン朝も同様であり、オスマン朝政府はフランスからの要請に対して、「一、二年来の旱魃のために食糧の余剰がないこと」を理由に支援の延期を表明している[MD43:214]。この事実もまた、第四章で詳しく考察するように、十六世紀後半の地中海世界の東と西とで深刻な食糧不足が同時並行的に発生していたことを示すものであろう。

ただし、これまでみてきたように、一五七六年から七七年頃を境として、オスマン朝の中枢地域を構成するルメリ東部やアナトリア西部における飢饉や食糧不足についての記録は徐々に減少する兆しをみせ始める。こうした傾向は、一五八〇年代になると一層顕著なものとなり、飢饉や食糧不足の大部分は、むしろオスマン朝の周縁部で発生することが多くなるとともに、その総数も大幅に減少することになる。

一五八二年には七月にマケドニアのストゥルミツァ（ウストゥルムジャ）と[MD48:64]、アナトリア北東部のトラブゾンで食糧の欠乏が生じたことのみが記されており[MD48:13]、翌年の八三年についてもルメリにおける食糧不足の記録はなく、アナトリアについても二月にカイセリで食糧の欠乏が生じていたことのみが報告されている[MD48:911]。

一方で、一五八三年から八四年にかけては、シリア地方一帯において再び甚大な飢饉が発生した。具体的には、まず一五八三年八月後半に「シリアのトリポリ〔トラブルス・シャム〕とシャム州の方面において甚大な飢饉が生じて、人々に大きな窮乏が生じている」ためにアナトリア南部の港湾都市であるアンタルヤからの食糧輸送が実施された[MD51:213]。このとき、シリア地方において発生したアラブ系部族の大規模な反乱が、同地域における食糧事情の悪化に拍車をかけた。そのため、この年にはシリアからメッカへと向かう聖地巡礼者のための食糧を確保することすら困難になったという[MD51:267]。九月になるとサフェドにおいても「食糧の問題について深刻な欠乏が生じた」[MD51:67]。同年十一月には、飢饉はシャム州からシリア北部のアレッポ州にまで拡大し、いわゆる歴史的シリアのほぼ全域を覆うにいたった[MD52:261]。このため、年が明けた一五八四年一月には、大船団を組織してルメリからの大規模な食糧輸送が計画され、テッサロニキ、キトロス(チトロズ)、カヴァラ、シュティプ(イシティプ)、ファルサラ、トリカラ(トゥルハラ)、ラミア(イズディン)、セレス、エヴィア島、イブリジェといったテッサリアからトラキアにいたる広範な穀物生産地域から大量の穀物がシャム州とトラブルス・シャム州に送り込まれた[MD52:604]。この措置によって同地域の飢饉はようやく沈静化に向かったが、それでも一五八四年二月にはトラブルス・シャムにおける飢饉は継続していたうえ、飢饉の影響はさらにキプロス島にも広がったことを確認することができる[MD52:710, 720]。

しかしこれ以降、オスマン朝における食糧不足や飢饉は相対的にではあるが、より局地的かつ散発的なものに変化し始める。食糧不足に襲われた地域の多くは、島嶼部や耕作可能な土地が限定的な僻地あるいはオスマン朝の周縁地域を構成する辺境地帯へと移っていく。以下においては、引き続き具体的な食糧不足の発生時期と発生地域についてみていきたい。

一五八四年五月から六月にかけては、ギリシア西部のカルルイリ県において飢饉が[MD53:27]、七月にはアナトリア南部のテケ県一帯やアンタルヤ周辺において食糧不足が発生した[MD53:251]。一五八四年から翌八五年にかけての冬期には、アナトリア南西部に位置するフォチャなどサルハン県の一部が不作のために飢饉となり、七五ミュド(約三八・五トン)の穀物が外部から送り込まれた[MD55:191]。このときには、これ以外にも食糧集積地であったロドスジュクやゲリボルからもサルハン県への食糧輸送が実施された[MD55:118]。同じ頃には近くのロドス島においても食糧不足が発生したため、同地に対しては一五〇ミュド(約七七トン)の小麦が供給されている[MD55:202]。

一五八五年は五月にルメリ北部において大規模な旱魃が発生してトゥムシュヴァル州において飢饉となったために、ワラキア、モルダヴィア、トランシルヴァニアの各地から食糧輸送が実施された[MD58:441]。しかし七月になると気候は一転して長雨が続き、同地における食糧事情は一層悪化した[MD58:746]。同年九月には、エーゲ海に浮かぶイムロズ島において食糧不足が発生したほか[MD58:736]、マルマラ海地域とりわけブルサの周辺において飢饉となった[MD58:752]。また十月には、おそらく前述のトゥムシュヴァル州の飢饉と連動するかたちでルメリ北部のベルコヴィッァ(ベルコフチャ)において不作による食糧の欠乏が発生し[MD60:112]、さらに十一月になるとコリント湾に面したレパントにおいても降雨不足のために食糧危機が生じた[MD60:131]。

一五八六年は二月に北アフリカのトリポリにおいて食糧不足が発生した。このときには同じ北アフリカに位置するテュニスにいる州総督に命じて、トリポリへの食糧輸送がおこなわれた[MD60:498]。六月になると、ロドス島が例年のように飢饉に陥ったため、イスタンブルに送られる予定であった二〇〇ミュド(約一〇二・六トン)の小麦がロドス島に廻送された[MD61:9]。一五八六年はまた、ルメリの広い範囲を襲った八〇年代最後の大飢饉が発生した年でもあった。六月以降、穀物の主要な生産地域であり、肥沃なドナウ沿岸地帯であるスィリストレ県・ニーボル県に加えてハンガリー平原の中心に位置するブダ州、さらにはボスナ県においても大規模な飢饉が生じた[MD61:70, 71, 75, 94, 138]。第三章において詳しく述べるように、この大飢饉と関連して、この年にはイスタンブルにおいても甚大な食糧不足が発生した。

一五八八年七月には、黒海北岸のベンデルで食糧不足が発生したために、モルダヴィアから食糧が送られた[MD64:11]。この年にはまた、シャム州やアレッポ州などシリア地方一帯も再び飢饉となった[MD64:277]。一五八九年一月になると、ルメリ北西の国境地帯に位置するキリス県において食糧が欠乏し[MD64:558]、また九〇年十一月には、オスマン朝の東北辺境を構成し、アルメニア地域を管轄するレヴァン（イェレヴァン）州の各地でも飢饉が発生した[MD67:59]。

以上のように、十六世紀後半のオスマン朝においては、ほぼ毎年のように各地で飢饉や食糧不足が発生していたことが確認された。さらに数年に一度程度の頻度で穀物の主要な生産地域を含めた広大な領域を襲った大飢饉が生じていたことも明らかとなった。つまり、この時代のオスマン朝すなわち黒海沿岸部を含めた東地中海地域における食糧事情は、ブローデルが明らかにした同時代の西地中海地域におけるものと同様あるいはそれ以上に厳しいものであった。この意味において、地中海世界における十六世紀後半は、まさに「食糧不足の時代」と呼ぶにふさわしい厳しく困難な時代であったということができよう。

十六世紀後半が「食糧不足の時代」であったことを示唆するかのように、ヒジュラ暦一〇〇八（一五九九／一六〇〇）年には、著名な歴史家マクリーズィーの『エジプト飢饉史』（*Tarih-i Kaht-ı Mısır*）がアラビア語からトルコ語（オスマン語）に翻訳されている[53]。この著作は、正式名称を『災禍を検討することによるエジプト社会救済の書』（*Kitab Ighatha al-Umma bi-Kashf al-Ghumma*）といい、マムルーク朝期のエジプトを襲った疫病や飢饉を見聞したマクリーズィーによって一四〇五年に執筆されたものである[54]。同書が翻訳された一五九九／一六〇〇年から数えて二〇〇年近くも前にアラビア語で記された『エジプト飢饉史』が、この時代のオスマン朝においてあえてオスマン語に翻訳され、アラビア語を解さない読者にも供されていたことの背景には、当時のオスマン朝における厳しい食糧事情が存在していたのではなかろうか。

この時代に多発した飢饉や食糧不足の主要因は、具体的には気候の寒冷化や長雨がもたらす洪水、旱魃とイナゴの大発生など様々であるが、それらは総じて自然環境の大きな変化に起因するものであることも確認することができた。そこで、次の項においては、このような飢饉や食糧不足が発生したメカニズムをより詳細に検討していきたい。

オスマン朝における食糧不足のメカニズム

本書で用いる主要な史料である枢機勅令簿をみると、十六世紀後半のオスマン朝において頻繁に確認することができる食糧不足にも、様々な規模や程度の差が存在していたことがわかる。それらのうち、もっとも軽微なものは「食糧不足 zahire sıkıntısı」や「食糧需要の発生 zahire ihtiyacı」として記録され、その規模が拡大し食糧不足が深刻の度を増すと「食糧の欠乏 müzayaka」という表現が用いられる。さらに食糧不足が進んで状況が危機的なものとなると「飢饉 kaht」や「食糧危機 zahire meya」といった用語が史料中にあらわれることになる。

これらの「食糧不足」「欠乏」「飢饉」といった用語が意味するものには、各々に対してオスマン朝政府が講じた措置の規模やその後の経過をみても、明らかにその程度に差が存在しており、軽々に同一視するべき事象ではないことは確かである。そのため、本書においては枢機勅令簿からのデータを収集するに際しても、史料にあらわれるこうした用語に注目しつつ集計をおこなった。ともあれ、十六世紀後半のオスマン朝において、食糧不足が頻繁に生じていたこと自体は明白であり、それらのデータを十六世紀後半に作成された枢機勅令簿から抽出したものが以下のグラフである[55](図5)。

すでに述べたように、十六世紀後半の枢機勅令簿に記録されたオスマン朝における食糧不足や飢饉の総数は、確認できただけで三五一件にのぼる[56]。すなわち当時のオスマン朝の各地では、平均すると年間一〇件以上の食糧不足や飢饉が記録されていたことになる。もちろん、ここで依拠している史料、すなわち枢機勅令簿がオスマン朝政府による勅令の発出の過程で作成された記録である以上、中央政府が存在していたイスタンブルから遠く離れた地域や、食糧不足の程度が軽微な事例については記録されていない可能性も高い。またグラフをみれば明らかなように、毎年一〇件の食糧不足が恒常的に発生していたわけでもない。その年の気候条件に左右されやすい当時の農業の実態を反映してか、食糧不足の発生件数には、年によって大きなばらつきがみられる。しかしそうであっても、例えば一〇年ごとのおおまかな傾

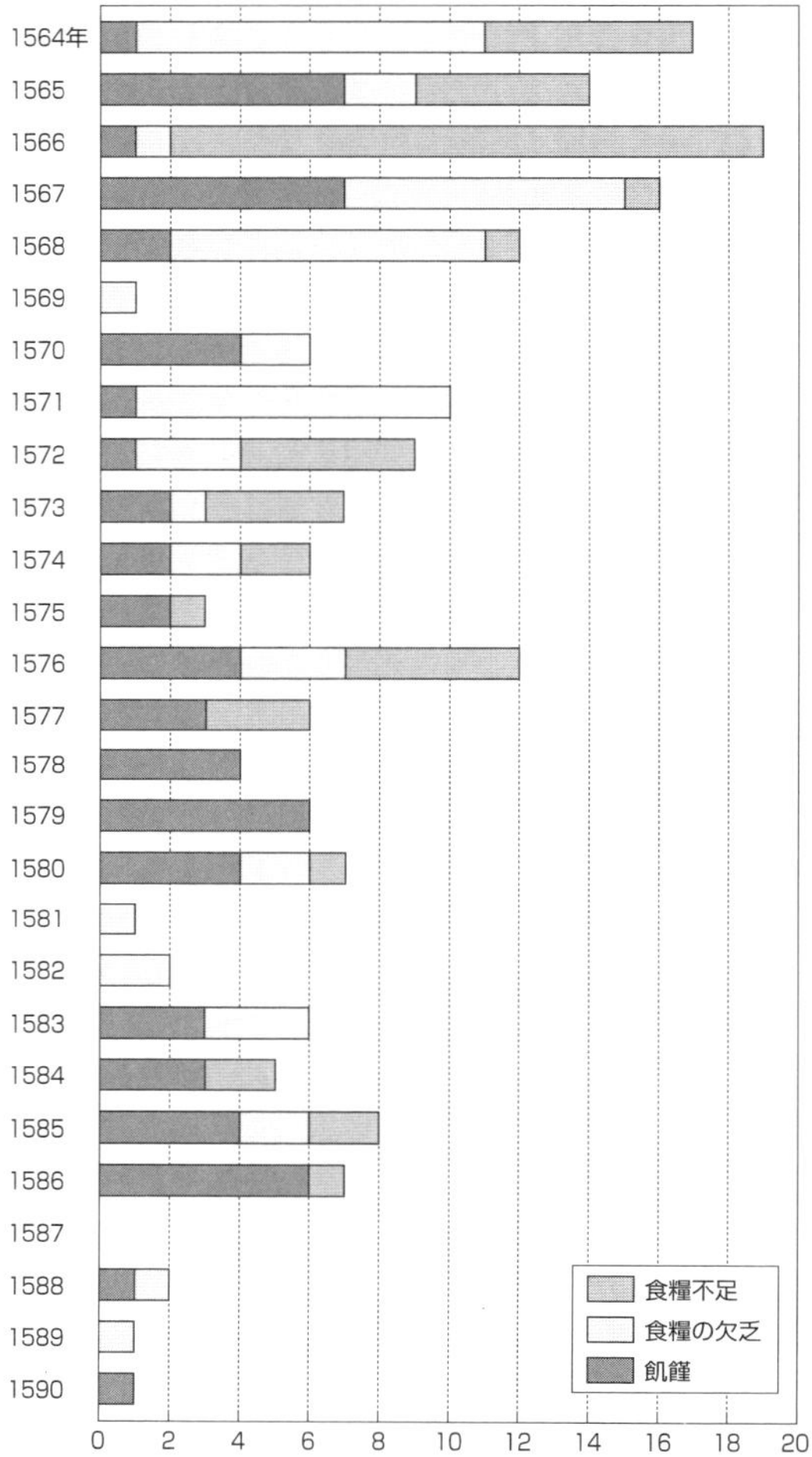

図５　オスマン朝における食糧不足と飢饉の記録回数（1564〜90年，イスタンブルを除く）

向はグラフからも見て取ることが可能である。

オスマン朝の各地で生じた食糧不足や飢饉は、一五六〇年代後半に大きな頂点を迎え、その後の七〇年代にも一定の水準で継続的に発生していたことが確認される。しかし、一五八〇年代に入ると食糧不足の頻度は目に見えて減少し、とりわけ八〇年代も後半になるとほとんどみられなくなるのである。

この傾向は、先にみた「オスマン朝における厳冬と大雨、洪水」のグラフ（六三頁図4）とも一定の類似性を示している。このことから、おそらくは十六世紀後半のオスマン朝における食糧不足や飢饉の頻発は、時を同じくしてオスマン朝で進行していた気候の寒冷化とも決して無関係な現象ではなかったと考えられるのである。

それでは以上のような食糧不足や飢饉は、どのようなメカニズムのもとに発生したのであろうか。この問いに対する回答は、おそらく十六世紀後半のオスマン朝における飢饉と食糧不足が、どのような地域で頻繁に発生していたのかを明らかにすることによって得ることができる。すでに確認したように、十六世紀後半のオスマン朝に生じた食糧不足や飢饉には、年間の発生件数に大きな偏りが存在する。また同様に、ある年の食糧事情は、自然環境や気候の変化の影響を受けやすい当該年の農業生産量や輸送能力に大きく左右されるために、広大な領域を形成していたオスマン朝における食糧不足や飢饉には、地域的な偏在性も認められるのである。

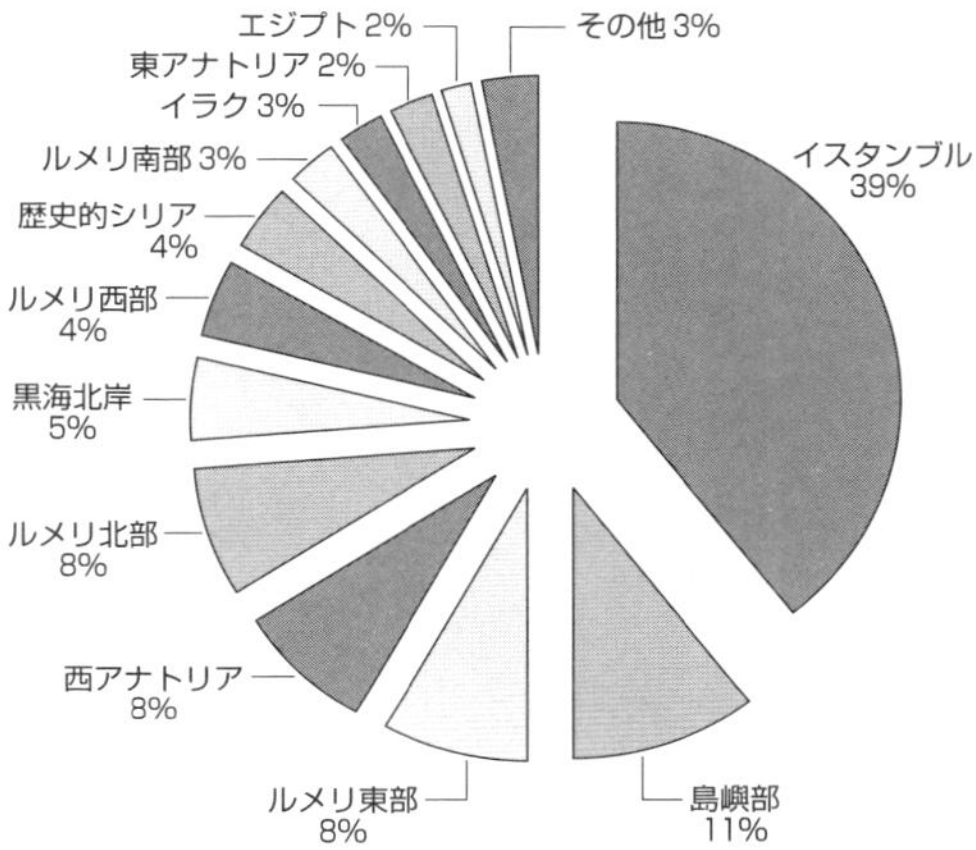

図6　オスマン朝における食糧不足と飢饉の発生記録（1559～90年）

先程と同様に、十六世紀後半の枢機勅令簿の記録から食糧不足や飢饉のデータを抽出して、その地域性を分析したところ、以下のグラフ(図6)のような結果が得られた。ここからは、こうした地域的偏在性を踏まえて、十六世紀後半のオスマン朝で発生した食糧不足や飢饉が発生した構造を、それぞれの地域に特有な状況に留意しつつ考察していきたい。

このグラフにみられる最大の特徴は、記録件数全体の四割近くを占めるイスタンブルの存在である。帝国随一の大都市であるとともに、この頃ヨーロッパ最大の都市のひとつに成長しつつあったイスタンブルにおいては、十六世紀後半の約三〇年間に実に一三八件におよぶ食糧不足が記録されているのである。第二章と第三章で述べるように、君主のお膝元ともいうべきオスマン朝の帝都であったイスタンブルの穀物問題は、それ以前の時代にはとくに顕在化することのなかった、いわば新たな問題であった。また、これも第二章でより詳細に考察するように、当時のイスタンブルは人口の急激な流入によって、慢性的な食糧不足の状態にあった。すなわちヨーロッパや地中海世界の他の大都市の例に漏れることなく、十六世紀後半のイスタンブルもまた、巨大な消費都市であり、絶えざる人口流入によって食糧不足を引き起こす危険性を常に抱えているという構造を有していたのである。[57]

こうしたイスタンブルにおける食糧不足の深刻さは、否応なしに近隣諸地域、とりわけイスタンブルへの食糧供給を担っていたルメリ東部や西アナトリアといった地域にも大きな影響を与えることになった。第三章で考察するように、これらの地域はイスタンブルに近接しており、船舶による輸送が容易であるという地理的要因も相まって、イスタンブルへの食糧供給に非常に重要な役割を果たしていた。[58] 言い換えれば、十六世紀後半のルメリ東部や西アナトリアは、「イスタンブル穀物供給圏」の中核に組み込まれることによって、イスタンブルにおける食糧の需給状況と一定程度、その運命をともにせざるをえないという状況にあった。そのため、この時代のルメリ東部や西アナトリアは、イスタンブルにおける食糧事情に大きな影響を与えると同時に、その需給の変化の波からも逃れることのできない地域であったということができる。すなわち、食糧不足や飢饉の記録が三番目に多いルメリ東部と四番目に多い西アナトリアは、巨大な人口を擁するイスタンブルの消費市場の延長線上に位置していた地域であったと指摘することができよう。

次に注目するべきは、食糧不足と飢饉の発生件数が二番目に多い島嶼部である。これら島嶼部の大部分は、別名を「多島海」ともいうエーゲ海地域に存在していた。枢機勅令簿の記述からは、耕作可能な土地が限定的な島嶼部においては、それぞれの島が抱える人口規模や人口増加率に対して島内の農業生産力の増加の速度が追いつかず、平年でも食糧需要が供給量を上回っていた状況を読み取ることが可能である。例えば食糧不足が頻繁に発生したロドス島では、住民が「〔我々が〕住む場所は石がちであるために穀物が育たないこと、このため食糧不足が生じていること」を奏上している[MD5:488]。こうした認識は地元の人々だけでなく、現地に赴任した高官たちにも共有されているものであった。一五六八年三月には、当時、ロドス県軍政官であったヤフヤが、「ロドス城塞は島であり、周辺地域から多くの穀物は収穫されず、人々が集まった際には食糧の問題について欠乏が絶えないこと」を宮廷に奏上している[MD7:1131]。同様の状況は、多かれ少なかれエーゲ海の他の島々にも共通したものであった。例えば、レスボス島においても、同地の住民が「我々の地域は岩がちであるので大麦や小麦が少なく、我々の生活の糧は十分ではない」ことを訴えている[MD7:296]。

島嶼部と類似の状況は、各地に点在する陸の孤島ともいうべき僻地においてもみられた。現在のギリシアにほぼ相当するルメリ南部はテッサリアのような肥沃な穀物生産地を抱える一方で、すでにみてきたようにペロポネソス半島、とりわけその先端部に位置するメソーニ、コローニ、ナヴァリノといった地域においては、島嶼部と同様の食糧不足がしばしば発生した[MD16:414;MD22:373]。また、アドリア海に面し背後に峻険なモンテネグロの山岳地帯を抱えるノヴィ城塞においても同様に、地理的条件に規定された構造的な食糧不足が頻発した[MD12:885;MD19:323;MD36:271]。以上の諸地域は、オスマン艦隊の重要な根拠地であったために城塞司令官をはじめとする多くの守備兵が駐留していた。周辺地域の穀物生産能力では抱え切れないほどの兵士が常駐していたことも、このような僻地において食糧不足が頻発したひとつの要因であったと考えられる。

オスマン朝の北西国境に位置する辺境地域を形成するルメリ北部とルメリ西部および黒海北岸地域はどうであろうか。オスマン朝の北限に位置したこれらの地域においては、他の地域に比べて気候の寒冷化がより進行しており、それにともなって多くの長雨や洪水が発生していた。いうまでもなく、多発する自然災害は、同地域における農業生産や食糧輸送の障害となり、飢饉や食糧不足の主要な原因となった。また、辺境の城塞に駐屯する軍隊の存在や、しばしばおこなわれた大規模な対外遠征は、地域一帯における食糧需要を一時的にではあれ急激に増大させることにつながった。[59] そのため、ルメリ北部や西部においては局地的な、しかし急激な食糧不足が発生しやすく、同地域における食糧事情は決して安定したものではなかった。

以上のように、十六世紀後半のオスマン朝においては、同世紀後半を通じて広く食糧不足の傾向が慢性化する様々な要素が存在していた。こうした状況が恒常化しつつあったところに、本章で明らかにしたような大規模な自然災害が突発的に発生すると、被災地域の食糧事情は、食糧不足から食糧の欠乏さらには飢饉へと急速に悪化していった。そこに第四章で検討するような不正行為、すなわち各種食糧の値上がりを見込んだ退蔵や、すでに高値となった地域への不正輸送などの人為的な要素が、当該地域における食糧事情のさらなる悪化に拍車をかけた。

すなわち慢性的な食糧不足と突発的かつ大規模な自然災害の発生、さらには対外遠征や退蔵に代表される不当利得行為などの人為的要因が複合的に重なり合ったメカニズムこそが、十六世紀後半のオスマン朝ひいては黒海をも含めた東地中海全域を覆っていた飢饉と食糧不足に象徴される穀物問題の基礎を形成していたと考えられるのである。

第二章　イスタンブルへの人口流入とその対応策

オスマン朝の帝都イスタンブルは、地中海世界はもとより北西ヨーロッパや中東地域においても最大の都市のひとつであった。とりわけ十六世紀を通じて、急激かつ継続的な人口流入を経験したイスタンブルは、その結果として膨大な人口を抱える巨大都市となるにいたった。そのため、同世紀後半には早くも過剰な人口の影響が表面化し、それが多くの社会不安となって顕在化するようになる。その第一は、イスタンブルにおける深刻な食糧不足であり、第二は、治安の悪化であった。

オスマン朝君主の居所であると同時に、帝国最大の都市であったイスタンブルを襲ったこれらの問題は、同時代のオスマン朝政府高官たちによって、支配の根幹をも揺るがしかねない一大事として認識されていた。そのため、十六世紀中頃からは、イスタンブルへの際限ない人口流入を食い止めるとともに、食糧不足や治安悪化を解消するための様々な施策が計画され、また実行に移された。しかし、このような重要性にもかかわらず、管見の限り十六世紀後半のイスタンブルにおける人口流入とその影響を詳しく分析した研究は、これまでおこなわれていない。

そこで本章では、オスマン朝史研究の最重要史料のひとつである「枢機勅令簿」[1]を用いて、十六世紀後半のオスマン朝において重大な社会問題となっていた人口過剰に起因するイスタンブルの食糧不足と治安悪化の実態を明らかにする。さらに、それらの問題に対して同時代のオスマン朝の政府高官たちがどのような対応策を立案し、実行していったのかを詳しく検討していきたい。

これまで、十六世紀のイスタンブルにおいて顕著な人口増加がみられた事実自体は、多くの研究者によって指摘されてきた。[2] しかし、これらの先行研究の多くは、人口流入の結果として、イスタンブルにどのような現象が生じたのかという問題を取り上げてはこなかった。例外的にこの問題に触れている一部の概説的な研究においても、イスタンブルへの人口流入と同時代のイスタンブルにみられた食糧不足や治安の悪化とは、あたかも別々の事例のように扱われてきた。[3] しかしながら、イスタンブルで深刻化していた食糧不足や治安悪化といった問題は、明らかに急激な人口流入の結果として生じた現象であった。これらを一体のものとして捉えることによって、オスマン朝のイスタンブルに対する都市政策の変化が明確となり、さらには十六世紀後半のイスタンブルで生じた都市問題と人口流入との因果関係をより詳細に分析することも可能となろう。

1　イスタンブルへの人口流入と人口増加

十六世紀後半のイスタンブルにおいては、人口流入と人口増加に起因する食糧不足や治安の悪化などが深刻化の一途をたどっていた。しかし、このような状況は、イスタンブルの歴史において常にみられたわけではない。ここではまず、一四五三年のオスマン朝によるコンスタンティノポリス征服から十六世紀前半までのイスタンブルの状況がいかなるものであったのかを概観する。そのあとに、十六世紀中頃以降、いかに急激な人口流入が生じ、その結果としてイスタンブルの人口がいかに大きく増加したかを「枢機勅令簿」の記述をもとに具体的に明らかにしていきたい。

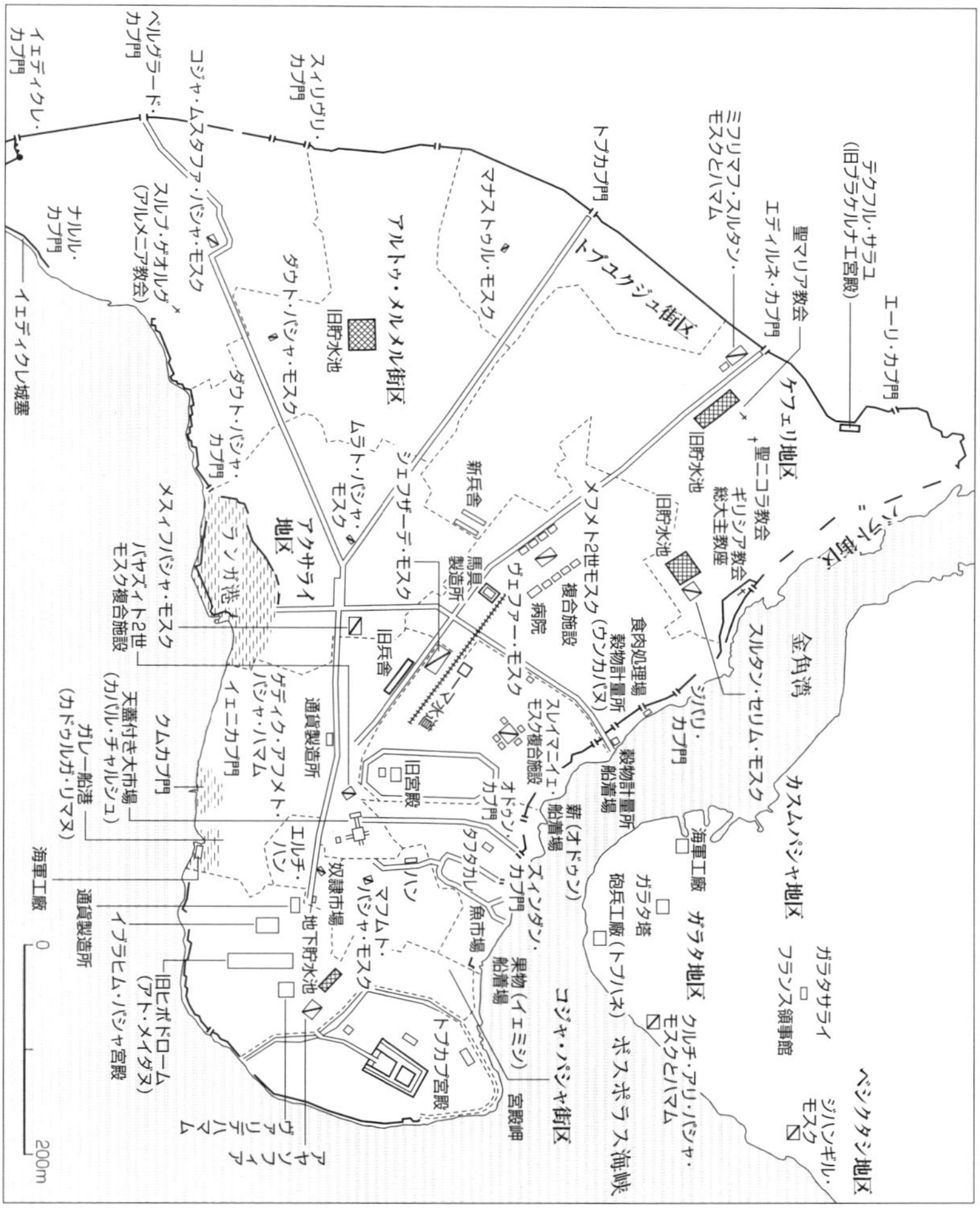

図7　16世紀後半のイスタンブル　[出典] İnalcık 1978. を基に作成

十六世紀前半までの状況

十六世紀中頃にいたるまでのイスタンブルは、人口過剰ではなく、むしろ人口不足に悩む都市であった。一四五三年に長くローマ・ビザンツの都であったコンスタンティノポリスを征服し、オスマン朝の新たな中心としたメフメト二世は、征服直後から多くの布告や勅令を発して、イスタンブルの人口の回復と都市の復興に努めた。[4] しかし、このような努力にもかかわらず、メフメト二世の治世末期にあたる一四七七／七八年におけるイスタンブルの戸数は、わずかに一万六三二四戸であったという[İnalcık 1978：238-243；Toprak 1994：108]。

オスマン朝の領土拡大が顕著にみられたセリム一世の治世(一五一二〜二〇年)においては、対サファヴィー朝遠征の成功やシリア・エジプトの征服などによって、これらの地域の優れた技術をもつ職人や大きな資本を有する商人の多くがイスタンブルに連れて来られた。また、地方からの商人や職人が、商売の機会を求めて自発的にイスタンブルに移住する動きもみられたという[Arslan 2001：321-337]。この傾向は、スレイマン一世治世(一五二〇〜六六年)の初期においても継続し、例えば一五二一年のベオグラード征服に際しては、イスタンブルの人口増加を企図して多くの住民が市内や郊外に移住させられた。[5]

このように、イスタンブルにおいては、一四五三年にオスマン朝の支配領域に組み込まれて以降、十六世紀前半にいたるまで、オスマン朝政府によって意図的な人口増加を目的とした移住政策が継続的におこなわれていた。その結果、イスタンブルには帝国各地から移住してきた人々が集住する地区が形成されるとともに、都市全体の人口も大幅に増加した。[6] このようにして、十六世紀中頃には、イスタンブルは地中海世界のみならずヨーロッパや中東においても随一の巨大都市となるにいたった。[7]

十六世紀後半以降の状況

ところが、あとで詳しく検討するように、このような人口不足の状況は十六世紀中頃に入ると一変し、同世紀後半には、イスタンブルはむしろ過剰な人口に悩む都市へと変貌する。その前提として、まず十六世紀をとおして地中海世界の全域でみられた急激な人口増加を指摘しておかなければならない。

十六世紀が地中海世界における「人口増加の世紀」であったことは、広く一般に認識されている。例えば、多くの史料から導き出した膨大なデータをもとに『地中海』を著したフェルナン・ブローデルは、十六世紀を通じて地中海世界の各地で一〇〇%に近い人口増加がみられることを主張している[Braudel 1966, vol.1:368]。また、ブローデルの研究を受けて、十六世紀のアナトリアにおける人口圧についての研究をおこなったマイケル・クックは、アナトリアにおいても同様の人口増加がみられただけでなく、耕地の拡大が人口増加に追いついていなかったことを指摘した[Cook 1972:10f.]。

さらに、ブローデルがオスマン朝についてデータのほとんどを依拠したオメル・リュトフィー・バルカンは、一五二〇〜三〇年から同世紀末までのオスマン朝の人口増加率を約六〇%であるとしたうえで、都市部においてはその増加率は八三%にまで高まっていたとしている[Barkan 1970:169]。このような急激な人口の自然増加は、必然的にイスタンブルをはじめとする大都市への人口移動を促すことにもなった。都市部における人口増加率が地方のそれに比べてかなり高率であることは、オスマン朝全体で生じた人口増加の結果として、地方の人々が大量に都市に流入していたことを示唆しているといえよう。

十六世紀後半にイスタンブルへの大規模な人口流入がみられた事実は、多数のオスマン語史料によっても確認することができる。早くも一五六七年九月二日付の「枢機勅令簿」には、オスマン朝のヨーロッパ領を形成するルメリやアナトリアから多くの人々がイスタンブルにやって来て金角湾周辺の地域に住み着き、それが大きな社会問題となっていることが記されている[MD7:46]。

イスタンブルに流入してきた人々の大多数は、かつては地方で農業に従事していたものの、食い詰めて逃亡したチフトボザン çiftbozan と呼ばれた者たちであった。チフトボザンすなわち「耕作地 çift」を「放棄する者 bozan」というこの言葉の原義こそが彼らの性格を端的にあらわしていよう。同様の記述は、一五七九年六月一日にもみられるため、これら流民化した農民のイスタンブルへの流入は十六世紀後半を通じて継続してみられた現象であったと考えられる[8][MD36:795]。

このように、農業を放棄した人々がイスタンブルに流れ込む動きは、ルメリやアナトリアだけに留まらなかった。一五七六年二月八日付の史料からは、エジプトにおいても多くの農民が農地を棄てて、イスタンブルへと海を渡っていたことが理解される[MD27:947]。また、一五七二年五月三十日付の史料においては、このような逃散した農民だけでなく、失業者や身体に障害のある者、盲目の者、病気の者なども、アレクサンドリア(イスケンデリーイェ)、ダミエッタ(ディムヤート)あるいはロゼッタ(ラシード)などの各港から海路イスタンブルへと移動していたことを確認することができる[MD16:372]。

さらに、オスマン朝領の各地に存在した城塞に駐屯する兵士たちの一部も、駐屯地を放棄してイスタンブルに流入するという動きがみられた。例えば、十六世紀後半の重要な歴史書である『セラーニキー史』(*Tarih-i Selaniki*)には、一五九三／九四(ヒジュラ暦一〇〇二)年の出来事として、ハンガリー方面にある城塞を放棄してイスタンブルに物乞いにやって来た者たちが存在していたことが記述されている[Selaniki 1989, vol.1:364]。

また、このような流民化した農民や兵士に加えて、地方の人々もまた職を求めてイスタンブルに大量に流れ込んでいたと考えられる。一五七八年三月二十三日付と翌七九年三月三十日付の各史料には、出稼ぎのために一時的にイスタンブルに滞在し、肉体労働に従事するズィンミーの季節労働者たちがイスタンブルに流入していたことが記録されている[MD34:67; MD36:420]。

ただし、イスタンブルをめざした地方出身の人々が、そこで得ようとしていたのは職だけではなかった。ある者たちは、技術を習得するためにイスタンブルに移住した。例えば、一五七四年五月二十五日付の史料からは、現在のギリシア南部に位置するモラ県にあるフェネル・カーディー管区から、手に職をつけるために父親によって送られた二人の兄弟がイスタンブルへと向かっていたことが理解される[MD24:692]。また、肉体労働者としての成年男性だけでなく、女性や子どもが家畜に牽かせた荷車に乗ってイスタンブルへと移動していた様子も確認することができる[9][MD18:35]。

こうしてイスタンブルにやって来た人々は、都市内に空き地を見つけ、そこに住居を建てて生活を始めた[MD21:462]。一部の者たちは、当時はまだイスタンブルの郊外であったエユップやカスムパシャ[10]などの金角湾周辺に集住した[MD7:46]。またある者たちは、広い敷地を有するモスクや墓地の外縁部に許可なく家を建てて住み始めた[MD10:291; MD23:286]。イスタンブルの隅々にまでこのような違法家屋が建てられた結果であろうか、一五七三年十一月二十三日付の史料には、金角湾の最奥部に浮かぶ小島の上にまで家が建てられていたことが記されている[11][MD23:249]。

これまでみてきたようなイスタンブルへの急激な人口流入は、十六世紀後半を通じて間断なく進行していた。このことは先に考察したような違法建築物がイスタンブルの水道管に与えた大きな被害についての膨大な記録からも明らかである。かつてのコンスタンティノポリスにローマ・ビザンツ時代から水道網が整備されていたことは、現在も市内に残る水道橋や地下貯水池からも窺い知ることができる。一四五三年にメフメト二世がコンスタンティノポリスを征服したのちも、オスマン朝は既存の水道網を補修して活用するとともに、新たな水道システムを構築してきた。しかし、十六世紀後半のイスタンブルへの急激な人口流入とそれにともなう人口増加は、旧来の水道システムにとって大きな脅威となって立ちあらわれた。

そのひとつは、人口増加に給水力が追いつかないことによって生じた水不足である。これに対しては、一五五四年に建設が始められた水道システムであるクルクチェシメ水道を構築し、イスタンブルへの給水力の大幅な強化をおこなうことによって一応の対応がなされた〔Çeçen 2000:35-52〕。しかし、より深刻であったのは、過去に敷設された水道管に対して違法建築物が与えた被害であった。イスタンブルへの急激な人口流入は、かつて水道管が敷設された際には空き地であった地上部分に次々と違法建築物が建設されるという状況を生み出した。このため、地下に埋設されていた水道管が地上の建築物によって圧迫され、破損するという被害がイスタンブルの各地で相次いだ。このような違法建築物による水道管への被害についての記録は、十六世紀後半を通じて継続して確認することができる。[12]

最後に再び『セラーニキー史』に戻ろう。セラーニキーは、一五六四／六五（ヒジュラ暦九七二）年にスレイマン一世の質問に答えた宰相の言葉として以下のような逸話を伝えている。

〔イスタンブルに十分な水道システムが整備されるならば〕周辺や近傍の、あるいはアラブやアジェム（イラン）の諸地域の人々が来たりて群がり、〔それがイスタンブルにおける〕人口の多さと混雑の原因となって、この地域〔イスタンブル〕に肉とパンおよびそのほかの食料品を間に合わせることが〔困難となり〕、人々や〔イスタンブルに常駐する〕兵士の生活の糧に大いなる窮乏を生じさせることは確実でありましょう。これによってムスリムの公定価格に違いが生じ、現行の公定価格は崩壊して、チフトボザンによってイスタンブルは満ち溢れ、農民はその土地を空にして放棄するに違いありません。[13]

セラーニキーはこの文章のあとに、自らが生きる十六世紀末に現実のものとなってしまった前記のようなイスタンブルの状況を踏まえて、次の興味深い一文を挿入している。

実際に、三〇年ののち〔すなわちヒジュラ暦一〇〇二（一五九三／九四）年〕にこの国に生じるであろう窮乏を防ぐために、この情報がもたらされたのである。〔Selaniki 1989, vol.1:4〕

2 人口増加による影響

このようなイスタンブルへの急激な人口流入とそれにともなう人口増加の影響は、十六世紀中頃から食糧不足と治安悪化というかたちで表面化し始めた。この頃から「枢機勅令簿」には、イスタンブルの食糧とりわけ穀物の「欠乏」を記した記録が多くみられるようになる。それに加えて、短期間のうちに外来者が急増したことによる都市の治安悪化も大きな社会問題となりつつあった。ここでは、イスタンブルの人口増加によって生じたこれらの都市問題の実相を具体的に明らかにしたい。

人口増加による食糧不足

十六世紀後半を通じて、イスタンブルにおいて急激な人口流入がみられたことは、すでに指摘したとおりである。その結果として生じた大幅な人口増加が、従来のイスタンブルへの食糧供給システムを圧迫し、深刻な食糧不足を引き起こしていたことは、同時代の史料からも確認することができる。例えば、すでに示した一五六七年九月二日付の「枢機勅令簿」には以下のような記述が存在する。

> ……ルメリやアナトリアから、人々が彼らの土地や耕作地を放棄して、何らかの手段を講じてイスタンブルの街にやって来て、ある者たちはイスタンブル[14]に、またある者たちは聖なるエユップやカスムパシャの海岸沿いに住み着いて、……前述の街〔イスタンブル〕の昔からの住民たちの暮しの糧に関して窮乏の原因となっている。……〔MD7: 46〕

イスタンブルにおける急激な人口増加の影響を受けて、まず不足したのは穀物であった。なかでも人々の主食であるパンの原料となる小麦の欠乏は、オスマン朝最大の都市であったイスタンブルにとって極めて深刻な問題となった。「枢機勅令簿」においては、十六世紀後半を通じてイスタンブルで生じた小麦をはじめとする穀物の欠乏について記された膨大な量の記録を継続的に確認することができる。[15]

十六世紀後半には、年々増加を続ける人口は、イスタンブルに毎年供給される一定量の食糧に対して、ほぼ飽和状態に達していたと考えられる。そのため、何らかの要因によって、一時的にせよ、外部から大量の人間がイスタンブルに押し寄せるような事態が生じると、状況はたちまち危機的なものとなった。そのような事例のひとつが『セラーニキー史』に記録されている。

スレイマン一世の崩御後に即位したセリム二世に対して、弟の皇子バヤズィトはアナトリアに拠って帝位を争う構えをみせた。これを追討するべく一五六七年一月に地方にいた州総督たちが、配下の軍団とともにイスタンブルに集結した。このとき、ただでさえ過剰な人口を抱えていたイスタンブルは、元来の住民に加えて多数の兵士たちにも食糧を供給する必要に迫られた。このため当時、「イスタンブルは〔人の〕多さと混雑によって、食べ物が見つからず、〔街は〕人で溢れた」という[Selaniki 1989, vol.1:56]。

イスタンブルの食糧事情が極めて逼迫《ひっぱく》していたものであったことを示す別の事例としては、ムラト三世（在位一五七四〜九五）の即位時のエピソードをあげることができよう。即位後にムラト三世となる皇太子ムラトは、父親セリム二世の崩御を知るや、すぐさま玉座に登るべくエーゲ海地方の街である任地のマニサを発した。そして、一五七四年十二月二十二日には、マルマラ海沿岸の港町ムダンヤから国璽《こくじ》尚書 Nisancı フェリドゥン・ベイ所有の櫂《かい》船に乗り、トプカプ宮殿のあるイスタンブルの宮殿岬に到着した。このとき、この船には、皇太子ムラトをはじめとする多くの貴顕の人々とともに、わざわざムダンヤで積み込ませた食糧が積載されていたという[Selaniki 1989, vol.1:99f.]。オスマン朝の皇太子が、その即位に際して、食糧とともにイスタンブルに来るというこの事実もまた、当時のイスタンブルにおける極めて厳しい食糧事情を示唆しているといえよう。[16]

治安の悪化と社会秩序の混乱

人口の急増による都市の治安の悪化や社会秩序の混乱も、食糧不足と同様に深刻の度を増しつつあった。この頃、イスタンブルの各地においては盗難や強盗が増加し、都市の社会秩序の基盤が脅かされ始めていた。「騒擾《そうじょう》を起こす者たち ehl-i fesad」と呼ばれた犯罪者たちの多くは、新たにイスタンブルに流入してきた流民化した人々であった。一五七九年六月一日付の枢機勅令簿には、このような犯罪者たちが夜な夜なイスタンブルの家々を襲撃し、人々を殺害しては財貨を強奪する様子が記されている[MD36:795]。また同様の記録は、その前年にあたる一五七八年六月二十五日付の史料でも確認することができる[MD35:157]。

さらに、不正規兵による犯罪もあとを絶たなかった。地方からの兵士がイスタンブルに数多く流入していたことは、すでに述べた。このような者たちは、イスタンブルに流入してきたあとも居住地が一定せず、各地の隊商宿や店舗あるいは独身房などを泊まり歩いては、窃盗などの犯罪行為を繰り返していた[MD36:795:MD67:270]。

このような治安の悪化は、大城壁の内側のイスタンブルだけでなく、金角湾を挟んだガラタにおいてもみられた。一五九一年三月十一日付の記録には、ガラタにおいて窃盗を働く者たちや不正規兵が増加していること、また彼らがガラタの家屋や店舗を略奪していることから、居場所がなく店舗や独身房に住み着いているよそ者たちを詳しく調査する旨の命令が記されている[MD67:259, 270]。

加えてイスタンブルに多数流入していた不正規兵たちは、窃盗や強盗以外にもしばしば大きな騒ぎを引き起こした。[17] 一五七一年五月二十九日付の記録からは、イスタンブルのいくつかの店舗に洗濯婦たちがあらわれ、それらの店舗にこれらの不正規兵たちが多数押しかけて大騒動となっていたことがわかる[MD10:543]。

一方、短期間のうちに大量の人々が流入したことは、イスタンブルに深刻な住宅不足を生じさせた。先に述べたように、新たにイスタンブルに来た多くの者たちは、本来は居住場所ではないはずの店舗で寝起きし、また一時的な滞在場所であるはずの隊商宿や独身房に長く住み着くなどした。例えば、一五七六年十月十八日付の史料には、イスタンブルの中心部に位置しメフメト二世の建設にかかるファーティフ・モスク複合体の給食施設においては、このような者たちが住み着いた結果、本来の利用者が給食施設を利用できないという問題が生じていると記録されている[MD28:693]。

また、多くの民族や様々な宗教を信じる人々が混在するイスタンブルにおいては、各地域や各街区において一定の棲分けがなされていた。しかし、急激な人口流入による人口の増加は、この棲分けのシステムにも大きな影響をおよぼした。イスタンブルの大城壁の西に位置するエユップは、イスタンブルのムスリムにとってメッカ、メディナ、イェルサレムに次ぐ神聖な場所であり、そのため元来ムスリムが多く居住してきた[18]。ところが、一五七三年五月二十三日には、エユップの中心地である聖なるモスクの周辺にまでキリスト教徒たちが住み着くようになり、彼らが「不道徳行為[19]」を働いていることが問題となった。また、同史料には、(おそらくはキリスト教徒の)女性たちがカイマクと呼ばれる濃いクリームを食べることを口実にして、用もなくカイマク屋の周辺にたむろしていることから、これらの者たちを追い払い、女性がカイマク屋に入ることを禁じる旨の記述を確認することができる[20][MD22:42]。

3　オスマン朝政府による対応策

すでに考察したように、十六世紀後半のイスタンブルにおいて深刻化していた食糧不足と治安の悪化は、オスマン朝社会の根底をも揺るがしかねない大きな問題となりつつあった。ここでは、これまで詳しく検討してきたイスタンブルへの急激な人口流入による人口増加と、その影響として表面化した食糧不足と治安の悪化という問題に対して、オスマン朝政府がどのような対応策を立案し、またそれを実行に移していったのかについて考察する。

食糧不足解消のための施策

まず、イスタンブルにおける食糧不足については、オスマン朝領内の各地からイスタンブルへの食糧供給量を増やすという対応策がなされた。「枢機勅令簿」においては、各地のカーディーなどに対してイスタンブルへの食糧輸送を命じた膨大な数の記録を確認することができる。

そこから理解されるイスタンブルへの食糧供給地域は、北はワラキア[MD61:208]やドナウ沿岸部[MD61:207]あるいはクリム・ハン国[MD64:353]から南はエジプト[MD9:48]に達し、東はアナトリアの黒海沿岸[MD31:518]から西はバルカン諸地域[MD29:240]に広がる非常に広大なものであった。ほぼオスマン朝領の全域に広がるこれらの地域からイスタンブルの食糧のために、あるいは海路によってあるいは陸路を用いて膨大な量の食糧が継続的にイスタンブルへと送られていた。[21]

輸送された物資のうち、もっとも多かったのは穀物とりわけ主食となるパンの原料である小麦であった。十六世紀後半のオスマン朝においては、日持ちがせず取扱いの難しい小麦粉を輸送することは原則として避け、小麦をイスタンブルに送ったのちに製粉していた。しかし、緊急の際には、小麦粉そのものをイスタンブルに輸送させていた例もみられる[22][MD27:590]。また、一時はイスタンブルに続々と送られてくる小麦を製粉する能力が限界に達したため、小麦を一旦比較的近郊のイズミトやヤロヴァ(ヤラクアーバード)に廻送させ、そこで製粉させたあとに小麦粉としてイスタンブルに再び送らせるという手段も講じられている[MD27:76]。

このとき、すなわち一五七六年から七七年にかけてのイスタンブルの食糧事情は、前後の時期と比べても格段に悪かったと考えられ、同史料においても「食糧危機」という言葉が用いられている。さらに、食糧不足が深刻の度を増すと、小麦に加えて、大麦やカラスムギあるいは黍《きび》などといった雑穀類までもイスタンブルに輸送させ、飢饉の発生や、それにともなう都市暴動を回避するべく最大限の努力がなされた[MD26:885]。
この時期においては、食糧の輸送方法についても緊急的な措置が講じられている。通常、オスマン朝においては、ルーズ・フズル（五月六日）からルーズ・カスム（十一月九日）までが航海の時期とされており、冬期を中心とするそれ以外の時期には原則として海に船を出さないことが慣習とされていた。しかし、このときには、冬期であったにもかかわらず、「海開き」の日であるルーズ・フズルを待つことなく天候が回復次第すぐにイスタンブルに食糧を送る旨の命令がなされている[MD27:189]。また、一時はイスタンブルに食糧を輸送するための船舶さえも不足したようであり、各地の港で遭遇した諸船舶に有無をいわせず食糧を積み込んで送るように海軍提督に指示している。おそらく、この頃にはイスタンブルにおける食糧事情はさらに悪化していたのであろう。同史料には、たとえ嵐に遭おうとも、その場合には人力で航行可能なガレー船に輸送船を曳航させて至急イスタンブルに食糧を送るよう重ねて命令が下されている[MD28:462]。

さらに、穀物以外の穀類では、レンズマメ[MD14:144]やヒヨコマメ[MD43:166]、ソラマメ[MD58:345]、ササゲ[MD27:52]、カラスノエンドウ[MD61:208]といった豆類も逐次イスタンブルへと輸送された。この種の輸送命令は、食糧の欠乏期にのみ確認されることから、これらの豆類は、食糧不足に際しては小麦に代わる代用食としての役割を果たしていたと考えられる。

オスマン朝政府は、領内の各地から食糧を輸送させたうえで、さらにイスタンブルからの食糧の持出しを禁止する措置を講じた。一五七七年九月十四日になされたこの決定は、イスタンブルから物資や食糧が諸船舶でもって、あるいは陸路で他の場所に持ち出されており、それが窮乏の原因となっているというイスタンブルのムフタスィブ[23]による報告に基づいて実施されたものである。このため、イスタンブルから食糧を持ち出す者たちは、イスタンブルのムフタスィブが発行する「許可証 icazet tezkereleri」を所有することが義務づけられ、許可証のない者がイスタンブルから食糧を持ち出すことは厳しく禁じられた[MD31:555]。同様の命令は、この記録が記された一〇年後の一五八七年四月五日においても確認することができる[MD62:35]。

以上にみてきたようなオスマン朝による食糧供給政策の結果、十六世紀後半のイスタンブルにおいては、大勢の人々が餓死し都市が大混乱に陥るというような飢饉が発生することはなかった。しかし、その背景には、「枢機勅令簿」に残された大量の食糧輸送命令からも明らかなように、イスタンブルにおける飢饉を何としても阻止しようとするオスマン朝政府による強い意志の表れを見て取ることができよう。イスタンブルへの食糧供給問題については、次の第三章において、さらに詳しく検討していきたい。

治安回復のための施策

イスタンブルに新たに流入してきた者たちは、旧来の住民にとっては得体の知れない「よそ者」であった。ここで詳しく検討するように、これら新参者たちが引き起こす犯罪を未然に防止し、イスタンブルの治安を回復することは、十六世紀後半においてオスマン朝政府に求められた喫緊《きっきん》の課題であった。

オスマン朝は治安回復のための手始めとして、すでに述べたように、まず新たな流入者たちを調査して、その居場所を特定することを試みた。一五七八年六月二十五日付の史料においては、イスタンブル市政の実質的責任者であるイスタンブルのカーディー自らに市街を巡回させて、騒擾を起こす者たちが居場所を変更しないように注意する旨の命令がなされている[MD35:157]。これによって、イスタンブルに流入してきた者たちの居住地を特定するとともに、彼らを取り調べたうえで、これまでに罪を犯した者については捕らえて投獄した。このようにして捕らえられた犯罪者たちは、イスタンブル、ガラタ、エユップ[24]など各カーディーが管轄するカーディー管区ごとに集められ、カーディーの責任と監督のもと、その地域のムフタスィブによって海軍提督に引き渡された。その後は、イスタンブルのカスムパシャ地区に所在する造船所に送られ、主としてオスマン艦隊のガレー船の漕ぎ手として使役された[MD10:365, 366]。また、このような犯罪者の逮捕や追跡を容易にすると同時に住民たちの自衛のために各街区の大通りや小路には門が設置されることも命じられた[MD35:157]。

さらにオスマン朝政府は、イスタンブルにおいて増加する犯罪を防止し、犯罪が生じた際にはその責任を明確にするために、一五七九(ヒジュラ暦九八七)年に保証人制度を導入した[MD36:795]。これは、ただ新たにイスタンブルに流入してきた者たちに適用されるに留まらず、イスタンブルのカーディーに指示して、イスタンブルに居住するあらゆる住民がお互いに保証人となることを命じるという極めて大規模な政策であった。イスタンブルにおいて、すでに住居が定まっている住民については、その者が居住する街区にあるモスクのイマーム(導師)とムアッズィン(礼拝の呼びかけをする者)および街区の代表者たちがこの業務の責任者とされた。ワクフに指定された賃貸物件に居住する住民については、その賃貸物件の責任者が、また隊商宿に滞在している者たちについては、その隊商宿の管理人がこの業務をおこなった。この保証人制度によって、全イスタンブルから保証人のいない者たちが放逐されると同時に[25]、保証人のいない者を匿った者についても、隠匿が発覚した際には犯罪者と同様に漕ぎ手としてガレー船に送られるという厳しい罰が科せられた。さらに保証人制度を徹底させるために、夜間、店舗に寝泊りすることも厳しく禁じられた。また後年の一五九一(ヒジュラ暦九九九)年にも、ガラタにおいて窃盗や強盗が増加しているとして同様の措置がとられた[MD67:270]。オスマン朝政府は、この保証人制度の導入によって、イスタンブルにおける治安の回復をめざすとともに、旧来のイスタンブル住民が安心して暮らせる住環境の再構築を試みていたといえよう。

この項を締めくくるにあたって、十六世紀後半のイスタンブルにおける治安の回復と維持とが、当時のオスマン朝の政府高官たちによっていかに重要視されていたのかという点に触れておきたい。一般に、イスタンブルにおいて、治安上の些細な問題が生じた際には、その地区のス・バシュ(治安維持官)が問題解決のための担当官として任命されることが多い[26]。しかし、この時期のイスタンブルの治安回復にあたっては、イスタンブルにおける治安維持の実質的な最高責任者であるイェニチェリ長官自らが担当官として任命された[MD36:611]。さらに同史料によると、街区ごとにヤヤ・バシュと呼ばれる者が任命され、イェニチェリ長官の指揮のもと、各街区の治安の回復と維持に努めた。この事実は、当時のイスタンブルの治安悪化が大きな社会問題となっていたことを示唆しているとともに、オスマン朝の政権中枢にあった高官たちが、イスタンブルの治安維持を国政の最重要案件のひとつとして認識し、早急なる治安回復の実現に向けて懸命に努力していたことを如実に示すものであるといえよう。

流入人口の抑制と「人返し」

これまでみてきたように、オスマン朝は十六世紀後半のイスタンブルにみられた急速な人口増加に対応するべく、食糧供給量の増加や治安回復のための数々の具体的な政策を実施した。しかし一方で、これら一連の対策は人口増加に起因して顕在化した諸問題に即応するための、いわば対症療法的な性格をもつ政策であることも否めなかった。そのため、この時代のイスタンブルにみられた食糧不足や治安悪化などの諸問題を抜本的に解決するためには、その原因である流入人口を抑制するとともにイスタンブルの人口を安定化させる政策を実施することが不可欠であった。

このような状況のなか、オスマン朝政府はまず、これまで際限なくイスタンブルに流入していた人々の流れに歯止めをかけるための対策をおこなった。例えば、一五七二(ヒジュラ暦九八〇)年には、当時のエジプト州総督であったスィナン・パシャに指示して、エジプトの港湾担当者や船長たちに強く訓戒し、イスタンブルへの人の輸送を禁じる命令がなされている[MD16:372]。また、同様の命令は一五七六(ヒジュラ暦九八三)年にも確認することができる[MD27:947]。

次にオスマン朝政府は、何らかの目的でイスタンブルにやって来た一時的な滞在者が、長期間にわたって滞留することのないように、イスタンブルから地方への人口誘導を目的とした政策を実施した。具体的には、イスタンブルに六カ月以上滞在した者については「滞在税 Yuva haracı」と呼ばれる一種の罰金を課し、これによって用もない者たちがイスタンブルに留まることのないように配慮した[MD34:67; MD36:420]。この「滞在税」は、イスタンブルでの滞在期間を六カ月間に限って許可する代償として徴収されていた。つまり、「滞在税」を支払ったのち、さらに六カ月を過ぎて滞在を続ける者については、再度「滞在税」が徴収されていたと考えられる[MD34:67]。[27]

さらにオスマン朝政府は、すでにイスタンブルに流入して定住し始めていた者たちを元の土地に戻すという、いわば「人返し」を積極的におこなった。その手始めとして、一五六八(ヒジュラ暦九七六)年、まずイスタンブルに新たに流入してきた人々の調査が実施された。具体的には、イスタンブルの各街区において、五年以内にイスタンブルにやって来て家屋を建設し住み着いた者たちが何人いるのかが調べ上げられた。さらに、イスタンブルへの流入者たちが、いつ、どこからイスタンブルに来たのかが詳しく調査され、調査結果に基づく詳細な台帳の作成が命じられた。そして、この台帳に基づいて、調査から五年以内にイスタンブルに来て定住した者たちについてはイスタンブルにおける居住を認めず、元の土地に送り返す旨の命令がなされた[MD7:46]。さらに、この「人返し」は、すでに述べた一五七九(ヒジュラ暦九八七)年の保証人制度の導入に際しても再び実施され、このときにも五年以内にイスタンブルに来た者たちが元の土地に送り返されることが命じられている[MD36:795]。

この史料からも明らかなように、十六世紀後半のオスマン朝においては、イスタンブルにおける都市人口の安定化を企図して積極的な「人返し」政策が実行されていた。一方で、「人返し」というと、すぐに日本近世史における江戸と地方との関係が想起される。いうまでもなく、松平定信が主導した寛政の改革に際して発せられた「旧里帰農(奨励)令」(一七九〇年)や天保の改革における水野忠邦の「人返しの法」(一八四三年)の存在は非常によく知られている。[28] これら近世日本における一連の「人返し」は、前で述べたイスタンブルにおける「人返し」と同様に、都市への人口集中によって生じた様々な都市問題の解決を目的として実施された政策であった[藤田 2003:238f.]。

実際、近世日本の「人返し」と十六世紀後半のイスタンブルにおける「人返し」とを比較すると、その背景や動機などに類似する点が多いことに気づかされる。例えば、大都市における人口の急増による食糧不足や治安の悪化、あるいは都市への人口移動による人手不足に起因する地方農村の荒廃などは、オスマン朝と近世日本のどちらにも共通してみられる「人返し」政策の動機であるといえよう。一方で両者の間の大きな相違点としては、「人返し」がおこなわれた時代の差を指摘することができる。すなわち、近世日本において一〇〇万人都市と謳われた江戸で十八世紀末から十九世紀半ばにかけて生じたこれらの都市問題が、それより二〇〇年も前にあたる十六世紀後半のイスタンブルに早くも確認されることは、それぞれの地域における都市化の進展を考えるうえでも興味深い事例を提供しているといえよう。[29]

以上のように、本章では十六世紀後半におけるイスタンブルの人口増加とその影響について考察してきた。そこから明らかになったことを以下にまとめてみたい。まず、イスタンブルにおいては十六世紀中頃にいたるまで、人口過剰ではなくむしろ人口不足に悩む状況が続いていた。イスタンブルを征服し、オスマン朝の新たな支配の中心としたメフメト二世以来、オスマン朝政府はイスタンブルの人口を増加させる政策を一貫しておこなってきた。すなわち、新たな征服地から優秀な職人や有力な商人を招聘すると同時に、特定の地域からは大量の住民を計画的にイスタンブルに移住させるといった施策を継続した。

この状況が急速に変化するのが十六世紀半ばであった。さらに、本章で詳しく検討したように、十六世紀後半に入ると、早くもイスタンブルには急激な人口流入にともなう人口増加の影響があらわれ始めた。食糧不足と治安の悪化というかたちで表面化したこれらの問題は、オスマン朝の政策を決定する政府高官たちによって、早急に解決されるべき重大な問題として認識されていた。そのため、悪化を続ける食糧事情と広がる社会不安を解消するための様々な具体策が企画されるとともに、イスタンブルのカーディーやイェニチェリ長官など政府の中枢に位置する高官たち自らが責任者となって実行に移された。その一方で、人口増加に起因するこれらの都市問題の抜本的解決のために、イスタンブルへ流入する人口の抑制をおこなうと同時に「人返し」によってすでにイスタンブルに定着しつつあった住民の一部を地方に戻すことも試みられた。

これら一連の都市政策によって、十六世紀後半のイスタンブルにおいては、大量の人々が餓死するような深刻な飢饉や、それに起因する大規模な都市暴動の発生といった最悪の事態は一応回避されることになったのである。

第Ⅱ部

オスマン朝の穀物流通システムと東地中海世界における「穀物争奪戦」

Buğdgay ile koyun, geri kalan oyun

「肝要なるは小麦と羊、あとに残るは遊戯に等し」（トルコの格言）

第Ⅰ部において考察したように、十六世紀後半のオスマン朝は、気候の寒冷化の進行や自然災害の増加、およびそれらの影響を受けていたと考えられる深刻な食糧不足が慢性的に継続する状況におかれていた。また十六世紀を通じて広範にみられた人口増加やそれにともなうイスタンブルへの急激な人口流入は、とりわけ都市部の食糧事情を一層悪化させるとともに、犯罪の増加などの諸問題を引き起こすにいたった。さらに第四章で詳しく検討するように、同じく食糧不足に悩むヨーロッパ諸国からは多数の密輸船が来航し、オスマン朝領内から小麦をはじめとする穀物を持ち出そうとしていた。こうした時代背景のもと、オスマン朝政府は領内各地の余剰穀物をイスタンブルに集中的に振り向けさせるとともに、頻発する穀物の不正輸送や密輸活動を可能な限り未然に防止することに努めた。

第Ⅱ部においては、まず第三章において十六世紀後半のイスタンブルにおける食糧事情がいかなるものであったのかについてさらに詳しく考察する。そのうえで、当時のオスマン朝において形成されていた「イスタンブル穀物供給圏」ともいうべき穀物流通圏の広がりを明らかにしたい。さらには、広大な穀物供給圏の各地からイスタンブルに対して、どのようにして穀物が送り込まれていたのかという問題、言い換えるならばオスマン朝による穀物供給システムの実態を枢機勅令簿の記述から具体的に解明することをめざしたい。

続く第四章では、考察の対象をさらに東地中海世界へと広げることによって、オスマン朝領を主な舞台としてヨーロッパ各国によって展開された熾烈《しれつ》な穀物争奪戦の状況について検討する。その際、オスマン朝領内において頻発していた不正輸送の問題も含めて考察することによって、領内と領外の双方においてオスマン朝政府が穀物の不正な流通に悩まされ続けていたことを明らかにする。そして最後に、一連の不正輸送や穀物密輸に対してオスマン朝政府が講じた様々な対応策についても検討することによって、地理的条件や自然環境のレベルにおいて一体性を保持していた地中海世界における物資流通の側面にみられる相克を、穀物を事例として具体的に提示していきたい。

第三章　イスタンブルにおける食糧不足と穀物供給

　これまですでにみてきたように、オスマン朝の都であるイスタンブルは、十六世紀後半には地中海世界において最大の規模を誇る都市のひとつに成長しつつあった。イスタンブルはまた、多くの官人によって構成される官僚機構が存在するとともに、パーディシャーと呼ばれる君主をはじめ多数の宦官《かんがん》や女官たちが生活する宮廷に加えて、イェニチェリ軍団に代表される大規模な常備軍をも抱え込んだ巨大な消費都市であった。しかしながら、北の黒海と南のエーゲ海とに囲まれ、内海であるマルマラ海に臨むイスタンブルの周辺地域は、土地の広さの点でもまた地味の豊かさの点においても、膨大な人口規模を擁するイスタンブルを養いうるだけの食糧供給能力を有していなかった。そのためイスタンブルは、コンスタンティノポリスと呼ばれたローマ・ビザンツ帝国の時代から、外部の穀倉地帯からの食糧輸送に大きく依存することによって、その繁栄を維持し続けてきたのである[1]。

　一四五三年にコンスタンティノポリスがオスマン朝によって征服されたのちも、こうした外部依存の構造は基本的に変化することはなかった。メフメト二世による征服後、都市の復興が進むにつれて人口が再び増加に転じたイスタンブルには、オスマン朝の広大な領域の各地から穀物を中心とする大量の食糧が絶え間なく運び込まれた。この意味において、十六世紀後半におけるイスタンブルは、その周辺部のみならずオスマン朝領内の極めて広い地域から食糧を吸い寄せて消費する巨大都市であると同時に、帝国各地を結んだ物資流通ネットワークにおける最大の結節点であったともい

図8　第3章に登場する地名と位置関係(ルメリおよび西アナトリア)

うことができる。

本章においては、十六世紀後半においてオスマン朝の各地からイスタンブルへと向けられていた物資流通ネットワークの実態を、同時代の最重要物資であった食糧、とりわけ小麦や大麦に代表される穀物に焦点を絞ることによって明らかにすることをめざす。第1節においては、十六世紀後半において、広大な穀物供給圏を形成していたイスタンブルが、当時いかなる食糧事情のもとにおかれていたのかについて同時代史料である枢機勅令簿の記録に基づいてさらに詳しく考察する。第2節においては、第1節の考察を踏まえて、イスタンブルに穀物を供給していた「イスタンブル穀物供給圏」の面的な広がりを具体的に明らかにする。また同時に、「イスタンブル穀物供給圏」内部におけるイスタンブルへの穀物輸送の頻度の偏差についても言及する。さらに第3節では、第2節において明らかにした「イスタンブル穀物供給圏」の各地からイスタンブルへと向かっていた穀物供給ルート、すなわち線的な物資の流れについての分析をおこない、さらには当時の穀物輸送ルートや輸送手段の詳細についての考察をおこないたい。

以上のような作業をおこなうことによって、本章においては、十六世紀後半において地中海世界の三分の二を支配したオスマン朝における物資流通の諸相の一側面を、日常生活に必要不可欠な物資である穀物の動きから明らかにするとともに、イスタンブルを中心として展開していた十六世紀後半のオスマン朝における物資流通システムのあり方の一端を解明することを試みたい[2]。

本章では、十六世紀後半という限定された時代における、穀物という特定の物資を考察の対象とした。しかし、スレイマン一世の治世末期に始まる十六世紀後半という時代が、官僚制や行政システムなどオスマン朝古典期における様々な構造が一応の完成をみた時代であると評価されていることを考えると、この時代における物資流通システムを明らかにすることは、オスマン朝古典期における物資流通のひとつのモデルケースを提示することになると考えられる。

同様のことは穀物供給についてもいえる。主食の原料である小麦をはじめとする各種の穀物は、オスマン朝のみならず地中海世界に暮らす人々が生きていくために必要不可欠な最重要物資であったことは間違いない。この意味において、穀物に焦点を絞って当時の物資流通の状況を考察することは、地中海世界において広く流通していた他の多くの物資を含めた流通の全体的な動態を捉えるための第一歩となろう。

1 十六世紀後半におけるイスタンブルの食糧事情

十六世紀後半におけるオスマン朝各地の食糧事情がいずれも極めて厳しいものであったことは、第一章において詳細に検討したとおりである。こうした食糧不足の傾向は、当時、地中海世界における最大の都市のひとつに成長しつつあったイスタンブルにおいても例外ではなかった。このようなオスマン朝、ひいては地中海世界全体にみられた食糧不足の傾向に加えて、すでに第二章において詳しく述べたように、イスタンブルにおいては十六世紀を通じて継続した人口の急激な流入によって都市内部の食糧事情が急速に悪化しつつあった。以下の本章第1節においては、前記のような背景を踏まえつつ、第2節以降の議論の前提となる当時のイスタンブルの食糧事情がいかなるものであったのかについて考察する。具体的には、一五五九年から九〇年にいたる十六世紀後半の約三〇年間にイスタンブルでみられた食糧不足の問題について、枢機勅令簿の記録をもとに詳細な検討をおこないたい。

イスタンブルに暮らす人々の主食は、昔も今と変わらず、基本的に小麦を原料とした各種のパンであった。ここでは、主食の原料となる小麦のほか、重要な副食の材料であった米やレンズマメ、ヒヨコマメに代表される豆類、さらに平時には飼料として用いられていた大麦、カラスムギ、黍《きび》などの雑穀類をも穀物として考察の対象に含めることにする。[3]

十六世紀後半のイスタンブルにおける食糧不足

第二章において詳しく考察したように、十六世紀のイスタンブルにおいては、絶え間ない人口流入によって深刻な食糧不足が着実に進行しつつあった。とくに世紀後半にはその傾向は一層顕著なものとなり、オスマン朝政府はイスタンブルにおける大規模な飢饉や食糧暴動の発生を未然に防ぐべく様々な対策を講じた。このとき政府が講じた対応策は、オスマン朝の各地から大量の穀物をイスタンブルに送り込むことによる穀物供給量の増加と、イスタンブルに許可なく移住して来る者たちをもとの居住地に送り返す「人返し」による人口抑制政策からなっていた。すなわち、当時のイスタンブルの食糧事情は、穀物の絶対的な供給量を増加させるだけではなく、一方で「人返し」による口減らしを断行しなければならないほどに悪化していたのである。こうした前提を踏まえつつ、以下においては第二章におけるイスタンブルの食糧事情についての概観をさらに深く掘り下げて考察していきたい。

枢機勅令簿に記されたイスタンブルの食糧不足についての最初の記録は、一五五九年七月にまで遡る。このとき、大麦の欠乏が発生したイスタンブルには、黒海北岸のカッファから私有商船(rençber gemisi)[4]に大麦を積み込ませてイスタンブルに輸送させるべく以下のような勅令が発せられた。[5]

カッファ県知事への命令。今、イスタンブルの街で大麦の欠乏が生じ、大麦を輸送するよう以下のように命じる。我が勅令が到着したところで、遅滞なく、集めた大麦を私有商船に積み込んで、前述の街へ輸送するように。すなわち、〔大麦を〕もたらして販売して、その所有者たちには商売〔の機会〕が生じ、この地域〔イスタンブル〕においては、このことについての窮乏が防がれるように。[MD3:89]

このあとも、こうした食糧輸送命令は、イスタンブルにおいて食糧の欠乏が生じるたびにオスマン朝領内の各地に向けて頻繁に発せられることになる。例えば、同じ一五五九年についても、十月中旬と十一月初旬に繰り返し食糧や穀物の欠乏がイスタンブルで発生し、[6]そのたびにマルマラ海沿岸部や地中海沿岸部にいるカーディーたちに食糧輸送命令が送られている［MD3:420, 425, 427, 482］。

ともあれ、直後の一五六〇年一月には、当時オスマン朝の間接統治下にあったワラキア公に宛てた勅令において、「今、穀物に需要は生じていないために［イスタンブルに大麦を輸送する］計画は放棄された」と記されていることから、このときの食糧不足は比較的短期間のうちに終息したものと考えられる［MD3:720］。しかし他方で、同年五月にはイスタンブルで米の欠乏が生じ［MD3:1063］、また六月中旬には都市流通システムの混乱に起因する各種食料品の欠乏が発生するなど、当時の食糧事情は決して安定したものではなかった［MD3:1270］。そのため、一五六〇年の十月にはイスタンブルにおいて再び穀物の欠乏が発生していたにもかかわらず、同じ時期に大飢饉に見舞われていたカッファなど黒海北岸地域に穀物を持ち出す動きがみられたことから、政府はこれを禁じる措置を講じている［MD3:1607］。十一月後半になってもイスタンブルにおける食糧とりわけ穀物の欠乏は継続しており、この時期すでに黒海や地中海における航海可能な時期を過ぎていたことから、イスタンブルの近隣地域に食糧輸送の命令が送られた［MD3:1648, 1654, 1655］。その際に、枢機勅令簿には、

> 小麦であろうと小麦粉であろうと、誰のもとで退蔵された穀物があろうとも、引き出して自らの生活の糧と［翌年の］耕作のために十分な量がとられて、残りを現行の公定価格に従って前述の街［イスタンブル］の食糧のために向かった諸船舶に売却し、船に積み込んで、急いで輸送するように。［MD3:1652］

と記されていることから、このときの事態はかなり切迫したものであったことが推測される。

枢機勅令簿には、このあとに約四年間の史料的欠落が存在するため、次にイスタンブルの食糧不足についての記述があらわれるのは、一五六四年八月中旬のことである［MD6:22］。[7] また同年の十一月の末には、エジプトからの食糧輸送に問題が生じたことから、イスタンブルでは米、レンズマメ、ヒヨコマメをはじめとする各種の穀物と豆類に欠乏が生じた［MD6:425］。[8] イスタンブルにおける米の欠乏は十二月末にも継続して発生したことから、約四カ月後に迫っていたこ

の年の断食月における大量消費を見込んで、[9]断食月の上旬までに米を輸送せよとの命令が、エジプト地域の統治責任者であるエジプト州総督だけでなく、輸送船が発着するエジプト州の主要な港湾都市であるアレクサンドリアとロゼッタにいるカーディーたちにも送られた[MD6:577]。

　こうして一五六五年四月にあたっていたヒジュラ暦九七二年の断食月を大過なく乗り切ったあとには、イスタンブルの食糧事情は、苦難続きの十六世紀後半においては稀にみる安定した時期を迎えた。そのことを裏づけるかのように、同年七月には大量の穀物が、聖ヨハネ騎士団の籠るマルタ島への遠征を実施中であったオスマン艦隊の糧秣《りょうまつ》として、イスタンブルから複数回にわたって搬出されていることを確認することができる[10][MD6:1419, 1469]。

　しかし十一月初旬に航海可能な季節が終りを迎え、海上輸送による穀物の流通が停止すると、イスタンブルの食糧事情は再び悪化の方向へと向かい始めた。十一月末には実際に食糧不足が発生し、このときには冬期も比較的安全に航海可能な内海であるマルマラ海の沿岸部にあり、またイスタンブルまでの海上輸送の距離も相対的に短いルメリ側に位置する各港湾都市に対して、穀物を送るように命令がなされた[MD5:585, 595, 596]。年が変わって一五六六年の一月になると、イスタンブルの食糧不足の状況は、さらに悪化の一途をたどった。まず、一月初旬にイスタンブルにおいて再び米不足が発生し[MD5:765]、続いて同月の中旬には大麦にも欠乏が生じた[MD5:846]。さらに一月の後半になると、大麦のほかに小麦やカラスムギまでもが欠乏したことから、イスタンブルの食糧事情は、この時期に悪化のピークを迎えるにいたった。

　こうした状況を早期に改善するべく、イスタンブルに近いルメリ東部の各地はもちろんのこと[MD5:882]、西アナトリア[MD5:861]やアナトリアの黒海沿岸部[MD5:890]、さらにはルメリの黒海沿岸部のうちイスタンブルに比較的近い港湾諸都市にも、イスタンブルへの食糧輸送を命じる勅令が矢継ぎ早に発せられた[MD5:867]。一五六六年三月には、遅ればせながらイスタンブルにおける食糧不足の原因調査が開始されたが[MD5:1268]、そうこうするうちに四月には再びイスタンブルで大麦が欠乏した。そのため、このときには、本来は薪を積み込むために黒海沿岸部の港湾都市に向かっていた諸船舶に対して、急遽、薪の代わりに大麦を積み込ませてイスタンブルに輸送させるという事態となった[MD5:1407]。

このあと、イスタンブルにおける食糧不足の記録は、約一年半にわたって枢機勅令簿にあらわれなくなる。すなわち、一五六七年八月にイスタンブルにおいて再び食糧の欠乏が発生するまでは、イスタンブルの食糧事情は一定程度安定したものであったと考えられる[MD7:94]。しかし、一五六七年の八月にイスタンブルの食糧に欠乏が生じると、続く同年九月中旬には主食であるパンの原料として重要な小麦粉も甚大な欠乏状態に陥った[MD7:230]。この一週間後に記された枢機勅令簿には、イスタンブルにおける食糧不足の原因が以下のように述べられている。

> 前述の街〔イスタンブル〕にある水力製粉所は、夏期には水量が少なくなり〔それによって製粉所の稼働率が低下し〕、また冬期には、〔外部から穀物を輸送する〕船舶が来ることが不可能な際に、パンは欠乏状態となって、甚大な窮乏と困窮が生じ……。[MD7:273]

第二章でも述べたように、十六世紀後半におけるイスタンブルの人口は、オスマン朝政府の食糧供給能力に対して、ほぼ飽和状態に達するまでに増加を続けていた。そのため、前記の枢機勅令簿の記述からも明らかなように、イスタンブルにおいては季節にかかわらず慢性的な食糧不足が常態化しつつあったといえよう。こうした状況に、自然災害や物資流通システムの機能障害あるいは大規模な対外遠征といった、短期間に食糧需要を急増させるような事態が重なると、イスタンブルの食糧事情は急速に悪化し、そのことが深刻な食糧の欠乏につながったと考えられるのである。

一五六八年には、そうした事態が実際に引き起こされた。まず二月中旬には、エジプトからの例年もたらされるはずの食糧が到着しなかったことから、イスタンブルにおいて米とレンズマメについての非常に大規模な欠乏が発生した[MD7:863]。また九月中旬には、オスマン朝における穀物供給地域であるドナウ川沿いの穀倉地帯から、黒海北岸のカッファに対して多くの軍需物資の輸送が必要となったため、イスタンブルにおいても大麦やその他の様々な食糧に欠乏が生じた[MD7:2077]。この食糧不足の状況は、十月になっても継続しており、このときにもイスタンブルにおいて発生した小麦と大麦の欠乏が報告されている[MD7:2244]。さらに十一月中旬にいたると、イスタンブルの食糧事情は一層悪化した。この頃には、通常は大量の食糧を備蓄しているはずのイスタンブルの官有倉庫においてさえ穀物の欠乏が発生したため、オスマン朝政府は、私有商船に輸送料を支払っての緊急の食糧輸送を実施した[MD7:2489]。

危機的ともいうべき一五六八年を乗り越えたあと、次にイスタンブルにおいて食糧不足が発生するのは、一五七〇年の三月初旬のことである。このときもまた、エジプトの主要港であるロゼッタからの輸送船がイスタンブルに直接来航しなかったことから食糧供給が円滑に実施されず、米をはじめとする食糧に欠乏が生じた[MD9:48][11]。また三月中旬には、米に加えて大麦にも需要が発生した[MD9:128]。六月下旬にもエジプトから来るはずの米などの物資が十分にもたらされなかったために、イスタンブルにおいては再び米の欠乏が発生し[MD14:65]、米不足の状況は同年の八月から九月にかけてさらに悪化しつつ、深刻な食糧問題を引き起こすことになった。

この年には、もはやエジプトからの米や豆類の供給に期待できなくなったオスマン朝政府は、この状況を打開するべく、エジプトに代わる他の地域から食糧をイスタンブルに輸送させることによって事態の収拾を図ろうと試みた。まず消費の大部分をエジプトからの供給に依存していたレンズマメは、黒海北岸のカッファからの輸送に切り替えることによって緊急の対応がおこなわれた[MD14:144]。しかしオスマン朝政府にとってより重要な問題は、イスタンブルの巨大な需要を賄いうるだけの大量の米を、どこから、いかにして調達するかということであった。

イスタンブルに比較的近い米の主要な生産地は、ルメリを流れるマリッツァ川の沿岸地域であり、なかでも現ブルガリアのプロヴディフの周辺においては水稲がさかんに栽培されていた。イスタンブルにおける米の欠乏という危機に直面したオスマン朝政府は、プロヴディフ周辺で収穫されて現地に貯蔵されていた米を、まず一五七〇年の八月中旬に陸路で黒海に面する港湾都市であるポモリエまで送り、そこから船に積み替えてイスタンブルへと輸送させた[MD14:393]。また八月下旬には、西トラキアやマケドニアを流れるメストス川、ストルマ川およびヴァルダル川の流域地帯にも、イスタンブルに米を送る旨の命令が次々と発せられた[MD14:515]。さらに九月中旬になると、本来は米ではなく小麦を中心とする穀物生産の一大拠点であるテッサリアのトリカラとエヴィア島にいるムフタスィブたちにも、同地にある備蓄米を急いでイスタンブルに輸送するように命令がなされた[MD14:564]。

しかし、こうした一連の努力にもかかわらずイスタンブルにおける米不足はすぐには解消されなかった。当時、オスマン朝の君主は、狩猟も兼ねて、冬期をルメリの中心都市であり副都としての機能を有していたエディルネで過ごすことが多かった。ところがこの年には、夏以降に打ち続いたイスタンブルの米不足によって、おそらくはイスタンブルとエディルネの双方に同時に大量の米を供給することが困難であると判断されたため、一五七〇年の十月も末になって、エディルネ行幸と同地における冬営計画は放棄されることとなった。この冬営計画の放棄にともなって、プロヴディフからエディルネに送られるために準備されていた三〇〇〇ミュド(約一五三九トン)もの米は、米不足が深刻化の一途をたどっていたイスタンブルへと廻送されることとなった[12][MD14:769]。

さらに悪いことに、一五七〇年十一月中旬になると、イスタンブルにおいて米以外の各種食糧にも欠乏が生じ始めた。このときにはビガなど西アナトリアの各地に対して、各二〇〇〇ミュド(約一〇二六トン)の小麦や大麦をイスタンブルに搬送させることが命じられた[MD14:865]。さらに十一月後半には、前述の西アナトリアの各地に加えて、ルメリの黒海沿岸部に位置するポモリエ、ヴァルナ、バルチクといった港湾都市やドナウ川の主要な穀物集積港であるブライラ(イブライルあるいはブラユル)に対しても、イスタンブルへの食糧輸送命令が発せられた[MD14:923]。

こうしたルメリとアナトリア各地からの一連の食糧輸送によって、一五七〇年の冬以降には、イスタンブルの危機的な食糧不足の状況は一定程度ではあるものの改善されたと考えられる。例えば、一五七一年三月には、「これより以前に、その方面〔ギリシア北部のカヴァラ〕に穀物〔の輸送〕のために向かった私有商船に、我が帝国艦隊の必要物資のために調達が命じられた麻を積んで、至急送ることが命じられた」という記述を枢機勅令簿に確認することができる［MD12:246］。すなわち一五七一年の春には、本来は穀物を輸送するために送られた諸船舶に、食糧ではなく麻などの他の物資を積んで来るように命じることができるほどに、イスタンブルの食糧事情は回復していたと考えられるのである。[13]

このあとは、約二年間にわたってイスタンブルの食糧不足についての記録は枢機勅令簿から姿を消す。[14] すなわち一五七一年前後のイスタンブルにおける食糧事情は、同時代の他の時期に比べると比較的良好であったと考えられる。例えば、一五七二年の小麦の収穫期においては、「〔送られてきた〕小麦をイスタンブル〔の人々〕が嗜好しなかったことから、販売することが不可能であるので、その所有者たちに返却されること」が中央政府に奏上されている［MD19:3］。おそらくは、イスタンブルに到着した時点で送られてきた小麦が古くなっていたか、あるいは低品質の小麦が送られたのであろうが、甚大な食糧不足が発生した際のイスタンブルでは小麦に加えて大麦やカラスムギまでが消費されていたことを考えると、この頃のイスタンブルの食糧事情は、輸送されてきた小麦を送り返すことができるほど安定したものであったと指摘することができよう。

ところが、このように食糧事情が安定していた時期は長くは続かなかった。一五七三年の冬には気候の寒冷化の影響を受けてかイスタンブル周辺の天候が極端に悪化し、都市部では大雪に起因するパンの値上げ騒動も発生した［MD23:406］。この年には、早くも十月末にイスタンブルで食糧への需要が生じたことが記されており、一五七三年の末に発生することになる異常な食糧不足の兆候を確認することができる［MD23:24］。その約一カ月後の十二月初旬には、イスタンブルにおける食糧需要の発生は食糧の欠乏へと変化し、黒海沿岸部の各地から小麦と大麦のみならず製粉した小麦粉もがイスタンブルへと送られるように命令がなされた［MD23:388］。これまでも繰り返し述べたように、小麦は通常そのままの状態で輸送され、湿気や虫害の影響を受けやすく日持ちがしない小麦粉が長距離輸送されることは極めて稀である。すなわち、このとき小麦粉の輸送が命じられているという事実は、イスタンブルにおける食糧事情が極度に悪化していたことのみならず、イスタンブルの都市内における製粉施設に何らかの問題が生じていた可能性をも示唆するものであろう。

さらに前述のように、一五七三年十二月中旬にはイスタンブルにおいて大雪が降り、食糧自体の欠乏に加えて、パンの価格高騰が憂慮される事態となった。ここにいたって、政府高官である宰相アフメト・パシャ[15]、イスタンブルの治安維持の最高責任者であるイェニチェリ長官、さらにはオスマン朝艦隊の長であり海軍工廠があるカスムパシャ地区の治安維持をも担当する海軍大提督の各人に、危機的状況に陥りつつあるイスタンブルの食糧事情を改善するべく勅令が下された[MD23:406-408]。このときには、ルメリ東部のマルカラ、ロドスジュク[16]、エレーリおよびイプサラにいるカーディーたちにも、小麦と小麦粉の調達とイスタンブルへの輸送命令が出されている[MD23:409, 428]。

翌一五七四年になると、長雨に起因する大規模な食糧の欠乏が発生し、この後数年にわたって継続する長い食糧不足の時代が到来する兆しが再びあらわれ始めた。また、第一章において詳しく検討したように、一五七四年は六三年以来、約一〇年ぶりにイスタンブルが大洪水に襲われた年でもあった。こうした気候の変化を敏感に感じ取っていたためであろうか、黒海沿岸部にいる一部の穀物所有者たちは、この年の穀物価格の高騰を見越して、すでに三月には現地の食糧倉庫に穀物を退蔵し始めていた[MD24:116]。そして案の定、この年の五月後半から六月初旬にかけては、降り続いた長雨によって大洪水が発生し、イスタンブルは大きな被害を受けた。翌七月中旬になると、イスタンブルにおいてまず米が欠乏をきたし[MD26:221]、八月上旬には、その他の食糧にも不足が生じ始めた[MD26:491]。同じ頃、イスタンブル郊外にあるビュユク・チェクメジェにおいても、平時には近郊のスィリヴリから調達していた小麦がもはや手に入らなくなり、現地のパン屋たちが困惑していることが記録されている[MD26:487]。すなわち一五七四年の夏には、イスタンブルのみならず、その郊外をも含めた、かなりの広範囲にわたって食糧不足が深刻化しつつあった状況を見て取ることができるのである。

一五七四年の八月末には、イスタンブルにおける食糧事情は一層悪化し、主食であるパンの原料となる小麦だけでなく、大麦やカラスムギといった雑穀類をもイスタンブルに輸送するように命令が出された[MD26:703]。こうした一連の食糧不足は、容易に終息には向かわず、同年の夏以降においても継続した。十月中旬には西アナトリアのカラス県の沿岸部から小麦や大麦がイスタンブルに送られ[MD26:793]、十月末にもアナトリアのイェニシェヒルやアクシェヒルなどの各地に食糧輸送命令が発せられた[MD26:873]。十一月に入ると、小麦以外にも小麦粉や大麦、さらにはカラスムギや黍までもがイスタンブルに運び込まれた[MD26:885, 886]。しかし、イスタンブルにおける食糧事情は簡単には好転せず、このあとも十一月中旬にアナトリアの黒海沿岸部に[MD26:921]、同月下旬には北はスィリストレ県から南はマケドニア地方のヴェリアにいたるルメリ州の各地にもイスタンブルへの食糧輸送命令が送られている[MD26:964, 968, 972]。

すでに第二章で述べたように、この時代に執筆された『セラーニキー史』によると、一五七四年十二月に父セリム二世の崩御にともなって、即位のために任地のマニサからイスタンブルへと向かっていた皇太子ムラトは、わざわざアナトリアの港湾都市であるムダンヤで多くの食糧を積み込ませてからトプカプ宮殿のある宮殿岬に到着したという[Selaniki 1989, vol.1:99f.]。

一五七五年も前年の七四年と同様に、秋が深まるとともに食糧不足の兆候があらわれ始めた。早くも十月初旬にはイスタンブルで「常ならぬ食糧の需要」が発生し、航海の季節が終わらないうちにイスタンブルへと食糧を輸送するように、アナトリアの地中海沿岸部にあるイチェル県のカーディーたちに督促の命令が送られた[MD27:22]。また同日付の枢機勅令簿には、イスタンブルのために、かなり以前から食糧が求められているにもかかわらず、それらが十月六日になってもいまだに到着しないことについて、アナドル州総督とアナトリアにおいて穀物の調達が命じられている県知事たちとカーディーたち、およびイスタンブルへの穀物輸送の担当官であるチャヴシュたちへの督促命令が記されている

[MD27:29]。この記述からも明らかなように、この年の食糧不足を見越してオスマン朝政府は、少なくとも十月以前の段階でイスタンブルへの食糧輸送を命じる勅令を各地に送付していたようである。しかし、前述のようにイスタンブルへの穀物輸送は予定通りには進まず、十月末になるとイスタンブルは再び本格的な食糧不足に悩まされることになった[MD27:106]。

こうして、イスタンブルにおける食糧事情は、季節が秋から冬に移り変わるとますます深刻化し、十一月初旬[MD27:186]に加えて十二月初旬[MD27:300]にも、食糧への需要が著しく高まった。おりしも一五七五年は、十二月四日からヒジュラ暦の断食月に入ったために食糧の消費量は一気に急増し、イスタンブルにおける食糧事情は、さらに悪化の一途をたどった。十二月中旬には、各種食糧に加えて米が不足し始め[MD27:357]、イスタンブルにおける食糧不足を解消するための食糧輸送命令が帝国領内の各地に送られた[MD27:376]。

年が変わって一五七六年になっても、事態はさらに悪化しつつ進行し続けた。一五七六年二月初頭には、ついに枢機勅令簿においても「食料危機 zahire meya」という表現が用いられるようになり[MD27:590]、同じく二月の下旬には、スレイマン一世の建設にかかる給食施設においてさえも米が不足するにいたった[MD27:709]。三月に入っても危機的な食糧不足は継続しており、西アナトリアのサルハン、アイドゥン、メンテシェの各県[MD27:912]のみならず、内陸アナトリアのカラマン州やルム州、さらには遠く東アナトリアのエルズルム州の各地にもイスタンブルへの食糧輸送を命じた勅令が次々と送られた[MD27:935-937]。また同じ時期には、イスタンブルの米不足もピークを迎えており、通常ではイスタンブルへの食糧輸送をおこなわないようなアナトリア南部のスィス県やタルスス県といった遠方の地域にも米の輸送が命じられている[MD27:913]。

十六世紀後半の約三〇年間の枢機勅令簿の記録をみても、一五七五年から七六年にかけてイスタンブルで生じた食糧不足が、この時代に発生した多くの食糧不足のなかでも最大規模のものであったことはおそらく間違いない。このことを象徴するかのように、このときハプスブルク大使の従者としてイスタンブルに長期間滞在していたステファン・ゲルラッヒは自身の日誌に以下のように記している。

〔一五七六年の〕三月末から今日〔四月十五日〕までパンの欠乏が続いている。〔原料の〕半分は「ふすま」で半分は「屑」のパン以外には何も見つけることはできない。街の学識者の一人が君主の御前にでて、これらのパンのひとつを示して、こう言ったという。「あなたの治世に我々が食べているパンを見よ！　あなたより前の君主たちの御世には、このような災難が我々に振りかかることはなかったのだ」。[17]

君主〔ムラト三世〕は、その男の手からパンをとって五つに分け、ひとつを母后に、他を四人の高官たちに送って、これらのパンを食べてみるように命じたという。そのあとで高官たちに四つの串を送りつけ、もっとまともなパンが焼かれるようにしないのであれば、彼ら自身を串刺しにさせることを暗に示して脅したそうである。これによって、たちまちルメリと黒海沿岸地方のあらゆる地域に知らせが飛び、短期間のうちに十分な量の良いパンが焼かれるようになった。[18]［Gerlach 2006, vol.1:316］

こうして、一五七六年の収穫期を前にしてイスタンブルの食糧事情は、ようやく好転し始めた。ところが、それからわずか数カ月しかたたない一五七六年十月には、イスタンブルは再び食糧不足の状態に陥った。このため十月中旬には、イスタンブルの食糧不足を解決するためにベイシェヒルの県知事と同県にいるカーディーたちに食糧輸送が命じられた［MD28:128］ほか、イスタンブルへの主要な穀物供給地のひとつであるエヴィア島とその対岸の豊かな穀倉地帯であるテッサリアに位置するトゥルハラ県に対しても「どれだけの小麦と大麦があろうとも、すべてを急いでイスタンブルに輸送すること」が命令された［MD28:126］。またこのときには、前述の地域だけでなく、西アナトリアのハミト、カラス、サルハン、アイドゥンの各県にもイスタンブルへと食糧を送れとの命令が合わせて出されている［MD28:899］。

さらに同日付の枢機勅令簿には、オスマン艦隊の最高責任者である海軍大提督に宛てて、「イスタンブルにおける食糧需要〔の高まり〕を抑えるために、遭遇した、諸港にある諸船舶に食糧を積み込んで送ること、また嵐が生じたときには、諸船舶をガレー船につながせ曳航させること」が命じられたことが記されている[MD28:462]。偶然に出くわした船舶に食糧を積み込ませてイスタンブルに輸送させる例は非常に稀であり、また嵐で帆船が航行できない際には人力で航行可能なガレー船に曳航させてまでイスタンブルに食糧を運ぶ必要があったことは、この時期のイスタンブルの食糧事情がまさに危機的な水準に達していたことを如実に示すものであろう。またこのあとにも、一五七七年一月後半に、イスタンブルの食糧需要に対応するためにルメリの広範囲におよぶ地域に対して食糧輸送が命じられていることから、イスタンブルにおける食糧不足は実質的には一五七七年の春頃まで継続していたものと考えられるのである[MD29:240]。

一五七七年についてもまた、例年のように夏が本格化する八月に入ると、イスタンブルでは穀物が不足する兆しをみせ始めた様子が枢機勅令簿に記録されている。その頃から、イスタンブルにおいては穀物価格が高騰し始めたために、オスマン朝政府はアナトリア中部に位置するカラマン州の総督と、ルメリおよびアナトリアの地中海沿岸部の多くのカーディーたちに対してイスタンブルへの食糧輸送命令を送っている[MD31:345, 346]。またそのわずか数日後の八月中旬になると、前年と同じくオスマン艦隊の最高責任者である海軍大提督に対してもイスタンブルへの穀物輸送に従事することが命じられた[MD31:390]。しかし史料をみる限り、こうした努力にもかかわらず、九月に入るとイスタンブルにおける一連の食糧不足は悪化していったようである。

そのため九月中旬には、食糧の欠乏を憂慮するイスタンブルのムフタスィブの建議を受けて、イスタンブルからのあらゆる食糧の持出しが完全に禁止されることとなった[MD31:555]。同じ頃、マルマラ海に面するもっとも重要な食糧集積港であったロドスジュクに対しても、イスタンブル以外の場所への食糧の持出しが全面的に禁じられたほか[MD31:575]、イスタンブルにおける食糧不足を早期に解決するための担当官としてハムザ・チャヴシュが任命され、食糧を調達するためにアナドル州の各地へと送られている[MD31:607]。一五七七年のイスタンブルにおける食糧不足は、九月末頃まで枢機勅令簿に記録されていることから、秋頃までは継続していたものと考えられる[MD31:667]。ただし、同年の十一月末には、イスタンブルの食糧不足が解消されたために現地で封印されていた食糧倉庫を自由に解放する旨の命令が、アナトリア中部に位置するルム州の総督に対して送られているため、この頃になってようやくイスタンブルの食糧事情は一応改善されつつあったと推測することができよう[MD33:191]。

翌一五七八年は、それまでの危機的な数年間と比べると、イスタンブルにおける食糧事情は、相対的にではあれ一応の安定性をみせた。一五七八年においても、秋が深まる十月中旬になるとイスタンブルにおいて食糧の欠乏は発生したものの[MD40:458, 461]、その後の冬から春にかけては大きな食糧不足は記録されていない。また同様に、一五七九年においても、イスタンブルの食糧不足は確認されない。

しかし一五八〇年に入ると、こうした安定的な状況は一変する。この年には、早くも六月中旬にイスタンブルにおいて各種食糧の不足が発生したため、小麦、大麦、ヒヨコマメ、レンズマメ、挽割り小麦などの多くの穀物が、黒海沿岸部の各地からイスタンブルへと次々と送り込まれた[MD43:167]。同年の八月初頭になると、イスタンブルの食糧事情は、たんなる不足からより深刻な欠乏へと変化した[MD43:297]。また、八月の中旬においても、食糧の欠乏が発生したため、今度は地中海沿岸部のカーディーたちに対してイスタンブルへの食糧輸送が命じられた[MD43:357]。さらに、この年のイスタンブルの食糧不足は九月初旬と十月上旬にも記録されており、こうした事態に対応するために、九月にはイオニア海に面するカルルイリ県とヤンヤ県から、十月にはエーゲ海沿岸の主要な港湾都市であるカヴァラからイスタンブルへと食糧が送り込まれた[MD43:431, 520]。年が明けて一五八一年に入り、冬の厳しさが本格化すると、イスタンブルの食糧事情はさらに悪化した。そして、一五八一年一月下旬に再び食糧の欠乏が発生した際には、ついに政府高官であり御前会議の構成員でもある宰相メフメト・パシャ[19]がイスタンブルへの食糧供給政策の担当者に任じられ、このときにはマケドニアから西トラキアにかけてのルメリの広範な地域からイスタンブルへの穀物輸送が実施された[MD42:508]。

しかし一五八一年以降は、イスタンブルにおける食糧不足の発生件数は目に見えて減少する傾向を示す。一五八一年八月末にイスタンブルにおいて穀物が欠乏したために東アナトリアのエルズルム州総督とアナトリアの黒海沿岸部にあるトラブゾンの州総督にそれぞれ食糧輸送が命じられてはいるが、この記録を最後にこののち四年間にわたって枢機勅令簿からはイスタンブルの食糧不足についての記述はほとんど確認されない。第一章において詳細に検討したように、一五八〇年代に入ると気候が比較的安定し自然災害の発生が少なくなること、あるいはオスマン朝の他の地域における食糧不足の記録も大幅に少なくなっていることなどとの関連性を指摘することもできよう。しかし、イスタンブルでは一五八五年頃に再び食糧不足のピークを迎えていることから、すでに巨大都市に成長しつつあったイスタンブルには、絶え間ない人口流入や食糧流通システムの機能不全など、オスマン朝の他の地域とは異なった食糧不足の要因が存在していた可能性も考慮する必要があろう。こうしたイスタンブルに特有の問題については本節の次の項において、より詳しい分析をおこないたい。

一五八五年は五月中旬に、イスタンブルにおいて数年ぶりとなる大規模な食糧の欠乏が発生した。この事態に対応するべく、西アナトリアの地中海沿岸部にいるカーディーたちにイスタンブルへの食糧輸送が命じられたほか[MD58:338, 339]、黒海沿岸部のカーディーたちにも同様の命令が送られた[MD58:351]。また、エジプトからも米、レンズマメ、ヒヨコマメ、ソラマメなどの各種食糧を送るように命令がなされた[MD58:345]。これらの命令が各地に送られたわずか一週間後の五月二十五日にも、再び黒海と地中海の沿岸部にいるカーディーたちに対して、小麦と大麦およびその他の食糧をイスタンブルに輸送する旨の命令が発せられていることから、一五八五年五月にイスタンブルで発生した食糧の欠乏は、極めて大規模なものであったと考えられる[MD58:431, 432]。ともあれ、これら一連の食糧輸送によって、こののち、イスタンブルの食糧事情は一応の小康を取り戻した。しかし、この年の断食月にあたる九月に入ると、再び食糧の欠乏が発生した。このときには、ロドスジュク、マルカラ、ハイラボルなどイスタンブルに比較的近いルメリの諸地域に加えて[MD58:751, 837]、イスタンブルから遠く離れたドナウ沿岸部に位置するスィリストレ、ヴィディン、ニーボルの各県にいるカーディーたちにもイスタンブルへの食糧輸送命令が送られている[MD58:836]。

翌一五八六年は、多数の人口を抱えるイスタンブルと、その巨大な都に円滑な食糧供給を実施しようと苦悩していたオスマン朝政府にとって、かつて甚大な食糧危機が発生した七六年に匹敵するほどの苦難の年となった。この年の食糧不足もまた、断食月の到来と相前後して発生したことが枢機勅令簿の記録から窺える。断食月を直後に控えたシャーバーン月の後半すなわち一五八六年八月前半に、イスタンブルにおいて、この年はじめての食糧不足が発生した[MD61:170]。その後、断食月に入って三日目にあたる八月十八日になると、イスタンブルに穀物をもたらしていた船舶が、「イスタンブルでは疫病が発生している」として他の場所に向かったことから、イスタンブルにおける食糧不足はより深刻な欠乏へと変化した[MD61:176]。同日付の枢機勅令簿には、地中海沿岸部からイスタンブルに穀物をもたらすはずであった諸船舶が、イスタンブルで穀物不足が生じているにもかかわらず、やはり他の場所に穀物を持ち出していることから、これを禁じる旨の命令がオスマン海軍の最高責任者である海軍大提督に宛てて送られている[MD61:173]。また、その翌日にあたる八月十九日付の記録からは、穀物密輸を企てて海外から来航した異教徒たちに一部の住民たちが食糧を横流ししていることが、イスタンブルの食糧事情のさらなる悪化に拍車をかけている状況を具体的に確認することができる[20][MD61:161]。

オスマン朝政府は、食糧需要が高まる断食月の間はもちろんのこと、断食月の翌月にあたるシャウワル月の初頭にかけての数十日間にわたって、広大なオスマン朝領の各地からイスタンブルへと穀物の輸送を命じる勅令を続けざまに発することによって、この食糧危機を何とか克服しようとした。このときに、イスタンブルへの食糧輸送が命じられた地域の広がりは、北はドナウ川の彼方に広がるウクライナ平原から南はイスタンブル近郊のルメリ東部にいたるヨーロッパ領のほぼ全域に相当し、アジア側でもアナトリアの黒海沿岸部から地中海沿岸部までの広範囲におよぶものであった。

当時の枢機勅令簿には、オスマン朝政府が、食糧の欠乏にあえぐ帝都の状況をいち早く改善させるべく、まさにその総力をあげて可能な限りの穀物をイスタンブルへと集積させようと懸命になっていた様子が克明に記録されている。

以下においては、時系列に沿って一五八六年の断食月前後におけるオスマン朝政府による食糧供給の実施状況を具体的に検討したい。まずは、先にも述べたように断食月の前月にあたるシャーバーン月の後半すなわち一五八六年八月前半に地中海沿岸部にいるカーディーたちにイスタンブルへの食糧輸送が命じられたのを皮切りに[MD61:170]、断食月三日目の八月十八日には海軍大提督と地中海沿岸部にある諸城塞の守備隊長たちに、ダーダネルス海峡の外にいる穀物輸送船のなかに城兵を入れることによって輸送船がイスタンブル以外の地域に向かうことを実力で阻止し、イスタンブルへと航行させる旨の命令が発せられた[21][MD61:173, 174]。また、断食月四日目にあたる八月十九日には、黒海に流れ込むドニエストル川の河口に位置するアクケルマーンとその上流にあるベンデルに加えて、ドナウ川の河口部に点在するキリヤ(キリア)、イサクチャ、ブライラ、マチン(マチュン)[22]といった重要な港湾都市にいるカーディーたちにも同様の穀物輸送命令が送られた[MD61:168]。断食月七日目の八月二十二日には、黒海沿岸にいるカーディーたちに対して、それより以前に送られたイスタンブルへの食糧輸送命令にもかかわらず、その後も一向に食糧がもたらされなかったことを重くみて、当該地域の船舶や倉庫の状況を監査するためにアリ・チャヴシュが担当官に任じられて現地へと送られた[MD61:175]。

しかしながら、オスマン朝政府による一連の食糧輸送命令にもかかわらず、断食月も半ばにさしかかった一四日目(一五八六年八月二十九日)になってもイスタンブルにおける食糧不足の状況は改善される兆しをみせなかった。この日、イスタンブルで「甚大な需要が生じている食糧と干し果物 külli ihtiyaç olan zahire ve kuru yemiş」を調達するために西アナトリアのサルハン、カラス両県にいるカーディーたちに命令が送られ、食糧の確保と輸送を確実なものとするためにスィナン・チャヴシュが現地へと派遣された[23][MD61:200]。断食月二一日目の九月五日には、八月十九日に続いて再びドナウ流域の穀物集積地であるブライラのカーディーに命令が送られ、このときにはオスマン朝が直轄支配する地域のみならず、間接支配地域であるワラキアやモルダヴィア方面からも穀物を集めてイスタンブルへと輸送することが命じられるとともに、現地には食糧輸送の担当官としてムスタファ・チャヴシュが送られた[MD61:218]。さらに翌日の九月六日には、ワラキアとモルダヴィアのそれぞれの公たちにもイスタンブルへの食糧輸送命令が発せられた。この命令はかなり具体的なものであり、ワラキアから四万キレ(約一〇二五・六トン)の小麦と五万キレ(約一二八二トン)の大麦、二万キレ(約五一二・八トン)の黍に加えて、量は明記されていないもののカラスノエンドウや野麦といった雑穀までイスタンブルに送るように命じられている[24][MD61:208]。

こうしてオスマン朝政府にとって苦難に満ちた一五八六年の断食月がようやく終りを迎え、そのあとに数日間続いた断食月明けの祝祭が過ぎても、イスタンブルにおける食糧事情は容易に好転しなかったと考えられる。そのため、断食月の翌月にあたるシャウワル月の六日目、すなわち一五八六年九月二十日には、オスマン朝政府によって八六年における最大規模の食糧輸送計画が実行に移された。この際にイスタンブルへの穀物輸送を命じられたのは、再びドニエストル河畔のアクケルマーンとベンデル、ドナウ川の河口から順にキリヤ、イサクチャ、ブライラ、フルショヴァ、ババダー、ラズグラード(ヘザルグラード)、ルセ(ルスチュク)、ジュルジュ(イェルギュー)、スヴィシュトフ(ズィシトヴァ)、ニコポル(ニーボル)、ロヴェチ(ロフチャ)、オリャホヴォ(ラホヴァ)、ヴィディン、クラドヴォ(フェトヒュルイスラム)、スルリーク(イスフェルリク)にいたる地域、さらに黒海沿岸部では北からトゥズラ、シュメン(シュムヌ)、ヴァルナ、アイトス(アイドス)、ポモリエ、ルソカストロ(ルスカスル)、カルノバト(カリナバード)、ヤンボルにいたる、広大なルメリの北部から東部にかけてのほぼ全域におよんだ[MD61:207]。ルメリ北部には直轄領であるルメリと間接統治下にあるワラキアとを隔てる大河ドナウ川が流れており、またルメリ東部は十六世紀後半においては実質的に「オスマン朝の湖」となっていた黒海に面している。このため、こうした地域においては、河川や海上を航行する船舶を用いた穀物の大量輸送が可能であり、このことがルメリ内陸部よりも北部および東部に食糧輸送命令が集中している最大の要因であると考えられる。

前述のイスタンブルへの大規模な食糧輸送計画の実施によって、一五八六年の食糧危機は、ひとまず終息した。しかし、当時のイスタンブルが抱えていた構造的な問題、すなわち十六世紀を通じて増大した人口を外部からの穀物輸送に依存しつつ支えるという問題を短期間のうちに解決することは、決して容易ではなかった。こうした問題が解決されない以上、イスタンブルにおける食糧の欠乏もすぐに解消されることはなかった。そのため、翌一五八七年にもイスタンブルにおいては、食糧の欠乏が再発した。五月下旬、イスタンブルにおける公定価格の混乱に端を発した物資流通システムの機能不全は、やがて物価の上昇と不当利得者による各種物資の退蔵を招き、結果として甚大な食糧不足をもたらすことになった[25][MD62:166–169]。この事態に対して、オスマン朝政府は、前年と同様にブライラやフルショヴァなどのドナウ沿岸部の港湾都市と、コンスタンツァ(キョステンジェ)、ヴァルナ、ポモリエ、バルチク、トゥズラなどの黒海沿岸部の港湾都市にいるカーディーたちにイスタンブルへの食糧輸送を命じている[MD62:170]。

同年九月になってもイスタンブルにおける食糧の欠乏は継続しており、このときには、アルスラン・チャヴシュを担当官として、ルメリのエーゲ海沿岸部にあるトリカラ、エヴィア島、ファルサラ、ヴェリアなどに、一〇万キレ(約二五六四トン)の小麦と三万キレ(約七六九・二トン)の大麦を送るように命令がなされている[MD62:251]。同じ頃には、ラリッサ、ラミア、ティーヴァ(イステフェ、古代のテーベ)、エヴィア島などのエーゲ海沿岸の各地にもイスタンブルへの食糧輸送が命じられた[MD62:195]。さらに前年の場合と同様に、ワラキアとモルダヴィアの公たちにも、小麦、大麦、黍、カラスノエンドウを、まずはキリヤやアクケルマーンといった近隣の港湾都市に輸送し、そこからさらに船に積み替えてイスタンブルに送るように命令がなされた[MD62:193]。またこの頃には、イスタンブルの市井の人々だけでなく、君主をはじめとする宮廷の官人たちの食事を賄う宮廷食料庫(Kiler-i amire)においても小麦や米が欠乏したため、ラリッサ、プロヴディフ、ドラマ、セレス、スタラ・ザゴラ（ザーラ・エスキスィ）、ノヴァ・ザゴラ（ザーラ・イェニジェスィあるいはザーラ・ジェディード）、ソフィア、ラズグラードなどルメリ東部のうちイスタンブルに比較的近い場所にいるカーディーたちに食糧の調達とそのイスタンブルへの輸送の命令が送られた［MD62:262］。

一五八八年にもイスタンブルでは数多くの食糧不足が生じた。これに対して、オスマン朝政府は、ムスタファ・チャヴシュを担当官に命じてスィリストレ県にいるカーディーたちにイスタンブルへの食糧を送らせたほか、オメル・チャヴシュにはルセ、ブライラおよびアクケルマーンのカーディーたち、チェレビ・ムスタファ・チャヴシュにはアナトリアのカラス県とアマスヤ県にいるカーディーたちにイスタンブルへの食糧輸送命令を伝達させた［MD64:304］。

一般的に、イスタンブルに近いルメリ東部のヴィゼ、ハイラボル、マルカラなどで収穫された穀物は、マルマラ海における最大の食糧集積地であるロドスジュクの港に陸路でもたらされたあとに、そこから船舶によってイスタンブルに輸送されることになっていた。しかし、この一五八八年には何人かの不当利得者たちがロドスジュクで不正に買い付けた穀物を密かにエディルネに廻送したために、イスタンブルにおける穀物の欠乏は拡大した［MD64:281］。そのため、オスマン朝政府はさらなる追加措置としてテッサリアをはじめとするルメリ南部地域の穀倉地帯、とりわけトリカラ、レパント、エヴィア島の各県にいるカーディーたちに穀物を輸送させた［MD64:311］。同様に、スレイマン・チャヴシュを担当官として、黒海北岸に位置するケフェ州の総督に命じて、同地で収穫された穀物をクリミア半島のカッファとケルチ（ケルシ）から船でイスタンブルへと送らせた［MD64:351］。

また、このときにはオスマン朝の友邦であり、ケフェ州の北方に広がる豊かな穀倉地帯を支配するクリム・ハン国のハンに対しても親書が送られ、イスタンブルのための食糧の確保についての協力が要請されている[26]［MD64:352］。年が明けた一五八九年の一月後半には、エジプトからイスタンブルの宮廷食料庫への米や砂糖の供給が十分でないために、市内の市場から不足分を調達せざるをえず、そのためにイスタンブルの一般市場において各種食料品についての甚大な窮乏が生じた。この事実は、宮廷への食料供給が、結果としてイスタンブルへの食糧事情にも大きな影響を与えるものであったこと、ひいては宮廷への食料供給が、イスタンブル全体の食料供給と一定程度の一体性を有していたという点を確認できるうえで興味深い事例である。

以上のように、十六世紀後半のイスタンブルにおいては、恒常的な食糧不足がみられたほか、ときとして甚大な食糧の欠乏や、食糧危機と呼びうるような状況に陥ることもあったことが確認された。こうした食糧の欠乏に端を発する常備軍の反乱や都市住民の暴動を未然に防止するために、オスマン朝政府は帝国各地から大量の穀物をイスタンブルへと輸送させることによって何とか対応しようとしていたのである。イスタンブルへの穀物輸送の具体的状況については、本章の第2節、第3節においてより詳しく検討するが、その前にこれまでみてきた十六世紀後半にイスタンブルで頻発していた食糧不足が、いかなる条件のもとに発生していたのかという問題について、さらに詳しい考察を加えておきたい。

イスタンブルにおける食糧不足発生の傾向

これまでの考察によって、十六世紀後半のイスタンブルは、断続的にではあれ、かなりの頻度で食糧不足や食糧の欠乏に見舞われていたことが明らかになった。また、そのうちのいくつかは、帝都イスタンブルのみならず、オスマン朝の支配体制そのものを揺るがしかねない食糧暴動に発展する可能性も否定できないほど危機的なものであった。それでは、十六世紀後半のイスタンブルで頻発していた食糧不足は、いかなる傾向を有していたのであろうか。この問題を明らかにするために、一五六四年から九〇年までにイスタンブルで発生した食糧不足をまとめたものが、以下のグラフ(図9)である。

このグラフからも明らかなように、十六世紀後半のイスタンブルにおける食糧不足の状況は、その年ごとに大きな差異が存在していた。一五六九年、七一年、七二年、七九年、八九年および九〇年のように、食糧不足がまったく記録されない年がある一方で、一五六六年、七〇年、七二年、七四年から七七年、八〇年、八五年および八六年の各年は、とりわけ甚大な食糧の欠乏が複数回にわたって枢機勅令簿に記されている。

　こうした不規則な食糧不足の発生傾向は、すでに第一章において明らかにしたように、一五六〇年代を頂点にして毎年のように食糧不足や飢饉が発生していたオスマン朝全土における食糧不足の状況とは対照的である。オスマン朝の領土の大部分が地中海性気候の影響下にあったことを考えると、イスタンブルにおける食糧不足の発生件数が年によって

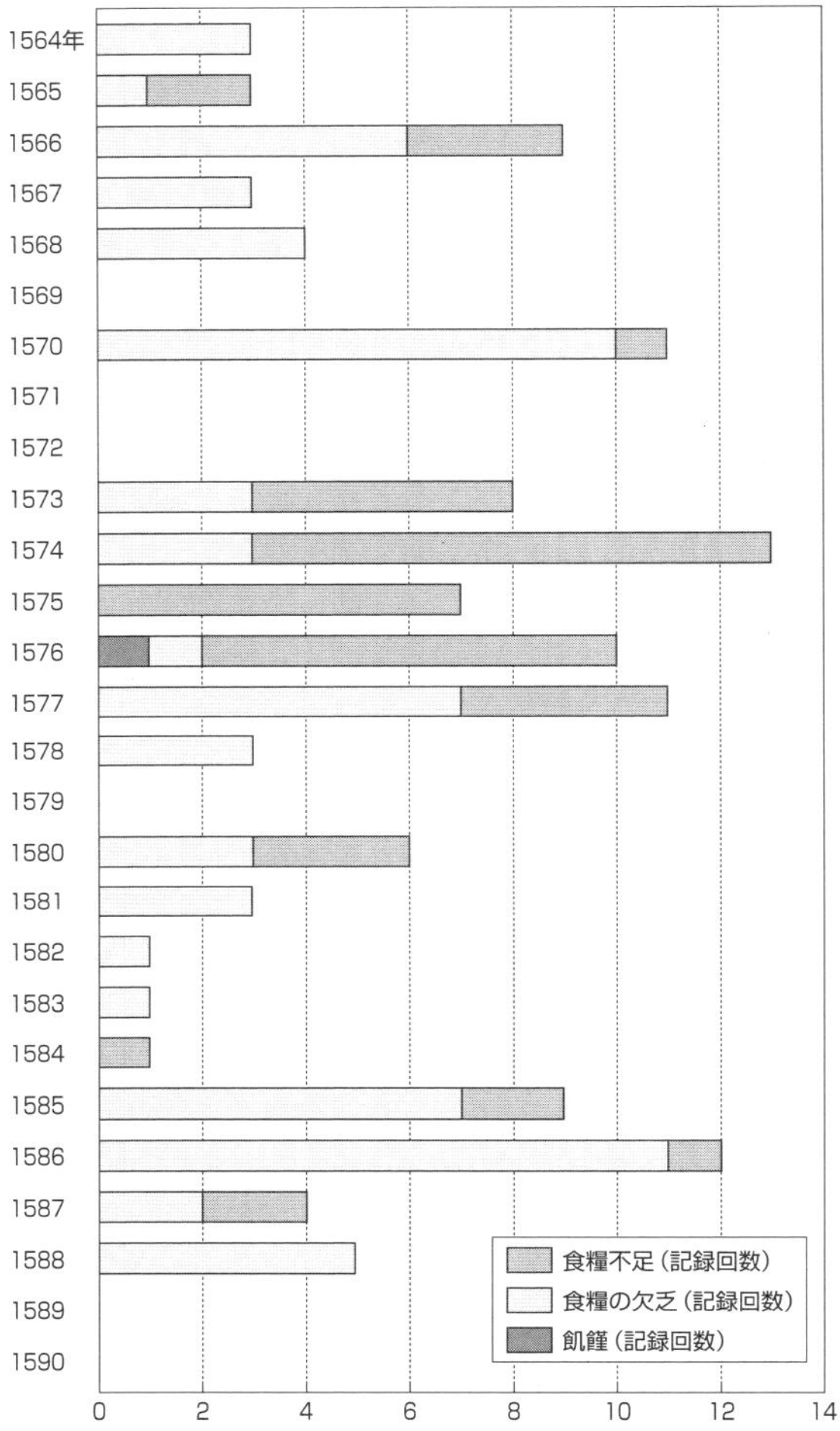

図９　イスタンブルにおける食糧不足（1564～90年）

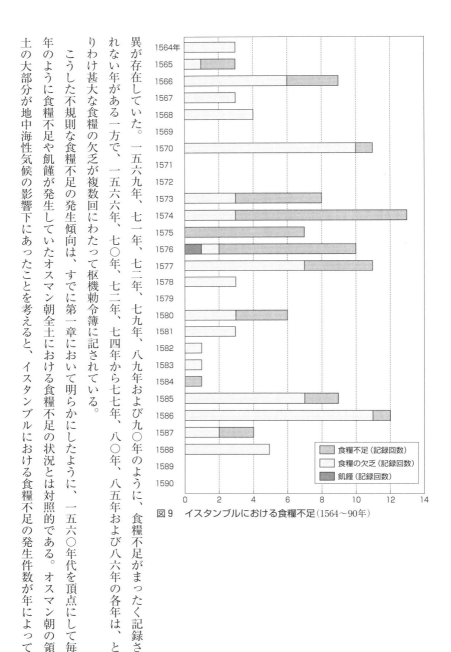

大きな差を生じていることには、たんなる地理的あるいは気候的要因によるものではなく、大都市イスタンブルそのものに特有の諸要素が強く作用していたことが推定される。

なかでも、その最大のものは、当時のイスタンブルが抱えていた多数の人口と、それが生み出す巨大な食糧需要であろう。これまでにも繰り返し述べてきたように、十六世紀後半のイスタンブルの人口規模は、当時のオスマン朝の食糧供給能力に対して、ほぼ飽和状態に達していた。そのため、突発的な自然災害や食糧供給システムの機能不全などの問題が生じると、イスタンブルはたちまち深刻な食糧不足に陥ったのである。すなわち、十六世紀後半のイスタンブルにおける食糧不足は、オスマン朝全体のそれとは異なるメカニズムのもとで発生していたということができよう。

この点は、別の角度からも検証することが可能である。十六世紀後半の枢機勅令簿に記されたイスタンブルの食糧不足についての記録を概観すると、その大部分が八月から十一月の四カ月間に大きく集中していることに気づかされる。詳しい内訳は以下のグラフ(図10)を参照されたい。このグラフからも明らかなように、十六世紀後半のイスタンブルで発生した食糧不足のうち、前記の四カ月間が占める割合は、八月の一八%を筆頭に九月一四%、十月一六%、十一月一五%と、合計すると実に全体の六三%にも達するのである[27]。一方で春から初夏にかけての時期、すなわち四月から七月までの四カ月間に発生した食糧不足は、合計してもわずかに九%であり、件数にすると八月ひと月に生じた食糧不足の半分にすぎない。この非常に大きな季節的な偏りの存在が、イスタンブルで生じた食糧不足の最大の特徴であるといえよう。

一方で、イスタンブルを除くオスマン朝各地で発生した食糧不足は、これとはまったく異なる特徴を有している。以下のグラフ(図11)をみてもわかるように、オスマン朝全体では、ほぼ毎月のように食糧不足や食糧の欠乏が発生しており、その季節的な変化や発生の偏りはほとんど確認することができない。ほとんどの月が全体に占める割合は、平均的な数値すなわち一年を一〇〇とした場合の一二分の一にあたる七~八%の範囲内に留まっており、もっとも件数が少な

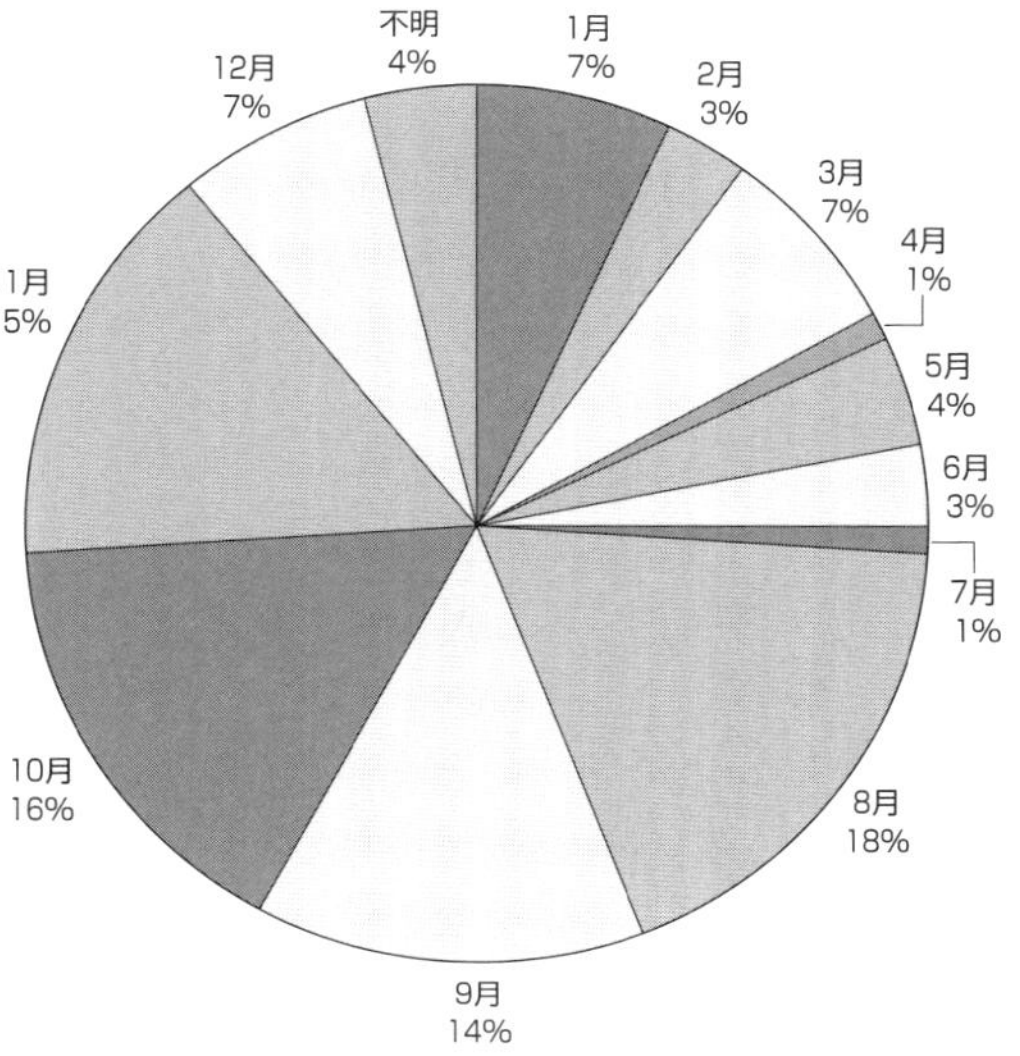

図10　月別にみるイスタンブルにおける食糧不足の発生件数（1559～90年）

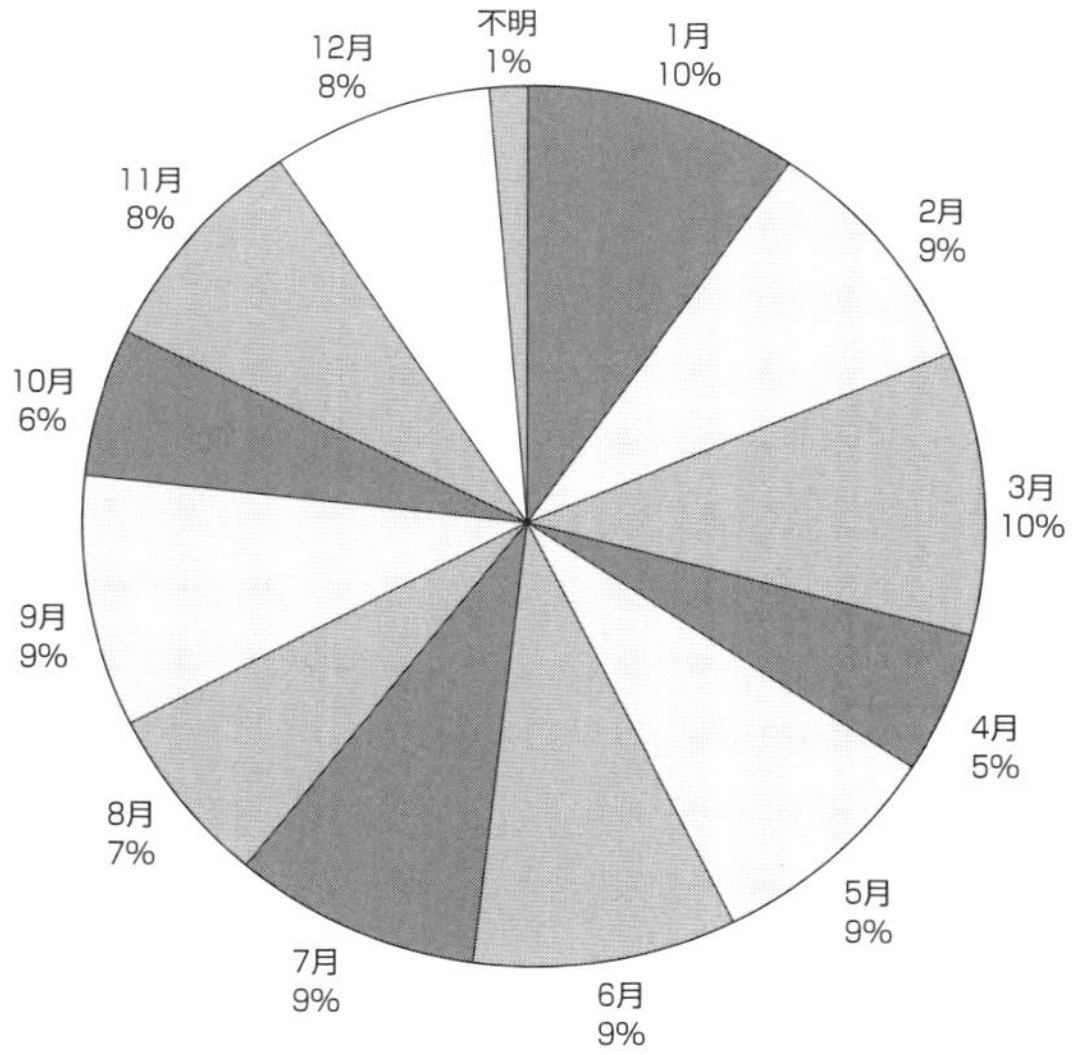

図11　オスマン朝における食糧不足の発生件数（1559～90年，イスタンブルを除く）

い四月と、もっとも多くの件数が記録された三月との間の開きも、わずか二倍にしかすぎない。イスタンブルの月別の記録数の差が、もっとも少ない四月および七月ともっとも多い八月との間で一八倍にもなることを考えると、両者の特徴の違いは歴然としている。

それでは、イスタンブルに特徴的な八月から十一月に食糧不足が集中するという現象は、なぜ生じたのであろうか。同時代史料に具体的な記述がないため、原因を特定することは困難であるが、当時のイスタンブルを取り巻く状況、とりわけ十六世紀後半のオスマン朝における穀物の生産および輸送の実情を考慮すると、いくつかの要因が存在していた可能性を指摘することはできよう。

当時のオスマン朝において、主食であったパンの原料は基本的に小麦であったということはすでに述べた。また、オスマン朝において栽培されていた小麦の多くは、基本的に秋播きの冬小麦であった。一般的に冬小麦は、地域によって若干の幅はあるものの、十月から十一月にかけて種播きをおこない、冬越しをしたあと、翌年の初夏すなわち六月から七月にかけて刈取りがおこなわれる。穀物の輸送手段についての詳細はあとに譲るが、各地で収穫された小麦は、まず荷車に乗せられて最寄りの港湾都市に運ばれ、そこから船に積み替えられてイスタンブルへと輸送された。イスタンブルへの小麦の到着時期は、生産地とイスタンブルとの間の距離によって様々ではあるが、荷車と帆船に依存していた当時の輸送技術を考えると、もっとも早いものでも盛夏から初秋になって、ようやくイスタンブルに到着したと考えられる。しかし、天候不順などによって収穫が遅れたり、あるいは生産地からイスタンブルへの輸送が円滑におこなわれなかったりすると、イスタンブルへの到着時期がさらに遅れたことは間違いなかろう。八月から十一月にかけてイスタンブルにおいて集中的に発生した食糧の欠乏は、当時のオスマン朝の食糧供給システムが抱えていた宿命的ともいうべきこうした構造的な問題によってある程度説明することができよう。

一方で、前近代のオスマン朝における食糧供給システムには、前記のような穀物生産の技術上に横たわる問題のほかに、当時の輸送技術が抱えていたある種の限界も存在していた。これものちに詳述するが、イスタンブルへの食糧輸送の根幹を担っていたのは、船舶による海上輸送であった。しかし、当時の輸送船はその動力の大部分を自然エネルギーである風力に大きく依存しており、また木造である船舶それ自体の耐波性能もそれほど高いものではなかった。夏季に天候が安定する地中海性気候のもとでは、気象状況が不安定化して波が高くなる冬期に入ると、海難事故に遭う危険性はとりわけ高まった。[28] そのため、オスマン朝においては一般に、西暦の五月六日にあたるルーズ・フズルから十一月九日にあたるルーズ・カスムまでの約半年間が航海可能な「海の季節」とされ、ルーズ・カスム以降は基本的に船を出すことは禁じられていた[29]。すなわち、十六世紀後半においては、帝国の各地からイスタンブルへの食糧輸送は、小麦の収穫が完了する夏頃から「海の季節」が終わる十一月初旬までの極めて短い期間に限定されていた。記録件数全体の一五％を占める十一月に発生した食糧不足の大部分は、こうした当時の輸送能力の限界に起因するものであったと考えられる。自然エネルギーに依存する輸送システムを抜本的に革新し、穀物供給をはじめとするイスタンブルへの物資流通をより円滑かつ安定したものとするには、十九世紀の蒸気機関の普及とその船舶への応用を待たねばならなかったのである。

本項で指摘しておきたいもうひとつの点は、これほど多くの食糧不足や食糧の欠乏が記録されているにもかかわらず、十六世紀後半のイスタンブルにおいては、結果として大量の餓死者を出す大飢饉や、支配体制を揺るがすような大規模な食糧暴動はついに発生しなかったということである。十六世紀後半に作成された枢機勅令簿に記録されたイスタンブルの食糧不足は、合計で一三八件にのぼり、その数はオスマン朝全体で発生した食糧不足の約四割を占める。また、図9のグラフからも明らかなように、イスタンブルにおいては多いときには年間一三件もの食糧不足や食糧の欠乏が記録されており、オスマン朝の他の地域と比較すると、この数値は群を抜いて高い。

しかしそれでも、十六世紀後半のイスタンブルにおいては飢餓や食糧暴動の発生は記録されていない。この事実は、オスマン朝政府が頻発した食糧不足によく対応し、ときに危機的なまでに逼迫《ひっぱく》した状況に対しても、宰相やイェニチェリ長官、海軍大提督などの政府高官を責任者に任命しつつ、的確な対策を講じることによって危機を巧みに乗り切っていたということを示唆しているといえよう。

2　「イスタンブル穀物供給圏」の広がり

ここまでの第1節においては、十六世紀後半のイスタンブルにおいて断続的に発生した食糧不足について、年を追って詳しく検討してきた。オスマン朝における最大の都市であったイスタンブルもまた、第一章において考察したオスマン領の他の地域と同じく、またときにはそれ以上に厳しい食糧の欠乏にさらされており、オスマン朝政府はそのときどきの対応に苦慮していた状況が明らかになった。しかし一方で、枢機勅令簿には数多くの食糧不足が記録されているにもかかわらず、イスタンブルでは大規模な飢饉や食糧暴動が起こらなかったということもまた、揺るぎない事実である。それでは当時、オスマン朝のみならず、地中海世界においても最大の規模を誇ったと考えられる帝都イスタンブルの巨大な食糧需要を支え、ときに深刻な食糧不足に陥りつつも危機的状況を何とか乗り切ることに成功していたオスマン朝の食糧供給システムとはいかなるものであったのだろうか。本章第2節においては、主食であるパンの原料となる小麦をはじめとする穀物に着目し、イスタンブルに穀物をもたらしていた「イスタンブル穀物供給圏」が、どのような広がりをみせており、またどのように機能していたのかを明らかにしていきたい。

イスタンブルへの穀物供給地域

十六世紀後半を通じて、イスタンブルに絶え間なく送り込まれていた大量の穀物は、どこからもたらされていたのだろうか。同時代に作成された枢機勅令簿における記録からデータを抽出してグラフ化したものが図12である。[30]

このグラフからも明らかなように、イスタンブルへの穀物供給の根幹を担っていたのは、直轄領として、いわばオスマン朝の中核を形成していたルメリとアナトリアの両地域であった。十六世紀後半の枢機勅令簿に記録されたイスタン

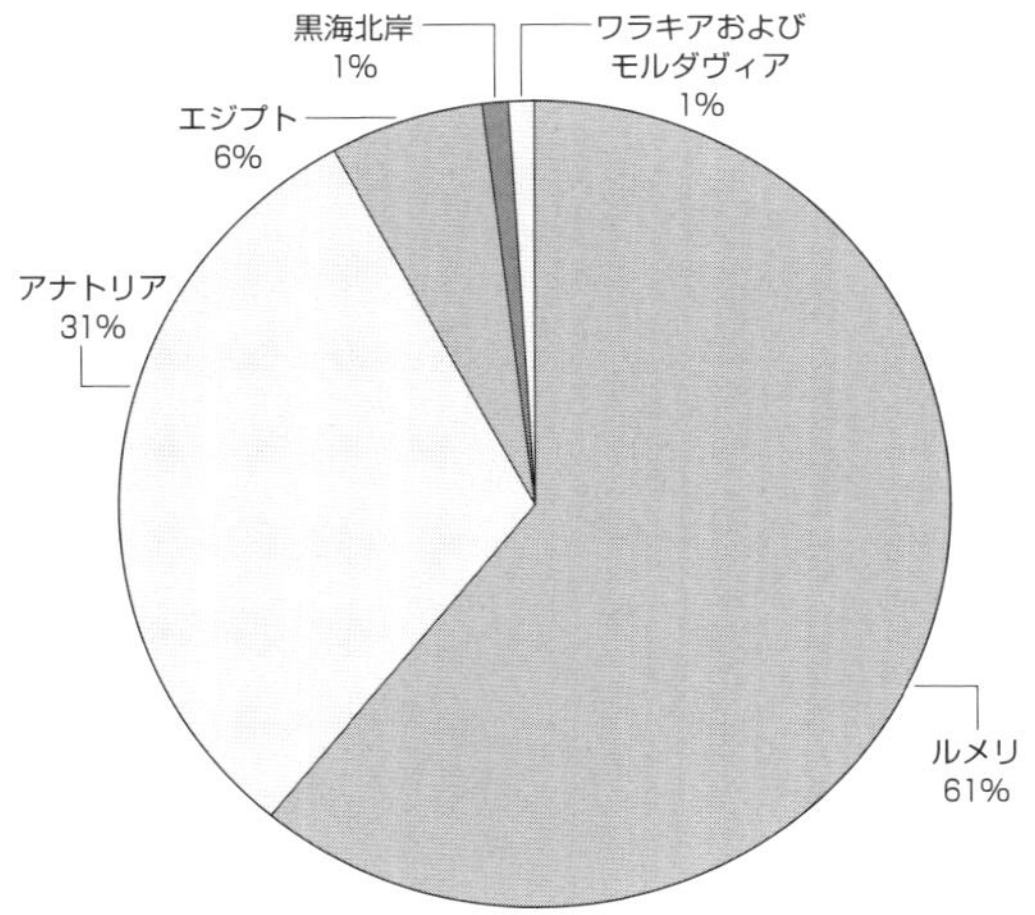

図12　枢機勅令簿の記録回数にみるイスタンブルへの穀物供給地域(1559〜90年)

ブルへの穀物供給のうち、ルメリとアナトリアが占める割合は九二%にも達する。なかでも全体の六割以上を占めるルメリは、イスタンブルを養ううえでの最重要地域であったということができる。ルメリには大河ドナウが開いた巨大なドナウ平野に加えて、マリッツァ川とエルゲネ川が流れるトラキア平野、ヴァルダル川が潤すマケドニア平野など、広大で肥沃な平野が数多く存在した。また、テッサリア平野のように大きな川はなくとも豊富な降水量と安定した天候とによって大量の穀物が生産可能な地域もあった。さらに、エーゲ海においてはクレタ島に次ぐ大きさを誇る島であるエヴィア島が浮かんでおり、クレタ島がいわば「ヴェネツィアの食糧庫」であったように、島全体がイスタンブルの巨大な穀物倉庫の役割を果たしていた。こうした地域に対してイスタンブルへの穀物輸送を命じた数多くの勅令の一例として、一五六七年八月二十九日付の枢機勅令簿の記述をみてみたい。

〔マケドニア地方の〕テッサロニキ、ヴェリア、〔テッサリア地方の〕トリカラおよびエヴィア島のカーディーたちへの命令。いま、お前たちのカーディー管区にある諸船舶に穀物を積み込ませて、イスタンブルの街に送ることを命令して、以下のように命じる。〔この命令が〕到着したところで、お前たちの各人が自ら配慮して、お前たちのカーディー管区にある諸船着場にいる諸船舶に、現行の公定価格に従って、穀物がある場所から、誰のもとにあろうとも穀物を買い取らせて、さらに諸船舶に積み込んで、船内に有能な城兵たちを入れて、続々と前述の街〔イスタンブル〕に送って、引き渡して、さらに各船にどれだけの量の穀物が積み込まれて、何日に送り出し、どれだけの人数

の城兵を〔船内に〕入れたのかを記して知らせるように。怠慢に用心するように。［MD7:132］

他方、アナトリアは、アナトリア高原がその大部分を占めていることから、全体として山がちな地形であるうえに、大規模な灌漑が可能な広さをもつ平野と大河川のいずれもが少なく、穀物の生産と輸送の両面においてルメリには遠くおよばなかった。また、アナトリア最大の規模を誇るコンヤ平野は、海から遠く離れてアナトリアの内陸部に孤立しており、穀物輸送に不可欠な船舶による大量輸送をおこなうことが困難であった。[31] コンヤ平野にもっとも近い港湾都市は、同地域の中心都市であるコンヤからほぼ等距離に位置するイチェル（スィリフケ）、アランヤ、アンタルヤの三拠点であったが、いずれにいたる道も峻険なトロス山脈を荷車で越える必要があり、海へのアクセスは決して容易ではなかった。そのため、アナトリアからイスタンブルへの穀物供給も、通常はもっぱらマルマラ海に面するブルサ周辺［MD40:452］とエーゲ海から地中海沿岸のアナトリア側に位置するカラス、サルハン、アイドゥン、メンテシェ、テケの各県［MD27:257］、およびアナトリア北部の黒海沿岸部［MD46:52］など、海上輸送に適した一部の限られた地域から実施されていたのである。[32] ただし、それでもイスタンブルへの穀物輸送の三割程度はアナトリアから実施されており、イスタンブルの食糧供給にとってルメリに次ぐ重要性を有していたことには変わりはない。

ルメリとアナトリアに次ぐのは、かつてヘロドトスが「ナイルの賜物」と呼んだ肥沃な穀倉地帯を抱えるエジプトであった。エジプトがイスタンブルの穀物供給に占める割合は六％程度であるが、これは当時の輸送技術と輸送コストを考えると、決して小さい値ではない。ただし、遠くエジプトからイスタンブルへと運ばれた穀物の大部分が、平時においては比較的安価な小麦ではなく、当時は高級食材に数えられていた米であったことには注意する必要がある［MD6:425；MD61:42］。

米の栽培には豊富な水量を誇る河川と温暖で安定した気候とが必要不可欠であったために、その生産地域は非常に限定されていた。ルメリを流れるマリッツァ川流域、とりわけプロヴディフから送られてくる米を別にすると［MD14:255］、イスタンブルで消費されていた米の大部分はエジプトのナイル川流域で収穫されたものであった。こうした米の希少性が、必ずしも安くはない輸送コストにもかかわらずエジプトからイスタンブルへの穀物輸送を可能なものとしていたと考えられる。言い換えれば、十六世紀後半において、イスタンブルは米の供給のほとんどをエジプトに依存しており、第1節でしばしば言及したように、エジプトからの穀物供給システムに何らかの支障が生じると、たちまち深刻な米不足に陥ったのである[MD9:48;MD10:80]。この意味において、エジプトからイスタンブルへの穀物輸送は、他の地域にはない大きな重要性をもつものであった。

枢機勅令簿における記録はそれほど多くはないものの、前記以外の地域からもイスタンブルへの食糧供給はおこなわれていた。なかでもワラキアとモルダヴィアの両公国からは、大量の大麦がイスタンブルに輸送されている様子を確認することができる[MD43:406]。ドナウ川の北方に広がるワラキアとモルダヴィアは、オスマン朝の宗主権を認めた十五世紀以来、その間接統治地域となっていた。一方で、一四八四年に実施されたバヤズィト二世(在位一四八一〜一五一二)によるモルダヴィア遠征によって、ドナウ川南東岸に位置する諸都市と河口部分を形成するドゥブルジャ地方とは、すでに直轄領であるルメリ州のスィリストレ県に組み込まれていた。さらにのちの十六世紀中頃になると、ドナウ川北岸に位置する重要な物資集積地であるブライラがオスマン朝に割譲された。これによって、オスマン朝は穀物をはじめとするドナウ下流地域の物資流通を直接掌握するにいたった。他方、間接統治が継続していたワラキア、モルダヴィア両公国からは、前述のように主として大麦がイスタンブルに送られていたほか、食糧の欠乏が生じた際には小麦が調達されてイスタンブルへと輸送されることもあった[MD58:580]。

ワラキア、モルダヴィア両公国のように間接統治はおこなわれなかったものの、黒海北岸に横たわる広大な地域を支配していたクリム・ハン国もまた、十五世紀後半以来、オスマン朝の保護下におかれた地域であった。一方が他方の保護下にあるとはいうものの、通常極めて親密であった両国の関係は、当時の枢機勅令簿の記述からも窺い知ることができる。[33] さらに、クリミア半島の南岸部およびアゾフ海東岸には、かつてのジェノヴァの植民地であったカッファを中心とするケフェ州が存在しており、こちらはメフメト二世治世の末期にあたる十五世紀後半以来、オスマン朝の直接統治下にあった。十六世紀後半には、黒海北岸地域で収穫された穀物が、ケフェ州に位置するケフェ、ケルチ、タマニ(タマン)などの港湾都市において積み込まれ、イスタンブルへと送られていた[MD64:351;MD39:365]。また、イスタンブルが深刻な食糧の欠乏状態に陥った際には、クリム・ハン国に対して食糧の支援要請がなされることもあった[MD64:353]。

以上のように、十六世紀後半のオスマン朝においては、帝国の都であり、また巨大な消費都市でもあったイスタンブルに対して、オスマン朝の領域の各地から穀物の供給がおこなわれていた。こうしてかたちづくられた「イスタンブル穀物供給圏」の範囲は、先に述べたように、北は黒海の北岸から南はエジプトにおよび、東はアナトリア東部から西はバルカン半島の西岸にいたるという、極めて広い地域を覆うものであった。

この広大な「イスタンブル穀物供給圏」が、十六世紀後半におけるイスタンブルの旺盛な穀物需要に喚起されて形成されたことは間違いなかろう。しかし同時に、東地中海から黒海におよんだ「イスタンブル穀物供給圏」を維持し、イスタンブルへの円滑な食糧供給を確実なものとしていたのは、穀物の需給状況を判断しつつ各地に穀物輸送命令を発したオスマン朝中央政府の強力な官僚機構と、地方にあって命令を受け取り、それを着実に実行しようと努めた地方組織とによって支えられたオスマン朝の物資流通システムであった。言い換えれば、こうした大規模な穀物供給政策が実施されていたことは、当時のイスタンブルの穀物需要の大きさとともに、近隣地域のみならず遠く離れた地方からの穀物輸送をも可能にしていたオスマン朝の物資流通システムの力強さをも示すものであるといえよう。この穀物供給は、十六世紀後半にはアジア、アフリカ、ヨーロッパの三大陸に広がっていたオスマン朝領のなかでも中核を形成する地域、すなわち北の黒海から南の地中海にいたる沿岸部のうちマグリブ地方を除いたほぼ全域から継続的におこなわれていたのである。

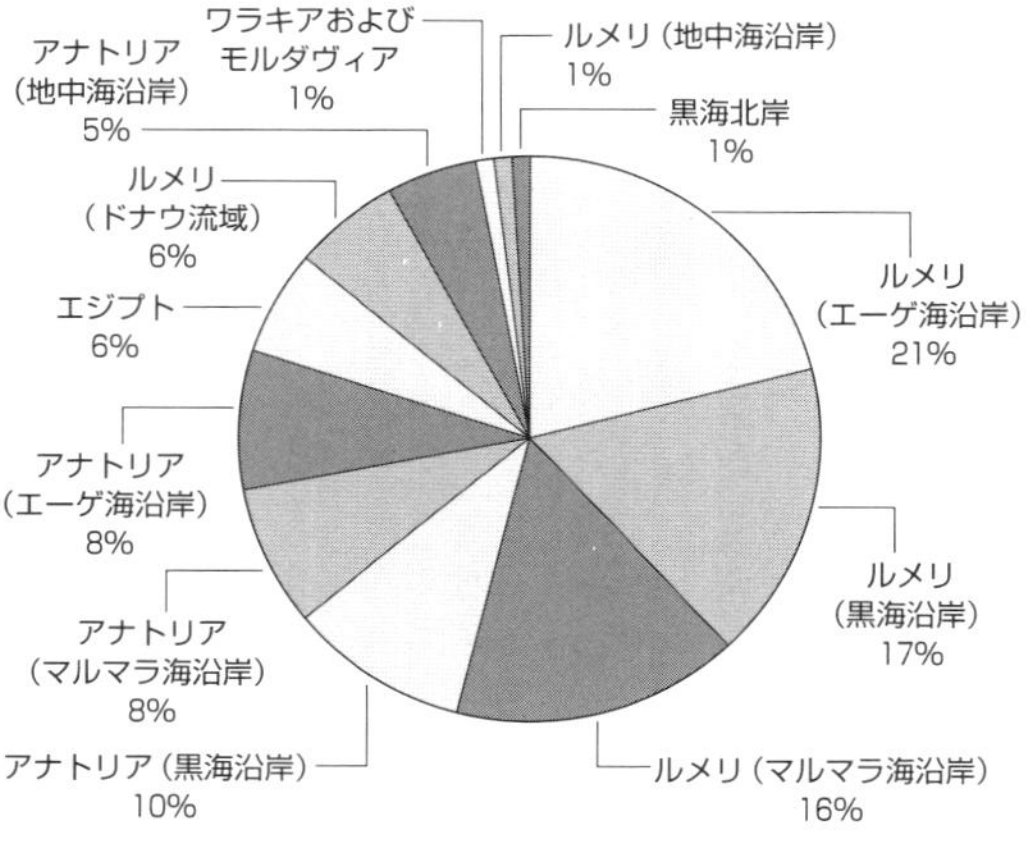

図13　枢機勅令簿の記録回数にみるイスタンブルへの穀物輸送の地域的偏差（1559〜90年）

ここまでの考察によって、十六世紀後半における「イスタンブル穀物供給圏」の面的な広がりの大きさを明らかにすることができた。ただし、この広大な「イスタンブル穀物供給圏」の内部においては、イスタンブルへの穀物供給の頻度や規模に少なからぬ地域差があったこともまた事実である。そこで以下においては、枢機勅令簿における記録から作成したグラフ（図13）を参照しつつ、イスタンブルへの食糧供給の中核を担っていたルメリとアナトリアのそれぞれの地域内部におけるイスタンブルへの穀物輸送の状況をより詳しく検討してみたい。

地図を眺めれば一目瞭然であるように、イスタンブルへの食糧供給において全体の六割以上を占めるルメリは、黒海西岸を南北に長く伸びるスィリストレ県からマルマラ海、エーゲ海を経てペロポネソス半島に位置するモラ県にいたり、さらに地中海沿岸を北上してアドリア海沿岸部におよぶ非常に長大な海岸線を有する地域を形成していた。なかでもダーダネルス海峡からペロポネソス半島の南端に達するルメリのエーゲ海沿岸部は、肥沃なテッサリアに位置するトゥルハラ県や多くの穀物を搬出可能なエヴィア島を含んでおり、イスタンブルへの最大の穀物供給地域となっていた。ルメリのエーゲ海沿岸部が全体に占める割合は実に二一%におよんでいた。

ルメリのエーゲ海沿岸部に続くのがスィリストレ県に属するルメリの黒海沿岸部であった。イスタンブルに近い肥沃なトラキア平野は、黒海とマルマラ海に挟まれるようにして存在しており、同地域において収穫された穀物は、収穫地からもっとも近い船着場への距離に応じて、黒海沿岸部にあるいはマルマラ海沿岸部へと振り分けられ、荷車によって輸送された。当該地域で収穫された穀物が黒海経由で輸送されるか、あるいはマルマラ海経由で送られるかについては、ルメリの中心都市でありオスマン朝の副都として機能していたエディルネがおおよその境界線となっていたと考えられる。すなわち、エディルネの北方に位置する地域の穀物はおおむね黒海経由で輸送され、エディルネより南に位置する地域で収穫された穀物はマルマラ海経由でイスタンブルへと送られることが多かった。これらの地域、すなわちルメリの黒海沿岸部とマルマラ海沿岸部からイスタンブルへの穀物輸送は、それぞれ記録件数全体の一七%と一六%を占め、その合計は三三%にのぼる。

一方ですでに述べたように、少なくとも枢機勅令簿に記録された回数を見る限りにおいて、アナトリアからの穀物輸送の規模は、ルメリからのそれの半分程度に留まるものであった。もっとも多くの穀物は、アナトリアの北部で収穫されたあとに、黒海を経由してイスタンブルに送り込まれた。また、イスタンブルに近いブルサ周辺で収穫された宮廷用の上質な小麦は、マルマラ海沿岸の船着場で輸送船に積み込まれてイスタンブルへと送られた[34][MD47:350]。他方、ダーダネルス海峡の外に位置するエーゲ海沿岸部のカラス、サルハン、アイドゥン、メンテシェの各県からの穀物は、それぞれ最寄りの船着場まで荷車で送られたあとに、船に積み込まれてエーゲ海を北上し、ダーダネルス海峡とマルマラ海を経由してイスタンブルへと輸送された。アナトリアの黒海沿岸部からイスタンブルへの穀物輸送の割合は記録件数全体の一〇%を占める一方で、アナトリアのマルマラ海沿岸部とエーゲ海沿岸部からの穀物輸送の割合は、それぞれ八%であった。

エジプトからの穀物輸送については、すでに詳しく述べたのでここで繰り返して説明することは避けたい。ここで、より注目されるべきは、十六世紀後半においてルメリのドナウ流域地帯からイスタンブルに対して実施されていた食糧供給の問題である。ドイツ南部のシュヴァルツヴァルドに発するドナウ川は、ウィーン、ブダ(ブディン)、ベオグラードといった中東欧の主要都市を通過し、ニコポル、シリストラ、フルショヴァ、ブライラを経て黒海に注ぐヨーロッパ有数の大河である。その周辺に位置する平野の多くは肥沃な穀倉地帯であり、ドナウ川は灌漑によって豊富な農業用水を提供するのみならず、広い川面は収穫された穀物の輸送にもおおいに活用された。ところが、イスタンブルへの食糧供給に占めるドナウ流域地帯の割合は、エジプトと同じく記録件数全体のわずか六％にしかすぎない。この事実は何を意味しているのだろうか。

結論からいえば、十六世紀後半のオスマン朝においては、ある地域からイスタンブルに穀物が輸送されるかどうかは、当該の地域が豊富な穀物の収穫量を誇っているか否かよりもむしろ、そこからイスタンブルに穀物を運搬する際に必要な輸送コストと輸送時間がどの程度であるのかが、より重要な問題とされていたためであると考えられる。すなわち生産と同程度か、あるいはそれ以上に流通の問題は重要であったのである。

ドナウ流域一帯は、現在もそうであるように、十六世紀後半においても非常に豊かな穀倉地帯を形成していた。しかし、イスタンブルへの穀物輸送のために必要な費用や時間の点では、他の地域に比べるとかなり困難な条件下におかれていたという点は、もっと注目されるべきである。ドナウ流域はイスタンブルから遠く離れているうえに、穀物などの重くかさばる物資を運搬するために不可欠な船舶による輸送をおこなう際には、一旦、黒海に注ぐドナウ川の河口付近まで川船によって運搬する必要があった。具体的には、ドナウ沿岸で収穫された穀物は、まず手近な船着場まで荷車によって運ばれ、そこからまず平底船でドナウ川の下流にあるブライラやイサクチャ、キリヤあるいはスリナなどの主要な港湾都市に送られた[MD58:836]。そしてそこでさらに、黒海の激しい波濤に耐える喫水の深い輸送船に積み替えられて、遠くイスタンブルへと輸送されたのである。

その際に必要となる高い輸送コストや長い所要時間が、イスタンブルに穀物を供給する際の大きな障害となったことは疑いない。このことが、ルメリのドナウ川流域からイスタンブルへの穀物輸送が、相対的に小規模な水準に留まっていることの主たる原因であると考えられるのである。肥沃なドナウ川流域地帯こそがイスタンブルを養う穀倉であったとするブローデルやハリル・イナルジュクの著作にみられる旧来の見解は、少なくとも十六世紀後半に関する限り、大幅に修正される必要があろう［Braudel 1966, vol.1:528:İnalcık 1994b:180-182］。

同様の問題は、多かれ少なかれイスタンブルから遠く離れた他の地域においてもみられるものであった。例えば南方に目を向けても、エーゲ海以遠の地域からイスタンブルへの食糧供給が極めて限定的であったことは、図13に示された数値からも明らかである。具体的にいえば、ロドス島よりも東に位置するアナトリアの地中海沿岸部、すなわちアナドル州のテケ県以東の地域からのイスタンブルへの穀物輸送は記録件数全体の五％を占めるにすぎない。

アナトリアの状況に比べるとルメリの場合は、こうした傾向がより一層顕著であった。オスマン朝下ではモラ県と呼ばれていたペロポネソス半島の西岸地域と、そこから北へと長く延びるルメリの地中海沿岸部からは、イスタンブルへの穀物輸送はほとんどおこなわれていない。ルメリの地中海沿岸地域からイスタンブルへの穀物輸送が全体に占める割合は、やはりイスタンブルから遠く離れた黒海北岸部やワラキア、モルダヴィア両公国と同様に、わずかに一％程度に留まるにすぎなかったのである。

以上、広大な「イスタンブル穀物供給圏」内部の各地域からイスタンブルに対しておこなわれた穀物輸送の実態と地域ごとの輸送頻度の差についての考察をおこなった。その結果として、ルメリとアナトリアの双方において、エーゲ海、マルマラ海あるいは黒海の沿岸部のうちイスタンブルに比較的近い地域からの穀物輸送が、穀物輸送全体の大半を占めていることが明らかとなった。具体的には、北方ではルメリとアナトリアの黒海沿岸地域、南方においてはエーゲ海沿岸地域がひとつの境界線となり、それよりも遠距離に位置する各地からの穀物供給は、史料の記録をみる限りにおいては比較的小規模なものに留まっていることが確認された[35]。小麦を中心とする各種穀物が、主として船舶による海上輸送によってイスタンブルにもたらされていたことを考えると、距離がもたらす輸送コストや輸送時間の問題が、イスタンブルへの円滑な食糧供給を企図していたオスマン朝政府にとって看過できない重要な要素であったことは間違いない。

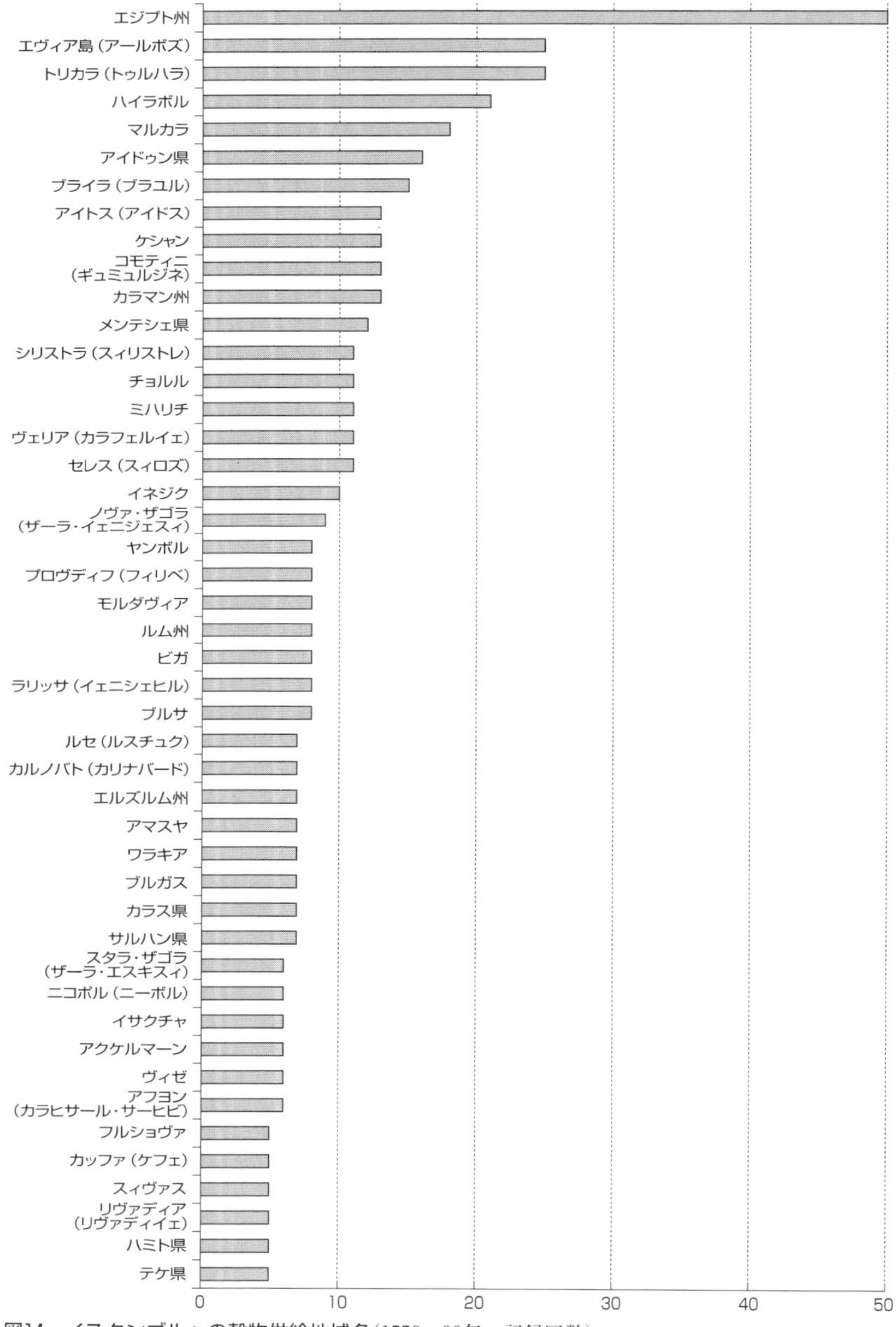

図14　イスタンブルへの穀物供給地域名（1559～90年，記録回数）

十六世紀後半においてイスタンブルに穀物を供給していた各地域内のさらに詳細な情報については、図14を参照していただきたい。この図は、一五五九年から九〇年にいたる約三〇年間に枢機勅令簿に記述されたイスタンブルへの食糧供給についての記述のうち、五回以上の記録が存在する食糧供給地名を一覧表にしたものである。ここからは、十六世紀後半において、イスタンブルへの穀物輸送がオスマン朝のどのような地域からなされていたのかについてより具体的に知ることができる。

図14によると、枢機勅令簿に記された数多くの地名のなかでももっとも多く記録された地名は「エジプト」であり、その数は合計で五〇回にもおよぶ。ただし、この図をみる際には、以下の点に十分に注意する必要がある。本書の主要史料である枢機勅令簿には、十六世紀後半のオスマン朝の各地に存在した数多くの地名が記録されている。しかし、そこに記された地名が指し示す領域の広がりは必ずしも一定ではなく、ときとしてそれぞれの地名が意味する領域の広さには大きな差が存在しているのである。以下においては、この問題について言及しておきたい。

枢機勅令簿に記された勅令の写しをみると、命令の受取り手は多くの場合、地方に赴任していたカーディーであったことがわかる。史料からも明らかなように、勅令の受取り手がカーディーの場合、その際に食糧輸送が命じられた領域は、当該のカーディーが管轄するカーディー管区（カザー）ということになる。イスタンブルへの食糧輸送が頻繁におこなわれていたルメリ東部やルメリ南部、あるいはアナトリアのマルマラ海沿岸部の各地域に送られた勅令では、ほとんどの場合、その地域のカーディー管区を管轄する現地のカーディーに対して穀物輸送命令が送られている。

しかし、枢機勅令簿に記されたイスタンブルへの穀物輸送命令をつぶさに観察すると、おおむねイスタンブルからの距離が遠くなるに従って、勅令の宛先は特定のカーディー管区を管轄するカーディーではなく、より大きな地域を統括する県知事や、さらには複数の県をまとめた州の責任者である州総督へと変化する傾向を見て取ることができる。

よく知られているように、オスマン朝における地方行政の単位であり、県知事が管轄する県（サンジャク）は、そのなかに複数のカーディー管区を抱えており、同様に州総督が統括する州(ヴィラーイェトあるいはベイレルベイリキ)は同じく州内に複数の県を内包していた。すなわち、一般に県がカーディー管区の数倍の面積をもち、同様に州が県の数倍の広さを有していたことを考えると、史料上にあらわれる地名を同一の性質を有するものとして扱うことは、不適切だといわざるをえない。

こうした現象は、おそらくはイスタンブルにあったオスマン朝政府の中枢が掌握していた情報の多寡《たか》によって生じたものであると考えられる。ルメリの東部と南部およびアナトリアのマルマラ海沿岸部は、比較的イスタンブルに近く、食糧輸送も頻繁におこなわれていたために、オスマン朝政府も現地の事情を知悉しており、きめ細かな穀物輸送命令を各地のカーディー管区ごとに送ることが可能であったと思われる。しかし、当時の情報伝達手段やその速度を考慮すると、イスタンブルから距離が遠く離れれば離れるほど、中央政府は、現地における穀物の生産や輸送についての事情を正確に把握し切れなくなっていた可能性が高い。

このような場合には中央政府は、現地に細かい指示を出すことは避け、結果としてイスタンブルに十分な量の穀物が送られてくるならば、その過程についての詳細は、地方にいる県知事あるいは州総督に一任したと考えられる。ただし、イスタンブルから遠く離れた地方において、県知事や州総督が穀物輸送命令を的確に実行するかどうかについては別途、監視する必要があった。そのため、そうした地方への穀物輸送命令に際しては、多くの場合、穀物の調達と輸送についての担当官として宮廷にいる伝令官であるチャヴシュが任命された。担当官となったチャヴシュは、君主の名のもとに発せられた穀物輸送を命じる勅令をもって現地に派遣され、県や州というカーディー管区より大きな行政単位の長たちに対して食糧輸送命令を伝達するとともに、命令が着実に遂行されているかどうかを現地に留まって監視したのである[MD27:125]。

それでは、図14で地名があげられた「イスタンブル穀物供給圏」の各地からイスタンブルへの穀物輸送は、どのような港から、いかなるルートをたどっておこなわれていたのであろうか。以下においては、広大な「イスタンブル穀物供給圏」の各地からイスタンブルへと向かっていた穀物輸送の軸線を明らかにすることによって、「イスタンブル穀物供給圏」の諸相についてさらに考察を進めていきたい。

主要な穀物輸送ルートと穀物積出港

これまでにも繰り返し述べてきたように、小麦をはじめとする重くてかさばる各種穀物は、そのほとんどが船舶によってイスタンブルへと送られていた。イスタンブルを中心とする「イスタンブル穀物供給圏」の広がりをみれば、オスマン朝領内の各地からイスタンブルに対しておこなわれていた食糧供給は、大きく分けて北からのルートと南からのルートの二方面から実施されていたことが理解される。すなわち、北方ルートによる食糧輸送は、黒海からボスポラス海峡を通過してイスタンブルに達し、一方の南方ルートによるものは、地中海からエーゲ海を通りさらにはダーダネルス海峡とマルマラ海を経てイスタンブルにいたるものである。[36] 十六世紀後半におけるイスタンブルの旺盛な穀物需要は、広大なオスマン朝領の北と南からそれぞれイスタンブルへと延びる二本の大動脈ともいうべき、これらの穀物輸送ルートによって満たされていたのである。

それでは、十六世紀後半のオスマン朝において、南北二つの穀物輸送ルートは、それぞれどのような役割を果たしていたの

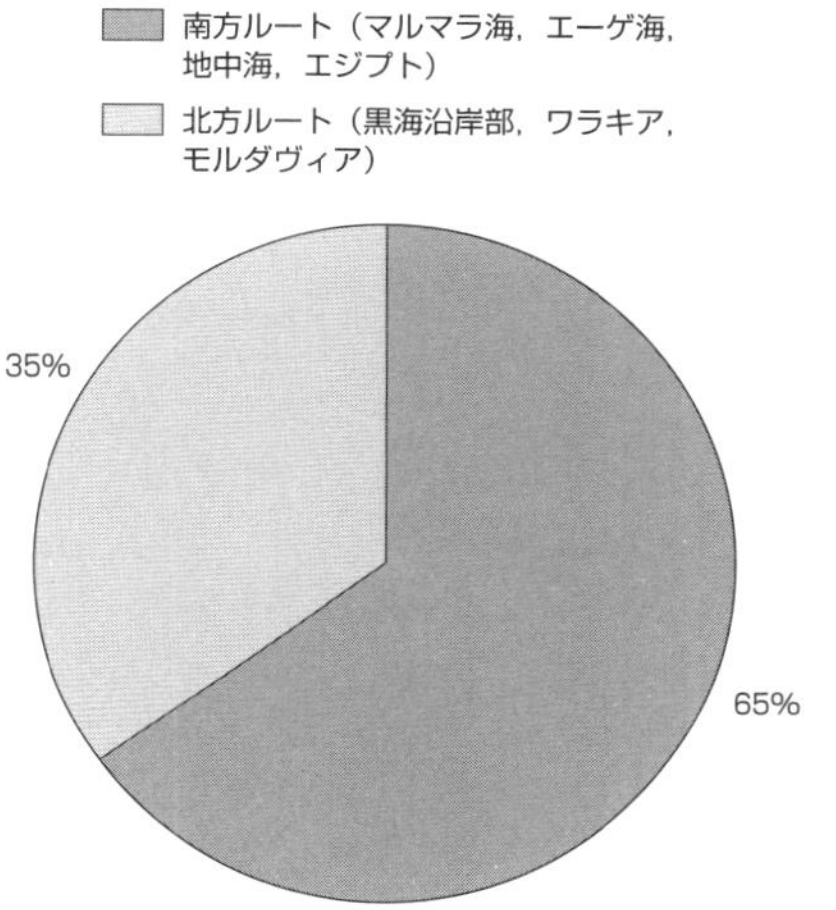

図15　枢機勅令簿の記録回数にみるイスタンブルへの穀物輸送における南方ルートと北方ルートの割合（1559～90年）

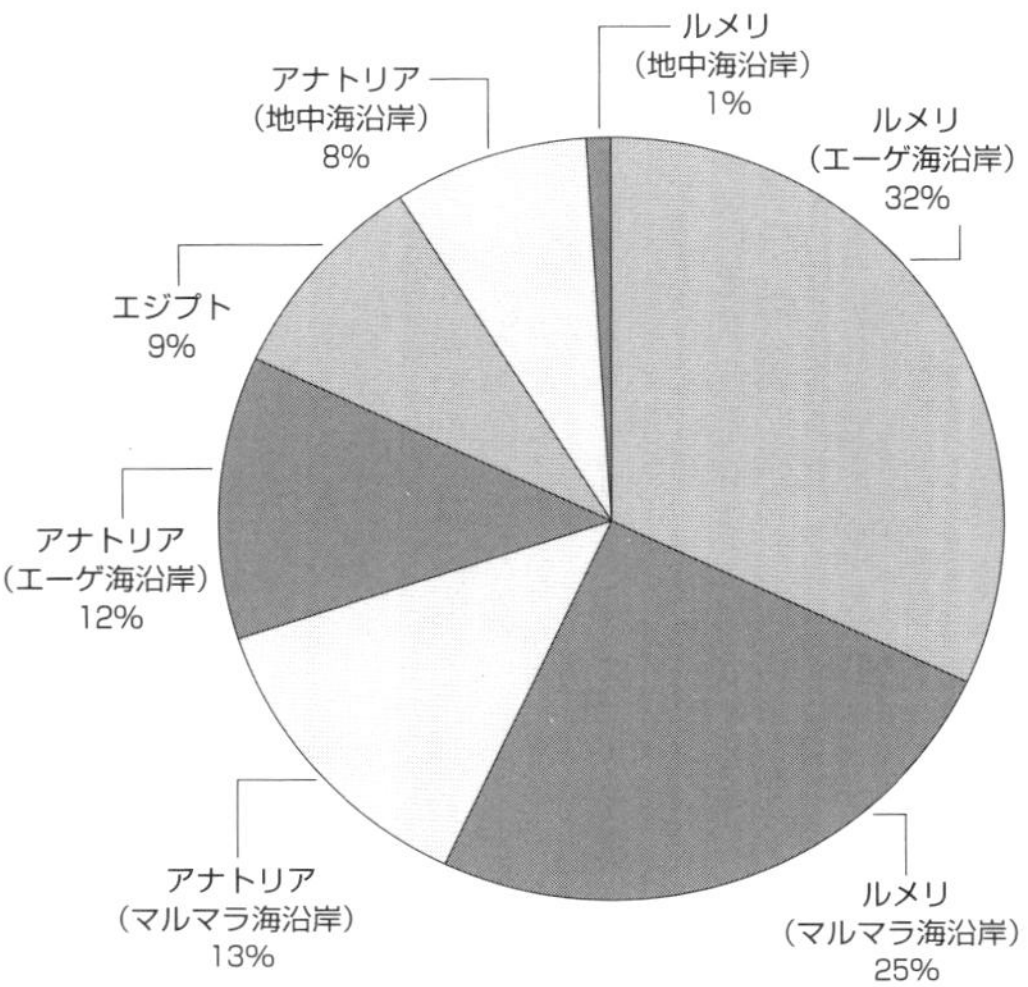

図16　枢機勅令簿の記録にみる南方ルートによるイスタンブルへの穀物輸送地域(1559〜90年)

であろうか。当時のイスタンブルへの穀物輸送における南方ルートと北方ルートの割合はグラフ(図15)に示したとおりである。記録件数全体の六五％をマルマラ海、エーゲ海およびエジプトを含む地中海の沿岸部からの南方ルートが占めており、残りの三五％、すなわちワラキアとモルダヴィアの両公国やクリム・ハン国からの穀物輸送を含めた黒海沿岸部からの北方ルートを大きく引き離している。すでに図13で示したように、当時のイスタンブルへの穀物輸送は、ルメリにおいてもアナトリアにおいても、マルマラ海沿岸地域とエーゲ海沿岸地域とを足した数値すなわち南方からの穀物輸送が、北方からもたらされる黒海沿岸地域のそれを大きく上回っている。このため、本書の考察対象である十六世紀後半においては、少なくとも利用頻度の割合については、南方ルートが北方ルートに大きく優越していたと考えて間違いなかろう。

以下においてはまず、十六世紀後半におけるイスタンブルの食糧供給にとってもっとも重要な穀物輸送ルートであった南方ルートの実態を明らかにしていきたい。南方ルートによってイスタンブルに輸送されていた穀物は、ルメリとアナトリアそれぞれのマルマラ海沿岸部、エーゲ海沿岸部および地中海沿岸部からのものに加えて、エジプトからのものがあった。南方ルートによるイスタンブルへの穀物輸送において、それぞれの地域が占める割合については、グラフ(図16)を参照していただきたい。

このうち、もっとも遠方から送られてきていたのはエジプト産の米であった。ナイル川流域で収穫された米は、川船によって一旦、アレクサンドリア、ロゼッタおよびダミエッタといった、ナイル川の河口部に位置する主要な三つの港湾都市に集積され、そこから一度も寄港することなく地中海を南北に縦断することができる大型の輸送船に積み替えられてイスタンブルへと送られた[MD6:425]。アレクサンドリア、ロゼッタ、ダミエッタを出た輸送船は、マルタ島を根拠地とする聖ヨハネ騎士団などオスマン朝に敵対する勢力の私掠船による襲撃を避けるために、通常は複数の船舶からなる輸送船団を組み、さらにはアレクサンドリアやロドスに駐留していたオスマン艦隊に護衛されながら地中海を縦断しつつ一路、北方のロドス島をめざした[MD34:169:MD35:544]。

ロドス島とエジプトとの間に横たわっていた広大な東地中海は、エジプトとイスタンブルとを往復するオスマン朝の輸送船にとってもっとも危険な海域のひとつであった[MD35:543]。この海域においては、聖ヨハネ騎士団などの「海賊行為」による被害が絶えなかったことから、例えば一五九一年四月二十四日付の勅令の写しには、通常のロドス島に駐留する艦隊に加えて、外部から一五隻ものガレー船が、エジプトからイスタンブルに向かう食糧輸送船の護衛のために同海域に送り込まれていたことが記録されている[37][MD67:309]。このようにして、輸送船団は、オスマン艦隊の厳重な護衛のもとにエーゲ海の入口に位置するロドス島に達すると、そこから北西に舵を切ってエーゲ海へと入った。オスマン朝の制海権が優越するエーゲ海においては、多くの島々の間を縫うように北上したあとに、左右両岸を堅固な城塞で守られた狭いダーダネルス海峡を抜け、マルマラ海に達した。そして、ときにマルマラ海沿岸の港湾都市に寄港しつつ、最終目的地であるイスタンブルに向けて、さらなる航海を続けたのである。

エジプトと比較するとイスタンブルにより近い地域であるとはいうものの、ルメリとアナトリアの地中海沿岸部で収穫された穀物もまた、イスタンブルにもたらされるまでには、かなりの長距離輸送を必要とした。オスマン朝の地中海沿岸部のうち、ルメリにおいてはレパントの海戦で名高いレパントが[MD52:367]、アナトリアでは地中海沿岸部有数の港湾都市として知られているアンタルヤが[MD27:295]、それぞれイスタンブルへの主要な穀物積出港として重要であった。レパントから船で送り出された穀物は、一旦ペロポネソス半島に沿って南下したのちに、同半島の南端を廻航してエーゲ海へと入った。そして、そこからは北上を続けてダーダネルス海峡を通過し、マルマラ海を経てイスタンブルにいたった。一方で、テケ県で収穫された穀物は、アンタルヤにおいて船積みされたあとに、ロドス島の脇を抜け、エーゲ海を北上したのちにダーダネルス海峡を通過して、同じくイスタンブルに達した。

いずれにしても、すでに述べたように高い輸送コストや長い輸送時間の問題を考えると、ルメリとアナトリアとを問わず、地中海沿岸部からイスタンブルへの穀物輸送は、他の地域に比べると小規模な水準に留まるものであった。このことは、図16で示された数値からも再確認することができる。

図13や図16にも明確に示されていることではあるが、ルメリ側とアナトリア側とをあわせたオスマン朝のエーゲ海沿岸地域は、十六世紀後半を通じてイスタンブルに対してもっとも頻繁に穀物を供給していた地域であった。そのため、図17で示したように、エーゲ海沿岸部においては、ルメリとアナトリアの双方に複数の有力な穀物積出港が存在していた。なかでももっとも重要な穀物集積港は、エーゲ海において第二の大きさを誇るエヴィア島の中心都市アールボズであった。広大なエヴィア島の各地で収穫された小麦をはじめとする穀物のほとんどは、エヴィア島で輸送船に積み込まれてイスタンブルへと送り出された[MD48:330]。一方で、エヴィア島の対岸に位置する本土側で収穫された穀物は、メンデニツァ(ムドニチ)やラミアといった船着場から搬出された[MD58:789]。また、ラリッサを主邑《しゅゆう》とする肥沃なテッサリアからの穀物は、パガシティコス湾の最奥部に位置する港湾都市であるヴォロス(ゴロス)から船に積み込まれ[MD61:161]、他方でマケドニア地方からの穀物は、同地域の中心都市であると同時に最大の港湾都市でもあったテッサロニキからイスタンブルへと送られた[MD26:968]。エーゲ海の北岸に位置する西トラキアにおいては、カヴァラとゲニセアが主要な港湾都市として機能しており、セレスやドラマなどの内陸部で収穫された穀物はカヴァラに運ばれた。一方、より東に位置するギュミュルジネとその周辺の穀物は、ゲニセアに運ばれたあとに、船に積み込まれてイスタンブルへと輸送さ

れたと考えられる[38][MD42:508]。

アナトリアのエーゲ海沿岸部に目を向けると、南からイズミル、フォチャ、アヤズメンドの三つの港湾都市からの頻繁な穀物輸送を確認することができる[MD52:305]。アナトリアのエーゲ海沿岸部は、複数の山地によって隔てられた小規模な平野が点在する地形のため、それぞれの港湾都市はその後背地で収穫された穀物を搬出する役割を担っていたと

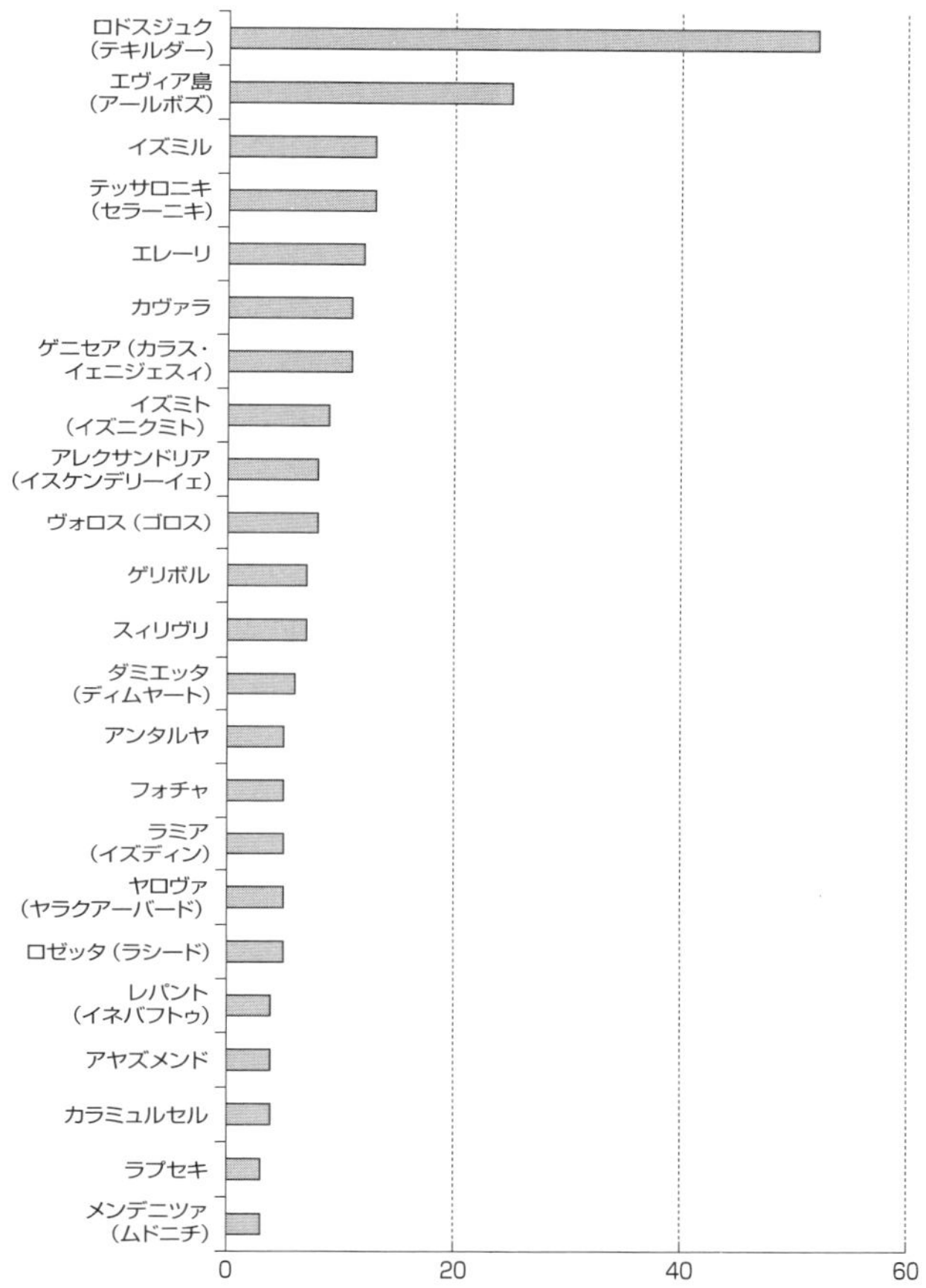

図17　南方ルートにおける穀物積出港(1559〜90年，記録回数)

考えるのが自然である。例えば、イズミルはアイドゥン県のキュチュク・メンデレス川（中心都市はティレ）とビュユク・メンデレス川（中心都市はアイドゥン）流域に広がる平野部からの穀物を集める一方で、フォチャはゲディズ川が流れるサルハン県のマニサ平野で収穫された穀物の積出港として機能していたようである。両者の間にはヤマンラル山地がそびえているために、陸路による交通は必ずしも容易ではなかったと思われる。同様に、カラス県のエドレミトやタルハラ県のベルガマ近郊で収穫された穀物は、荷車でアヤズメンドに送られ、そこから船でイスタンブルへと送り出されていた[MD3:482]。

南方ルートによる穀物輸送は、イスタンブルそれ自体がマルマラ海に臨む港湾都市であったことから、最終的にはすべてマルマラ海を経由しておこなわれていた。マルマラ海沿岸部で収穫された穀物はもちろん、トラキア内陸部からの穀物についても輸送の都合上、一旦はマルマラ海沿岸部に位置する港湾都市に輸送され、そこで船に積み込まれてイスタンブルに送られた。マルマラ海沿岸部においてもっとも重要な港湾都市は、図17からも明らかなようにロドスジュクであった。ロドスジュクは、ビザンツ期においてはライデストス[39]と呼ばれ、帝都コンスタンティノポリスへの食糧供給において、やはりもっとも重要な位置を占めていた[40]。十六世紀後半におけるイスタンブルへの食糧供給に対するロドスジュクの重要性については、すでにスレイヤ・ファローキーによる優れた論考が存在するため、詳細はそちらに譲りたい[Faroqhi 1981]。ここでは、図17で示されているように、南方ルートにおける多くの穀物積出港のなかでも群を抜く記録件数を有していることを述べるに留める。ロドスジュクには、トラキアのうちエディルネよりも南方の地域で収穫された穀物の大部分が荷車によって絶え間なく送り込まれていた。図14に名前があげられた地名では、ハイラボル、マルカラ、ケシャン、イネジクといった地域からの穀物が、主としてロドスジュクを経由してイスタンブルへと輸送されていたのである[MD23:621;MD28:431]。

マルマラ海沿岸部のルメリ側において、ロドスジュクに次ぐ重要性を有した港は、エレーリとスィリヴリであった。

エレーリはロドスジュクの東に位置し、主に近郊のヴィゼやチョルルなどからの穀物が積み込まれる港湾都市であった[41][MD26:886, 900]。一方でスィリヴリは、エレーリのさらに東、ロドスジュクとイスタンブルとのほぼ中間地点にあり、よりイスタンブルに近い地域で収穫された穀物が荷車で送られ、そこからイスタンブルへと船で輸送されていた[MD26:903]。また、それ以外の穀物積出港としては、ゲリボルが存在した。ゲリボルからは、南西に長く突き出たゲリボル半島一帯で収穫された穀物が積み込まれてイスタンブルに送られていたと考えられる[MD34:131]。

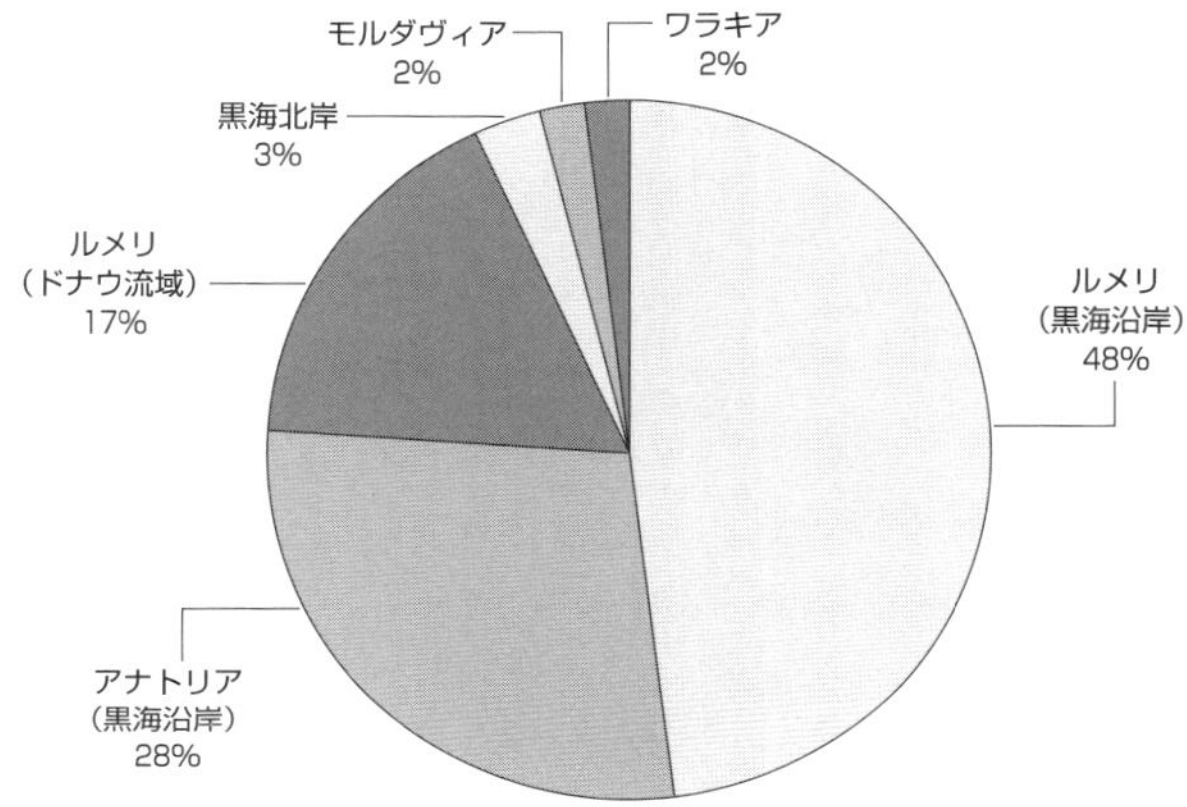

図18　枢機勅令簿の記録にみる北方ルートによるイスタンブルへの穀物輸送地域（1559〜90年）

マルマラ海のアナトリア側に目を転じると、イズミト湾の最奥部に位置するイズミトが最大の港湾都市として機能していた[MD23:406]。その後背地であるサカルヤ川流域から荷車でもたらされた穀物は、イズミトで輸送船に積まれてイスタンブルへと輸送された。一方で、ブルサ方面からもたらされる穀物は、主としてイズニク湖畔を経由してマルマラ海南岸のヤロヴァまで送られたあとに、そこから船積みされてイスタンブルに輸送された[MD3:1660]。イズミトとヤロヴァの中間地点には、カラミュルセルが存在し、イスタンブルへの食糧供給において両港湾都市を補完するような役割を果たしていたと考えられる[MD27:79]。また、ゲリボルの対岸に位置するビガの周辺で収穫された穀物は、最寄りの船着場があるラプセキに送られ、そこで輸送船に積み込まれてイスタンブルへと運ばれた。

以上が、十六世紀後半においてイスタンブルへの食糧供給のおよそ六五%を占めた南方ルートによる穀物輸送の実態である。

次に、図18と図19を参照しつつ、北方ルートによるイスタンブルへの穀物輸送についての考察に移りたい。図18からも明らかなように、北方から黒海を経由してイスタンブルにもたらされる穀物のうち六五％は、ルメリの黒海沿岸部およびドナウ流域一帯で収穫されたものであった。さらにカッファを中心とする黒海北岸部やドナウ川の北方に位置するワラキア、モルダヴィア両公国からの食糧輸送を合わせると、その割合は北方ルートによる穀物輸送全体の実に七二％に達する。すなわち、北方ルートによるイスタンブルへの食糧供給の大部分は、黒海の北西岸から実施されており、なかでもポモリエからコンスタンツァにいたるスィリストレ県の各港湾都市からの穀物輸送が、全体の約半数を占めていたことを指摘することができる。

一方でアナトリアの黒海沿岸部は、エーゲ海のアナトリア沿岸部以上に平野が占める面積が小さく、小麦などの穀物生産も限定的なものであったと考えられる。しかしそれでも、アナトリアの黒海沿岸部には海岸部を縫うように形成された幅の狭い平野が続いており、それらの地域で収穫された穀物は、イネボル、スィノプ、サムスン、ギレスン(カラヒサール・シャルキー)、トラブゾンといった港湾都市に陸路で送られたあとに、そこから輸送船によってイスタンブルへと輸送されていた。しかしアナトリアの黒海沿岸部は、穀物を生産する際の地理的条件に恵まれていない一方で、北方ルートによるイスタンブルへの穀物輸送に占める同地域からの割合は記録回数全体の二八％にのぼっている。この数値は、ドナウ流域一帯にワラキアやモルダヴィア、さらには黒海北岸部を加えた地域からの穀物輸送の割合である二四％を上回る水準である。これは、おそらくアナトリアの黒海沿岸部からイスタンブルへの穀物輸送が、豊富な穀物生産量を誇るドナウ流域一帯やワラキアおよびモルダヴィア両公国からのそれに比べて、距離的にも、また積替えの手間と時間の点においても、極めて有利な条件下にあったためであると考えられる。このこともまた、十六世紀後半のイスタンブルへの穀物輸送における輸送コストや輸送時間の重要性を考えるうえで大きな意味をもつといえよう。

図19に示されているように、北方ルートによる穀物積出港としては、トラキア北部で収穫された穀物の最大の集積地

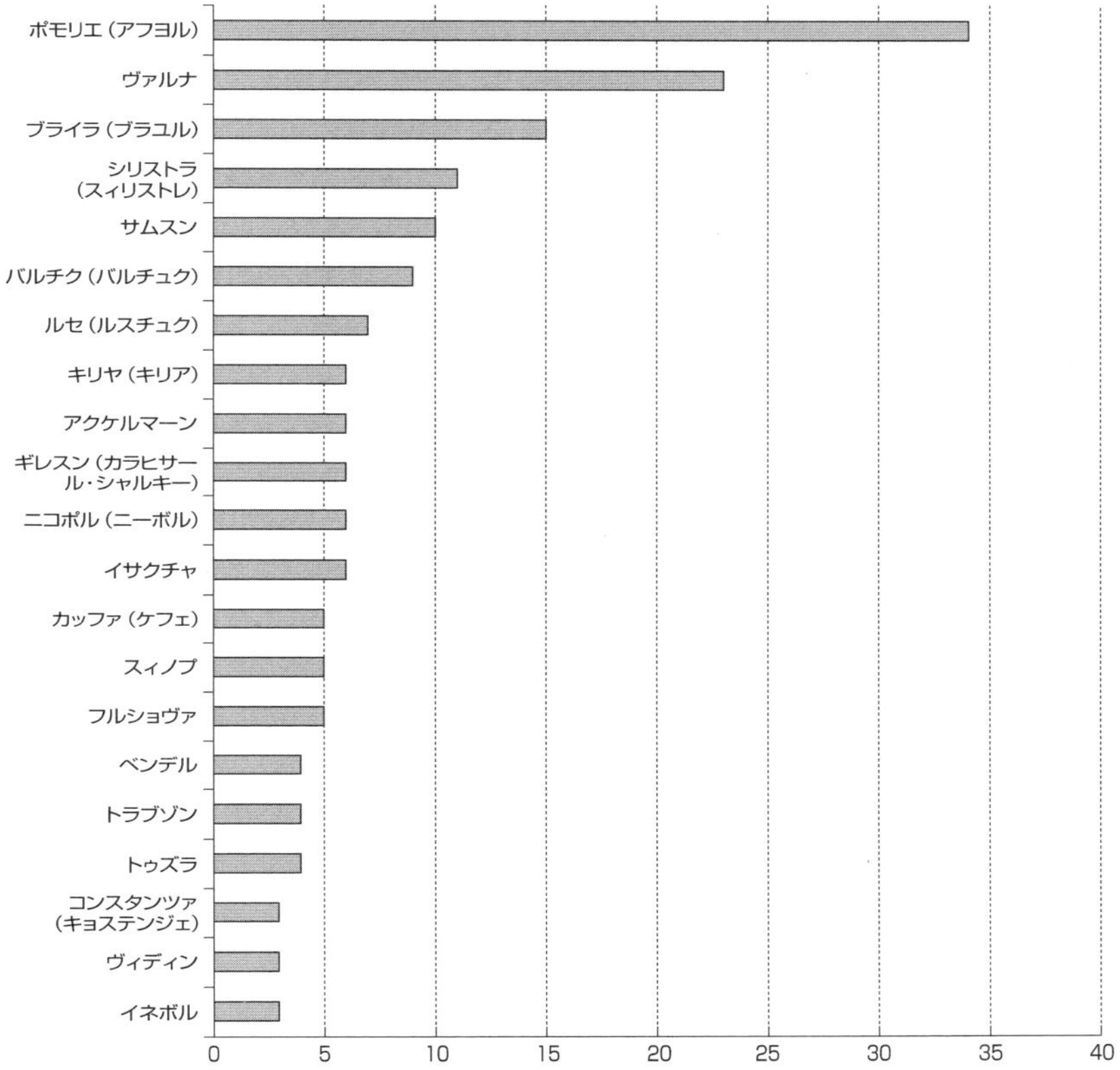

図19　北方ルートにおける穀物積出港（1559～90年，記録回数）

としての役割を担っていたポモリエがもっとも重要であった。ポモリエには、近隣のアイトス、カルノバト、ヤンボルをはじめ[MD35:666]、ノヴァ・ザゴラとスタラ・ザゴラなどの小麦に加えて[MD58:857]、遠くプロヴディフで収穫された米の一部も運び込まれていた[MD14:393]。北方ルートにおける穀物の積出港として、ポモリエに次ぐ重要性を有していたのはポモリエの北に位置するヴァルナであった。ヴァルナとポモリエとの間には峻険なバルカン(スタラ)山脈がそびえているために陸路による南北の通行が極めて困難であった。そのため、バルカン山脈の北側で収穫された穀物は、ポモリエではなくヴァルナに送られて船に積み込まれた[MD27:789, 792]。また、ヴァルナの北に位置するバルチク、トゥズラ、コンスタンツァの各港湾都市も、それぞれ近隣地域から集められた食糧を搬出するために機能していた[MD62:170]。とくにコンスタンツァは、黒海沿岸部のみならずドナウ川流域で収穫された穀物の一部もがフルショヴァから荷車によって運び込まれており、ドナウ川からイスタンブルへの最短ルートに位置する港湾都市としても非常に重要であった[MD3:48]。さらに、これらの都市と同じくスィリストレ県に属していたアクケルマーンやベンデルは、北方にありながらその港湾都市としての重要性からオスマン朝の直轄領に組み込まれており、ドナウ川に次ぐ大河であるドニエストル川流域で収穫された穀物の積出港として重要な役割を担っていた[MD61:168]。

高い輸送コストと長い輸送時間という問題を抱えつつも、肥沃な穀倉地帯であるドナウ川流域からも一定程度の穀物がイスタンブルへと輸送されていた。上流域においては、遠くはヴィディン県とニーボル県から[MD58:836]、より河口に近い地域ではルセ、シリストラ、フルショヴァの周辺で収穫された穀物が[MD26:684; MD64:304]、ブライラ、イサクチャ、キリヤ、スリナなど河口付近にある港湾都市まで河川交通に用いられる平底船によって送られ、そこで積載量の大きい輸送船に積み替えられてイスタンブルへと輸送された。なかでもブライラは、周辺諸地域のみならず、ドナウ川の北方に広がるワラキア、モルダヴィア両公国からイスタンブルにもたらされる大麦などの穀物集積地としても重要な役割を果たしていた[MD62:194]。

黒海のアナトリア側では、すでに述べたように、西からイネボル、スィノプ、サムスン、ギレスン、トラブゾンの各港湾都市が、周辺地域で収穫された穀物の積出港として機能していた[MD27:685:MD46:52]。このうち、東西に比較的広い堆積平野を抱えるサムスンが枢機勅令簿における記録回数としてはもっとも多く、ギレスンとスィノプがこれに続く。これらの諸都市は、現在においても黒海沿岸部の主要都市であり続けており、黒海のアナトリア沿岸部における物資流通システムの歴史的な継続性を考えるうえでも興味深い事例を提供している。ブローデルの言を借りるまでもなく、地理的環境は「ほとんど動かない歴史」に属しているのである。

最後に、イスタンブルへの食糧供給全体に占める割合はもっとも小さいものの、ワラキア、モルダヴィア両公国とケフェを中心とする黒海北岸部からの穀物輸送についても若干言及しておきたい。図18をみれば明らかなように、黒海北岸部からイスタンブルへの食糧供給は、北方ルートによる穀物輸送全体のわずか三%であり、ワラキア、モルダヴィア両公国からのそれも、それぞれ二%に留まる程度であった。しかし、とりわけイスタンブルが食糧の欠乏に襲われた際には、これらの地域からも頻繁に穀物輸送が実施されたことが確認されており[MD43:406:MD64:351]、この意味において黒海北岸部やワラキア、モルダヴィア両公国からの穀物は、イスタンブルの食糧供給において一定の重要性を有していたということができる。

以上の考察によって、オスマン朝の領域の広大な地域を覆っていた「イスタンブル穀物供給圏」の存在とその広がりが明らかとなった。また、「イスタンブル穀物供給圏」内部の状況、すなわちイスタンブルへの穀物供給において果たした役割の地域的な偏差についても詳しく検討した。さらに、「イスタンブル穀物供給圏」における各地域からイスタンブルへと向かっていた穀物輸送ルートの存在や、それぞれの地域における主要な穀物積出港がどのように機能していたのかについても、その全容がほぼ明らかとなった。以上の考察を踏まえて、続く第3節においては、第2節で提示した「イスタンブル穀物供給圏」の各地からイスタンブルに輸送されていた穀物の種類とそれらの具体的な輸送方法について、さらに掘り下げて考察するとともに、「イスタンブル穀物供給圏」において機能していたオスマン朝の穀物輸送システムの実態について、より詳しく検討していきたい。

3　穀物の種類と輸送手段

先に述べたように本節においてはまず、当時イスタンブルへと輸送されていた穀物の種類とその割合がいかなるものであったのかという問題について考察する。さらに、そうした各種の穀物が、どのようにしてイスタンブルにもたらされていたのかを、輸送方法や船舶の種類なども含めて同時代史料に基づいて明らかにしたい。そのうえで、十六世紀後半のオスマン朝において、帝国各地からイスタンブルへの穀物輸送に際してとられていたと考えられる様々な手続きと各種文書のやりとりについても検討していきたい。

穀物の種類

枢機勅令簿をはじめとする各種の同時代史料には、穀物に関係する多種多様な単語が記録されている。具体的には、小麦、大麦、米、黍に加えて、レンズマメ、ヒヨコマメ、ソラマメ、ササゲ、カラスノエンドウなどの豆類が頻出する一方で、第二章註15においても記したように、「食料 zahire」や「穀物 tereke/hububat」といった穀物一般を意味する単語も多く用いられた。ただし、これまでにも繰り返し述べてきたように、十六世紀後半のオスマン朝において、主食となるパンの原料は基本的に小麦であった。そのため史料中にあらわれる「食料」や「穀物」という単語も、実態としては小麦(buğday)を意味することが多かった。その一例として、ヒジュラ暦九八一年ズー・アルカアダ月二十九日(一五七四年三月二十二日)付の勅令の写しをみてみたい。

ロドスジュクのカーディーへの命令。ロドスジュクにおいて倉庫に入れられた食料(zahire)が、諸船舶でもってイスタンブルに送られることが知らされたことから、周辺の何者のもとに小麦(buğday)があろうとも、船着場にもたらして、諸船舶でもってイスタンブルに送ること。……［MD24:146］

この記述からも明らかなように、枢機勅令簿に記された「食料」や「穀物」といった言葉は、多くの場合、実態としては小麦を意味するものとして用いられていた。十六世紀後半の約三〇年間に作成された枢機勅令簿の記述から作成したグラフ(図20)をみれば、どのような種類の穀物が、どれくらいの割合でイスタンブルに送られていたのかを理解することができる。

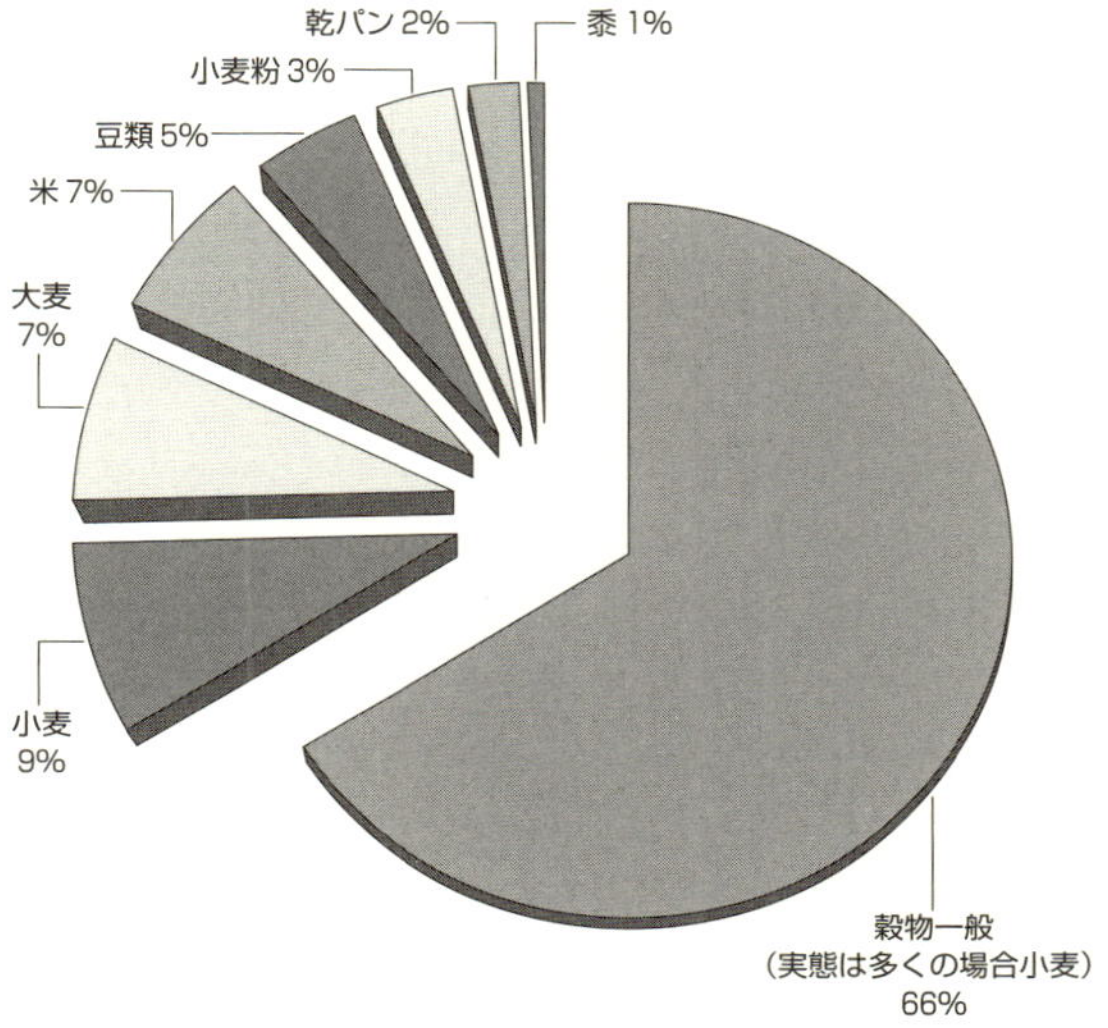

図20　枢機勅令簿の記録にみるイスタンブルに送られた穀物の種類と割合(1559〜90年)

史料中でもっとも記述が多いのは、食料や穀物など「穀物一般」をあらわす単語である。「穀物一般」は、イスタンブルへの穀物輸送全体の六六%を占めていた。史料に小麦と明記されている例は意外に少なく全体の九%である。しかしそれでも、史料中に穀物の種類が明記されているうちではこの数値は最多であり、すでに一例を示したように史料中の用例をみても穀物一般をあらわす言葉が実態として小麦を意味していたことは、おそらく間違いない。穀物一般に小麦と小麦を加工した小麦粉、および小麦粉を原料として製造される乾パンをあわせた割合は、十六世紀後半のイスタンブルへの穀物輸送全体の八割を占める。

枢機勅令簿における記録回数で小麦に続く穀物は、大麦である。当時のオスマン朝においては、大麦は基本的には駄獣とりわけ馬の飼料として消費されていた。このことは、例えば一五六六年五月二十九日付の勅令の写しにおいて、大麦が「帝室厩舎《きゅうしゃ》のためにイスタンブルに送られ」と記述されていることからも明らかである[MD5:1739]。ただし、イスタンブルが甚大な食糧の欠乏に陥った際には、その他の雑穀類とともに食用にも転用されたと考えられる[MD27:95]。大麦は小麦と同様に比較的寒さに強いために、オスマン朝領の北部地域でも栽培が可能であり、イスタンブルへは主として北方ルートによってもたらされていた[MD4:886]。

一方で、イスタンブルで消費されていた米は、多くの場合、エジプトのナイル流域一帯からアレクサンドリア、ロゼッタ、ダミエッタなどの主要な港湾都市を経由する南方ルートによって遠くイスタンブルへと運ばれていた[MD6:577]。エジプトからの米については、十六世紀後半に四年間にわたってイスタンブルに滞在したゲルラッヒも、アレクサンドリアから送られてくることを繰り返し述べていることから、イスタンブルに住む者にとっては、エジプトが米の産地としてよく知られていたことが窺える[Gerlach 2006, vol.1:372, 462]。ただし米の一部は、マリッツァ川の流域とりわけプロヴディフからイスタンブルにもたらされており[MD14:255]、またイスタンブルで米の欠乏が発生した際には、マルマラ海沿岸部や黒海北岸部からも米の輸送が実施されていたことを史料から確認することができる[MD27:867:MD33:225]。

豆類は平時には主食ではなく、スープや煮込みなどの材料として用いられていたと考えられる[42]。具体的には、先にも名前をあげたレンズマメ、ヒヨコマメ、ソラマメ、ササゲ、カラスノエンドウなどの豆類が「イスタンブル穀物供給圏」の各地からイスタンブルにもたらされていたことが枢機勅令簿の記述から確認される。豆類はマルマラ海沿岸部[MD28:431]やエーゲ海沿岸部[MD27:52]からもたらされることが多かったが、別名が「エジプトマメ」であるヒヨコマメは、その名のとおりエジプトからも輸送されていた[43]。

次項の輸送方法で詳しく述べるが、十六世紀後半のオスマン朝においては、主食の原料となる小麦は、輸送の利便性と品質保存の観点から小麦粉に製粉されることなく、粒状のままのかたちでイスタンブルに輸送されるのが常であった

[MD36:358]。しかし、イスタンブルが極度の小麦不足に陥ると、「イスタンブル穀物供給圏」の各地には、小麦だけでなく小麦粉をも船舶によって輸送するように命令が送られた。また、短期間のうちにイスタンブルにもたらされる小麦が莫大な量となり、イスタンブルの都市内部における製粉能力が食糧供給に追いつかない一種の限界に達すると、ときに小麦を近隣の都市に送って同地の製粉施設を用いて小麦粉にさせたあとに、再びイスタンブルに送り返させるという方策がとられることもあった[MD23:406-408]。

最後に、乾パンは保存がきくことから、主としてオスマン艦隊向けの糧秣として製造されていた。よく知られているように、当時の地中海世界における海軍の主力は、喫水が浅く無風の際には人力航行が可能なガレー船であった。ガレー船には多数の漕ぎ手が乗り組んでいたため、船内には彼らを養う多数の糧食と水とが積み込まれていた。海軍大提督に率いられたオスマン朝の主力艦隊は、春のルーズ・フズル(五月六日)にイスタンブルを出港し、冬の初めにあたるルーズ・カスム(十一月九日)には再びイスタンブルに帰港するという行動パターンをとることが一般的であった。そのため平時においては、艦隊用の乾パンはイスタンブルにおいて春先に多く製造されていたと考えられる。しかし、イスタンブルが甚大な食糧の欠乏に襲われると、乾パンを焼くための小麦の余剰はなくなるため、乾パンを製造させ、ネヴルーズ(春分の日、三月二十一日)までにイスタンブルに送るように記された命令が各地に送られた[MD27:442]。前述のように、長期保存が可能であり小麦や小麦粉に比べると長距離かつ長時間の輸送にも耐えるという乾パンの特徴が、各地であらかじめ製造させた乾パンのイスタンブルへの輸送を可能にしたのである。食糧の欠乏に際してイスタンブルに送られた乾パンの多くは、アナトリアの黒海沿岸部で製造されたものであった[MD27:665, 681, 684]。

穀物輸送の手段

ここからは、まず「イスタンブル穀物供給圏」の各地からイスタンブルへの穀物輸送が、どのようにおこなわれていたのかを具体的に検討していきたい。さらに、「イスタンブル穀物供給圏」を維持し、各地からイスタンブルへの円滑な食糧供給を可能なものとしていた十六世紀後半におけるオスマン朝の穀物輸送システムがいかなるものであったのかを明らかにすることをめざしたい。

これまでにも述べてきたように、小麦をはじめとして重くてかさばる各種の穀物は、主として船舶を用いた海上輸送によってイスタンブルへと送られていた。もちろん収穫された地域から最寄りの船着場や港湾都市へは陸上輸送をおこなわざるをえなかったため、その際には馬などに牽かせた荷車が用いられたほか、直接、駄獣の背に乗せて運搬する方法もとられた。また、馬やラクダなどの駄獣が用いられる際には、船着場までの距離に応じて、その所有者たちに駄獣の賃貸料が支払われた。例えば一五七七年九月二十一日付でアナドル州州総督に宛てられた勅令の写しには、「イスタンブルのために集められた食糧を、それらの所有者の駄獣や荷車に賃貸によって積み込ませること、また十分でなければ他から賃貸によって輸送手段を確保すること」という記述を確認することができる[MD31:629]。このように、現地で運搬作業に用いることが可能な駄獣の頭数が十分でない場合には、ときとして付近に展開する遊牧民の集団に食糧輸送についての支援が要請されることもあった[MD26:901]。

こうして船着場や港湾都市に集められた穀物は、そこから船に積み込まれてイスタンブルへと送られた。船着場での積込み作業は、そこで雇用された人足によっておこなわれたと考えられるが、ロドスジュクのように大量の穀物を頻繁に積み出していた港湾都市においては、付近のロマ(「ジプシー」)の集団のなかからミュセッレム[44]として登録された者たちが輪番で積込み作業に従事した[MD42:196]。

小麦をはじめとする穀物はまず、穀物袋に入れられてから輸送船の船倉に積み込まれた[MD60:68]。当時、穀物輸送に用いられていた袋の材質は明らかではないが、別に「毛織袋 harar」や「大型毛織袋 girar」といった各種の袋も穀物輸送についての記述に用いられていることから[MD40:220;MD41:230]、一般に穀物袋という場合には麻袋を意味していた可能性が高い[45]。また粉状である小麦粉の輸送には、それ専用の目が細かい「小麦粉用袋 un çuvalı」が用いられていた[46]。小麦以外に大麦、ソラマメ、ヒヨコマメや挽割り小麦もまた、袋に入れられてから輸送されていたことが史料から明らかとなっている[MD32:521;MD60:68]。

ただし、一五八五年九月の事例のように、イスタンブルで甚大な穀物の欠乏が発生したときなど、緊急の事態に際しては、袋に入れる手間と時間とを惜しんでか、輸送船の船倉に穀物を直接流し込んでイスタンブルに輸送させた事例も存在する[MD58:810]。しかし直後の一五八五年十月上旬には、飼料として用いる大麦はともかくとして、「調理用小麦(aş buğdayı)やヒヨコマメ、挽割り小麦などは、船倉に直接流し込まずに袋に入れてイスタンブルに送るように」改めて命令が出されていることから、通常はあくまで袋詰めの状態での輸送が一般的であったと考えられる[MD60:68]。

「イスタンブル穀物供給圏」の各地からイスタンブルに対しておこなわれた食糧輸送において、もっとも重要な役割を果たしていたのは多種多様な船舶であった[47]。イスタンブルへと穀物を輸送していた船舶は、凪《なぎ》や逆風の際にも人力航行が可能な櫂《かい》船と、風力のみに依存するものの櫂船と比較すると相対的に積載量が大きい帆船とに大別することができる。様々な種類の櫂船のうちイスタンブルへの穀物輸送に関連して、史料にもっとも多く記録されているのは、カラミュルセルと呼ばれた小型櫂船であった[48]。カラミュルセルは長短二本の帆柱に三角形のラテン帆を備えており、主としてマルマラ海沿岸部からの近距離輸送に用いられたが[Uzunçarşılı 1948:456]、ときには遠くエジプトにまで航海することも可能なほど優れた航行能力を有していた[49]。

北はドナウ川から南は地中海海域まで、オスマン朝でもっとも広い領域で用いられていたカリテはカルヤタとも呼ばれ、カラミュルセルよりも大型の櫂船であった。オスマン朝のカリテは、地中海世界において一般にはガリオットとして知られ、ヴェネツィア方言ではガリオタと呼ばれた船舶とほぼ同形のものと考えられる[Tietze and Kahane 1988:241-243]。オスマン朝で建造されたカリテは、片側に一九から二四列の座席を有する櫂船で、全長も三三〜四八ズィラー(約三〇〜

四三・七メートル）と比較的大型であった[Uzunçarşılı 1948：460：Bostan 1992：84f.]。十六世紀後半に作成された枢機勅令簿によると、カリテはエーゲ海北部のカヴァラのほかに[MD6：472]、マルマラ海のイズミト[MD23：406]や地中海沿岸部からの食糧輸送にも従事していたことがわかる[MD61：174]。

いわゆるガレー船であるカドゥルガは、十七世紀末にいたるまで長くオスマン朝艦隊の主力をなす軍船として用いられていた[50]。片側に二五列の座席をもち、全長はカリテよりも長い五五～五六ズィラー（約五〇～五一メートル）におよんだ[Uzunçarşılı 1948：461-463：Bostan 1992：85f.]。カドゥルガは軍船であったために、頻繁に穀物輸送に用いられたわけではなかったが、聖ヨハネ騎士団の艦隊が跋扈《ばっこ》する東地中海海域を横断するエジプト航路による輸送活動には投入されることもしばしばであった[MD46：181, 191]。また、櫂を用いた航法による内海での機動力を生かして、イスタンブルにおいて穀物の欠乏が発生した際には、近隣の諸港湾都市との間でおこなわれた緊急的な穀物輸送にも活躍した[MD23：406-408]。さらにカドゥルガは、イスタンブルへの穀物輸送に直接従事しない場合でも、穀物輸送船団を護衛する目的で各地に派遣されることもあった[MD26：906]。

十六世紀後半のオスマン朝においては、元来は穀物輸送を目的として建造されていない別種の輸送船も、ときとしてイスタンブルへの食糧供給に用いられた。例えば、軍馬などの輸送のために造られた馬匹輸送船（at gemileri）は、穀物輸送のために転用されることもあった。通常は、イスタンブルと対岸のウスキュダルや、ダーダネルス海峡のラプセキとゲリボル間でおこなわれる軍団輸送のために建造された馬匹輸送船は[Bostan 1992：91]、その積載能力を生かして黒海沿岸部のコンスタンツァからイスタンブルへの穀物輸送に従事していたことが史料から確認される[MD3：48]。同じように、建築資材や造船用資材の運搬のために建造された石材輸送船（taş gemileri）が穀物輸送に用いられることもあった。一五七五年十月九日付の勅令の写しには、イスタンブルへの食糧輸送のために送り出された石材輸送船と巨大な軍船であるマヴナが[51]、ともにアナトリアの黒海沿岸部において嵐のために座礁したことが記されている[MD27：48]。

これまで述べてきたように、「イスタンブル穀物供給圏」のうち大河の流域においては、川船を用いた河川交通も重要な輸送手段として活用されていた。とりわけドナウ川においては、様々な平底船が穀物の運搬に使用された。史料中にもっとも頻繁にあらわれるのはシャイカと呼ばれる平底船である。シャイカは、河川交通に適した平底船であり、オズィ川、ドニエプル川、ドナウ川などオスマン朝の北方地域において広く用いられた。例えば、一五五九年六月二十四日付の枢機勅令簿には、以下のような記述がみられる。

フルショヴァのカーディーへの命令。ブライラのカーディーに勅令が送られて、ブライラからイスタンブルの街に送られるであろう大麦を、平底船でもってフルショヴァに輸送し、荷車でもってコンスタンツァの船着場に輸送して、そこから、周辺からやって来る馬匹輸送船に積み込むことが命じられ〔たので〕、前述の者〔ブライラのカーディー〕が我が命令に従って大麦をフルショヴァに送ってきた際には、荷車に積み込んで、前述の船着場〔コンスタンツァ〕に輸送させるように。すなわち、向かってくる馬匹輸送船に積み込まれて、前述の街〔イスタンブル〕に送られるように。［MD3:48］

この記述からは、ドナウ川の河口付近や北方のワラキア、モルダヴィア両公国で収穫された大麦が、一旦、穀物集積地であるブライラに集められ、まずフルショヴァまでシャイカによって輸送されたことがわかる。さらに、フルショヴァからは、荷車に積み替えられてコンスタンツァまで陸送されたあとに、コンスタンツァから再び馬匹輸送船に積み込まれてイスタンブルに送られたという当時の穀物輸送ルートを確認することができる。とくに、集められた大麦がドナウ川の河口ではなく、一旦陸路を用いてよりイスタンブルに近い港湾都市であるコンスタンツァから船積みされていることにも注目する必要があろう。

またシャイカは、ドナウ川の主要都市に配備され、穀物運搬をはじめとする各種の輸送業務のほか、河川を敵対勢力から防衛するための軍船としても活躍した。全長は一七〜三三ズィラー（約一五・五〜三〇メートル）であり、二〇人の漕ぎ手と二〇人の戦闘員が乗船可能であった[Bostan 1992:88f.]。十七世紀にヨーロッパと中東地域を広く旅したエヴリヤ・チェレビは、その旅行記においてザルブナと呼ばれる川船に言及している[Evliya vol.5 2001:91]。オスマン朝における海事組織研究の先駆的研究であるイスマイル・ハック・ウズンチャルシュルの著作によると、このザルブナもシャイカの一種であり、かつてルメリの黒海沿岸部からイスタンブルへ食糧をもたらしていたザブンと呼ばれる櫂船と同一のものであったという[Uzunçarşılı 1948:458]。

シャイカに類する他の川船としては、トンバズと呼ばれるものが史料中に確認される[MD43:393]。十六世紀後半のオスマン朝においては、トンバズもまたシャイカと同じくドナウ川での穀物輸送に用いられていた。その形状は、帆柱をもちながらも甲板がない櫂船で、両舷側には錨を備えていたとされる。小型の平底船であったために、ドナウ川のような大河のほかに小規模な河川においても輸送活動に従事し、ときにはシャイカ同様に河川の防衛にも用いられたという[Bostan 1992:92]。

ここまで、十六世紀後半のオスマン朝において穀物の輸送に用いられた各種櫂船について検討してきた。しかしながら、「イスタンブル穀物供給圏」において穀物の輸送に活躍したのは櫂船だけではなかった。ここからは、同時期のオスマン朝において穀物輸送に従事した帆船について論究したい。よく知られているように、十六世紀後半においては、オスマン朝のみならず地中海世界においても、凪や逆風への対応が容易であり、同時に旋回性能に優れた櫂船の使用が主流であった。そのためか、十六世紀後半に作成された枢機勅令簿においても、固有名詞を確認することができる帆船はわずかに三種類のみである。そのうちのひとつであるカルヨン[52]は、当時のオスマン朝において、軍船としてはもちろん、ときには輸送船としても用いられた大型帆船であった。通常は三本の帆柱を備え、船内には二つないし三つの船倉を有していたために、その積載量は極めて大きかった。全長は四三～六四ズィラー(約三九・一～五八・二メートル)と非常に大型であり、軍船として用いられる場合には多数の大砲を搭載していた[Bostan 1992:94f.]。また、スレイマン一世期

（一五二〇〜六六年）には、ヴェネツィアでカラカ（キャラック）と呼ばれた大型帆船と同形のものがオスマン朝においても建造され、その総トン数は一五〇〇〜二〇〇〇トンにものぼったという［Uzunçarşılı 1948: 469］。十六世紀後半に作成された枢機勅令簿には、カルヨンが米や香辛料をエジプトからイスタンブルにもたらす長距離輸送に従事していたことが記されている［MD64: 494］。

イスタンブルへの穀物輸送に用いられていたことが同時代史料から明らかな、いまひとつの帆船はバルチャと呼ばれたものである。バルチャはカルヨンの一種であり、カルヨンと同じく二本ないし三本の帆柱をもつとともに、戦闘と輸送の両目的において十五世紀から十八世紀にかけて広く使用されていた［Uzunçarşılı 1948: 469; Bostan 1992: 96］[53]。バルチャは、カルヨンの場合と同じように、イタリア語のヴェネツィア方言であるバルツァからオスマン語に取り入れられたと考えられている［Tieze and Kahane 1988: 98f.］。史料上にも「ヴェネツィアからの商人とともにバルチャ船が往来する際に」［MD7: 350］という記述や「ドゥブロヴニクで調達されたバルチャ船」［MD43: 431］という表現がみられるように、同型の船舶は商船として特定の国に限らず地中海東部の広い範囲において用いられていた。オスマン朝においては、バルチャもまた、カルヨンと同じくエジプトとイスタンブルの間での穀物輸送に従事しており、米やレンズマメをイスタンブルに運んでいたことが史料に記されている［MD42: 852］。

さらに、稀ではあるがアーリバルという名の大型帆船も、史料中にその名がみられる[54]。アーリバルは主に商船や輸送船として用いられた大船であった［Uzunçarşılı 1948: 468; Bostan 1992: 96］。アーリバルが一般的な輸送船に比べて相当に大型の船舶であったことは、ペロポネソス半島のナフプリオ（アナボル）に駐留する提督に宛てられた、以下の記述からも明らかである。

アナボルの提督への命令。……イスタンブルの街のために二〇隻分の大麦とその他の食料品が積み込まれて、前述の諸船舶の各々に三〇〇〜四〇〇ミュド［約一五三・九〜二〇五・二トン］の［大麦が積み込まれ］、また何隻かのアー

リバルには、各船に五〇〇ミュド〔約二五六・五トン〕の大麦が積み込まれたのである。……［MD7:350］

この記述によると、アーリバルはペロポネソス半島からイスタンブルへと大麦を輸送する業務に従事していることが理解できる。

最後に、多くの場合、大型帆船に搭載されていた小型ボートにも言及しておきたい。積載量を増し、安定性を確保するために喫水が深く設計された大型帆船が、荷の積降しの際に浅瀬や岩場が迫る船着場に直接接岸することは極めて危険であった。そのため、こうした大型帆船は安全な沖合に停泊し、その際の積荷や荷降しには、オスマン語でサンダルと呼ばれた艀《はしけ》やカユクと呼ばれた小型のボートが用いられた[55]。サンダルやカユクはまた、多くの場合、沖合に停泊するヨーロッパ人の大型帆船に対して、密かに穀物を密輸する小型ボートとしても枢機勅令簿に記述されている。これについては、東地中海世界における穀物争奪戦を取り扱う第四章において、より詳細に論じることにしたい。

以上、本項においては、十六世紀後半のオスマン朝において非常に多様な櫂船や帆船が「イスタンブル穀物供給圏」の各地からの穀物輸送に用いられていたことを明らかにした。ここまでの考察によって、イスタンブルへの食糧供給についての陸上および海上輸送におけるハード的側面の機能と役割については、おおよそ理解されたのではないかと思われる。ここからは、イスタンブルへの食糧供給における、よりソフトな側面、すなわちイスタンブルへの穀物輸送に際して機能していたオスマン朝の物資流通システムの実態を、とりわけ中央政府や地方の各地で食糧供給の業務に従事した人々に注目しつつ具体的に検討していきたい。

穀物輸送システム

十六世紀後半にイスタンブルに対して実施された一連の食糧供給において、決定的に重要な役割を果たしていたのは、イスタンブルのムフタスィブと呼ばれる職に任じられた者であった。このあとで詳しく述べるように、イスタンブルのムフタスィブが、当時のイスタンブルにおける物資流通の実質的責任者であったことは間違いない。例えば、一五七七年四月二十二日付の枢機勅令簿には、イスタンブルにもたらされる食糧その他の物資が、イスタンブルのムフタスィブと御前会議が知る前に、外部に持ち出されることに許可は与えられないことが記されている[MD30:163]。

一般にイスタンブルのムフタスィブ職には、オスマン朝の宮廷に多数が務め、各地への命令伝達などの業務に携わったチャヴシュと呼ばれる外廷に属した下級の武官が任命されることが多かった[56][MD52:316; MD58:381; MD61:161]。イスタンブルのムフタスィブは、金角湾の入口に近い、現在のエミニョニュ地区にあった牢獄の傍らに執務施設を構えて日常の業務にあたった[MD45:27]。これは、エミニョニュが当時のイスタンブル経済の中心であったことや、金角湾の沿岸部がイスタンブルに出入りする商船・輸送船の船着場として機能していたことに加えて、同地区がイスタンブルにもたらされる小麦を集積して計量・課税する施設である小麦粉計量所(ウンカパヌ)にも近かったためであると考えられる。

イスタンブルにおける物資流通の監督官であったイスタンブルのムフタスィブは、イスタンブルの市政全体の実質的責任者であるイスタンブルのカーディーとも連携しつつ、中央政府に対して様々な要請や建言をおこなった。イスタンブルに対する食糧供給の問題についても例外ではなく、最終的な政策決定はオスマン朝の最高意思決定機関である御前会議がおこなうものの、実際にはイスタンブルのムフタスィブの企画のもとに、オスマン朝の各地からイスタンブルへの穀物輸送が実施されることが多かった様子を史料から確認することができる[57]。

十六世紀後半に作成された枢機勅令簿の記述からは、イスタンブルへの穀物供給に際してとられていた行政的な手続きの流れを読み取ることができる。これを図式化したものが図21である。枢機勅令簿に記された勅令の写しをみると、当時のイスタンブルへの穀物輸送は、基本的には、許可制が採用されていたことがわかる。すなわち、オスマン朝の各地からイスタンブルへの穀物輸送に従事した穀物商人や輸送業者あるいは船舶保有者は、現地に赴く前に、イスタンブルのムフタスィブに対して穀物輸送の許可申請をおこなわなければならなかった。これは、小麦をはじめとする各種の

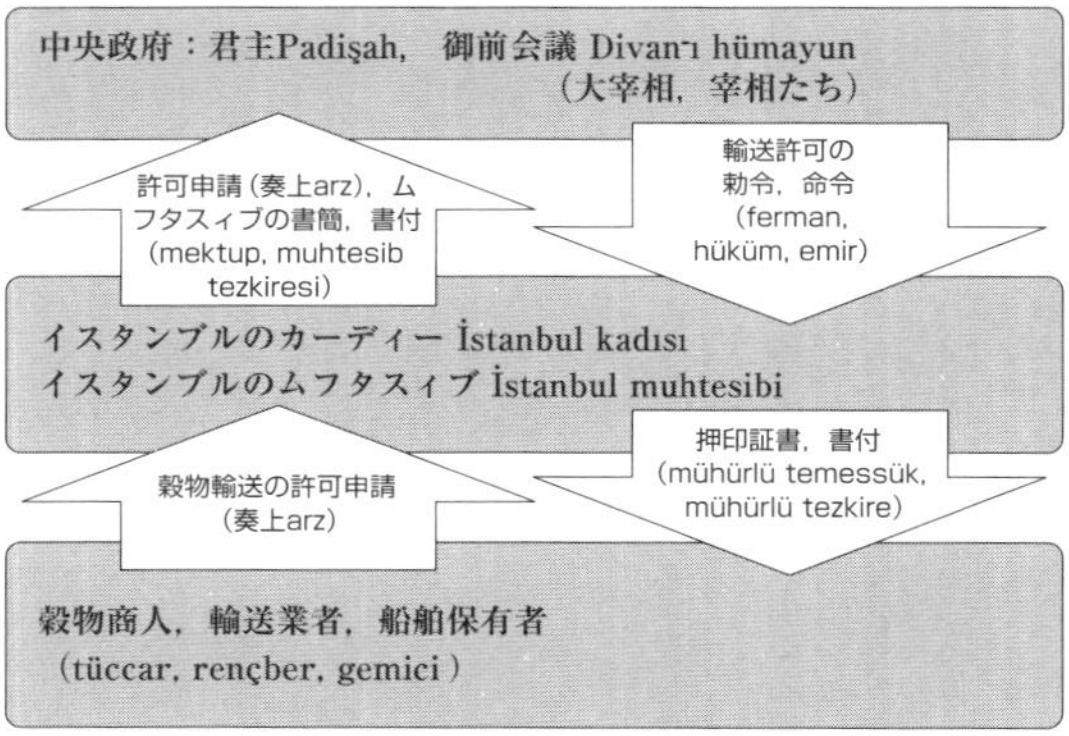

図21　イスタンブルへの穀物輸送における許可申請の流れ

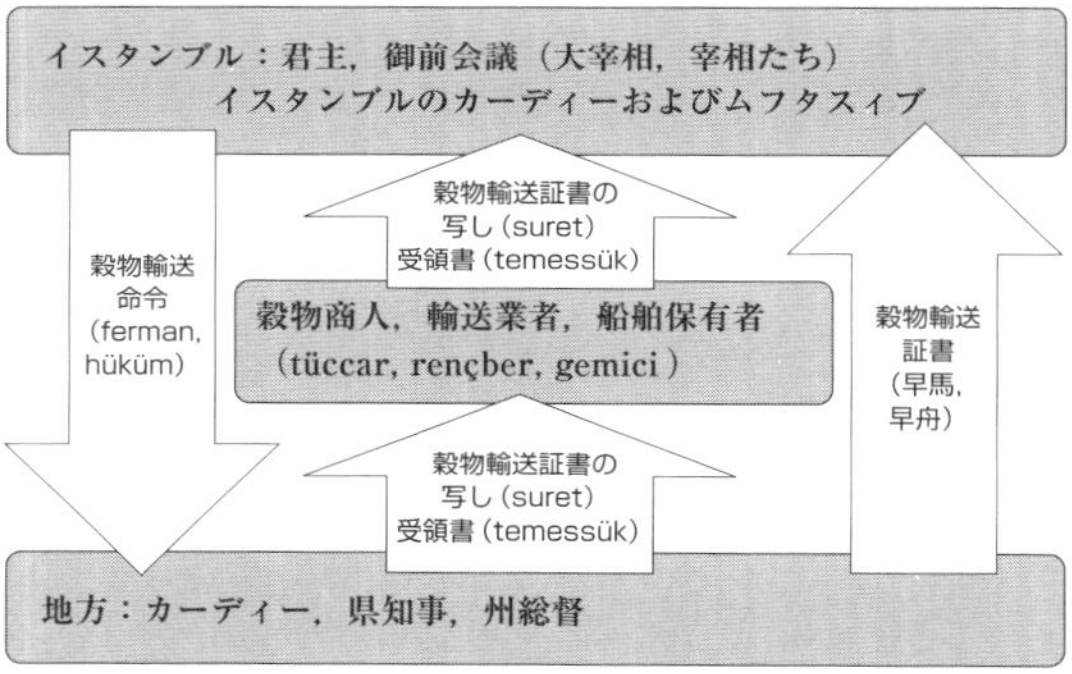

図22　穀物購入と輸送に際しての確認作業の流れ

穀物がオスマン朝において最重要物資であると認識されており、他国への密輸やオスマン朝の他地域への不正輸送を防止するために、穀物輸送の許可証がなければ現地で穀物を受け取ることができなかったためである。

イスタンブルのムフタスィブは、こうした穀物輸送の申請を受け、中央政府に書簡や書付を送ることによって、イスタンブルへの穀物輸送の許可を求める奏上をおこなった[MD15:32:MD37:18]。ムフタスィブの奏上は、トプカプ宮殿の「ドーム下の間」で開催される御前会議において、大宰相をはじめとする高官たちによって検討された。こうして、御前会議において許可を与えることが適当であると判断されると、君主の名のもとにイスタンブルへの穀物輸送を命じる勅令が作成され、イスタンブルのムフタスィブへと送付された。[58] またこのとき、図22に示したように、イスタンブルに穀物を送り出す当該地域のカーディー、県知事あるいは州総督に対しては、イスタンブルのために食糧の搬出を命じた勅令があわせて発せられた。

イスタンブルのムフタスィブは、穀物輸送を許可(ないし命令)する勅令を受け取ると、穀物商人たちに押印証書(mühürlü temessük)や押印書付(mühürlü tezkire)と呼ばれる許可証を発行した。[59] 穀物商人や輸送業者は、こうした許可証を手に現地に赴き、そこで穀物を購入したのちに、それらを船に積み込んでイスタンブルへともたらしたのである[MD14:551;MD27:108]。かりに、穀物商人がこうした押印証書や押印書付をもたずに現地で穀物の購入をおこなおうとすれば、密輸や不正輸送にかかわる者として捕縛され、厳しい刑罰が科せられた[MD3:427]。また、許可証はダーダネルス海峡を通過する際や、海上に遊弋《ゆうよく》するオスマン艦隊による臨検の際に提示が求められることもあった[MD18:178;MD53:371]。

また、稀にではあるが、イスタンブルのムフタスィブやカーディーを介さずに、穀物商人や輸送業者たちの穀物輸送の許可を求める要望が政府高官を通じて直接御前会議に提出され、輸送が許可された例も存在する。そうした事例のひとつとして、一五六七年十月三十日付の勅令の写しを以下に引用したい。

ピヤーレ・パシャへの命令。我が宮廷に書簡を送って、イスタンブルの街に穀物をもたらすために、先に与えられたように、レンチベルの船主が、勅令を求めていることをお前が知らせてきた。以下のように命じる。〔この文書が〕到着したところで、先に与えられたようにムフタスィブとともに有用な保証人たちをとって奏上し、その奏上に従って求められた〔穀物輸送を許可する〕勅令が与えられ……。[MD7:405]

ここでは当時、第三宰相兼海軍大提督という高い地位にあったピヤーレ・パシャが、自らもその構成員である御前会議にイスタンブルへの穀物輸送についての許可を求める奏上をおこなう仲介者としての役割を果たしていたことが記されている。そしてその結果として、先例に従って、穀物輸送を求める者たちから保証人をとることによって、穀物輸送の勅令が彼らに与えられたことが理解される。

一方で、地方の穀物の積出港においては、許可証に基づいて穀物の受渡しが完了すると、その地域を管轄するカーディーは、船が出港するまでに穀物輸送船の船長に対して署名・押印入りの受領証を発行した[MD7:2489]。またカーディーは、積み込まれた穀物の種類と量、船主の名前、船長の名前、出港日などの情報を詳細に記した「穀物輸送証書」を作成して、陸路を早馬で、あるいは早舟を仕立ててイスタンブルに送付した[60]。そして、穀物を満載して船足が遅くなった輸送船がイスタンブルに到着すると、船長の手元にある穀物受領証と、先に到着している穀物輸送証書の内容とが突き合わされることによって、船内の穀物の種類や量が正しいかどうかの確認作業がおこなわれた。一五六四年八月十三日付の枢機勅令簿には、こうした一連の手続きの様子が克明に記されている。

> テクフルダー〔ロドスジュク〕のカーディーへの命令。……お前のカーディー管区に穀物を買いに来る諸船舶が穀物を積み込んで行く際に、それぞれの船長の船に何ミュドの穀物が積み込まれようとも、その手に署名入りの受領証を与えて、まっすぐに前述の街〔イスタンブル〕に送るように。すなわち〔輸送船がイスタンブルに〕到着した際には、その受領証に従って点検され監査がなされるように。また前述の街〔イスタンブル〕で生じている穀物についての窮乏が取り除かれるように。さらにお前のカーディー管区から何隻の船が穀物を積み込もうとも、いつ積み込んで出発したのか、誰の船であるのか、船長は誰であるのかを記して、陸路で我が宮廷に知らせるように。…… [MD6:22]

以上の手続きの過程を図式化したものが図22である。

それでは、十六世紀後半において、オスマン朝領の各地からイスタンブルへの穀物輸送に携わっていた者たちは、どのような人々であったのだろうか。オスマン朝の各地を結んだ物資流通ルートを活用し、穀物をはじめとする物資の輸送に活躍していたのは、先に引用した史料にも記されていたレンチベルと呼ばれる人々であった。オスマン朝のレンチベルについての専論は管見の限り存在せず、その具体的な活動内容は、必ずしも明らかではない。同時代史料をみる限り、彼らは自らの船を保有し、それを用いて各種の物資輸送に従事することによって、輸送料を得ることを生業としていたと考えられる。[61] 例えば一五七〇年十一月十九日付の枢機勅令簿には以下のように記されている。

テクフルダー〔ロドスジュク〕のカーディーへの命令。……退蔵された穀物があるならば、出させて、さらにイスタンブルのムフタスィブの書付とともに〔そこに〕向かったレンチベルの諸船舶に、現行の公定価格に従って、アクチェでもって買わせて、まっすぐイスタンブルの街に送るように。……［MD14：551］

もちろんいうまでもなく、当時のオスマン朝は海軍の最高責任者である海軍大提督の管轄下に、艦隊を構成する軍船とともに多くの輸送船を保有してはいた。当時は、軍船と輸送船との区別が必ずしも明確でなかったこともあって、ときに多くの官有船舶が各種の輸送業務に従事していたことも事実である。例えば一五七一年十二月六日付の枢機勅令簿には、ドナウ川上流のトゥムシュヴァル州から黒海沿岸部の港湾都市であるバルチクに羊の尾脂を輸送する際に、「官有船を用い、〔それが〕可能でなければレンチベルの諸船舶が〔現地に〕送られるように」という記述がみられるように、官有の船舶はオスマン朝における物資の輸送において、一定の役割を果たしていたと考えられる［MD10：424］。

しかしながら、十六世紀後半に作成された枢機勅令簿からは、オスマン朝の官有船がイスタンブルの穀物輸送に従事したという記述を確認することはできない。[62] そしてこれとは対照的に、商業あるいは輸送業に携わるレンチベルと呼ばれた人々がおこなっていた穀物輸送については、同史料に無数の記述が存在する。このことからも、当時のオスマン朝において、イスタンブルへの穀物輸送の主力を担っていたのは、官有船ではなくレンチベルと呼ばれた穀物商人あるいは穀物輸送業者たちが所有していた私有商船であったと考えられるのである。

枢機勅令簿の第一五巻と第三七巻には、同史料のほかの巻にはみられないイスタンブルへの穀物輸送についての命令が集中している箇所が存在する。それらの記述を精査すると、十六世紀後半のオスマン朝において、どのような人々がイスタンブルに穀物をもたらしていたのかを分析することが可能である。枢機勅令簿第一五巻の該当箇所は、一五七一年六月十二日から同年の十月四日にかけて一四件の穀物輸送命令を確認することができる。こうした輸送命令は、おおむね「〔イスタンブルの〕ムフタスィブの書付に従って、某という名の船長にイスタンブルの食糧のために勅令が求められたので、〔穀物輸送が〕命じられた」という形式がとられている。船長がオスマン臣民たる非ムスリムの場合は、ズィンミーであることが史料中に明記されており、このときにはイスタンブルへの穀物輸送が命じられた一四人のうち三五・七%に相当する五人がズィンミーであった[63][MD15:22-1150]。一方の枢機勅令簿第三七巻には、一五七九年一月二十一日から同年の七月五日にかけての時期に、第一五巻の記録を大きく上回る合計八一件、のべ人数一四七人の船長に対する穀物輸送命令が記録されている。命令の形式はほぼ第一五巻と同様であるが、全体の一四七人のうちズィンミーが占める割合はわずかに約一四・三%にあたる二一人のみであり、第一五巻と比較するとムスリムの比率が非常に高くなっていることがわかる[MD37:18-3308]。

十六世紀後半においてイスタンブルへの穀物輸送に従事していたレンチベルたちが受け取っていた輸送料についても、これまで詳しいことはほとんどわかっていない。同時代史料によると、輸送料は重量単位であるキレ(約二五・六四キロ)を基準にしてオスマン朝に広く流通していた銀貨であるアクチェで支払われていたことが明らかである。例えばポモリエ、ヴァルナ、ブライラ、フルショヴァなどの黒海沿岸部やドナウ河口付近に位置する港湾都市からイスタンブルに小麦を輸送した場合、その輸送料はキレ当り二アクチェかそれ以下であった[MD3:203]。ただし、イスタンブルへの穀物輸送をおこなっていた船舶は、もっとも小さいカラミュルセルでも五〇ミュド(約二五・六五トン)程度の穀物を積載することが可能であり[64]、通常では一五〇ミュド(約七六・九五トン)程度の積載量を有するものが多かった[MD6:84]。またすでにみてきたように、複数の船倉をもつカルヨンには二〇〇ミュド(約一〇二・六トン)の穀物が積み込まれている事例や

[MD6:1419]、さらに大型のアーリバルと呼ばれる帆船には一度に五〇〇ミュド（約二五六・五トン）もの穀物が積載されている記録も存在する[MD7:350]。すなわち、黒海沿岸部からイスタンブルへの一度の穀物輸送によって、もっとも小さい船舶でも二〇〇〇アクチェ程度、大型のものになると一度に二万アクチェもの輸送料を得ていたことになる。[65] イスタンブルからの距離がより離れた地域からの穀物輸送においては、こうしたキレ当りの輸送料が、さらに高額であったことはおそらく疑いない。すなわち、オスマン朝の各地からイスタンブルへの穀物輸送は、レンチベルたちにとっても大きな利益をもたらす非常に重要な経済活動であったということができよう。

以上の考察から、イスタンブルに対する食糧供給について次の二つの点を指摘することができる。まず第一点目は、十六世紀後半のオスマン朝におけるイスタンブルへの穀物輸送は、民間の穀物商人あるいは輸送業者であるレンチベルたちの活動に大きく依存していたという事実である。前近代のオスマン朝史研究においては、用いることのできる一次史料のほとんどが政府ないし、それに準ずる公的組織によって作成された公文書である。そのため、そうした公文書を用いた研究においては、どうしても「私」よりも「公」が果たした役割が過大に評価されがちな傾向は否めない。しかし、すでに明らかにしたように、少なくとも十六世紀後半におけるイスタンブルへの穀物供給という問題については、オスマン朝政府それ自体よりもむしろ、「民間セクター」ともいうべきレンチベルたちの活動が非常に重要な位置を占めていたのである。このことは、イスタンブルへの穀物輸送が原則として許可制であり、政府の認可を必要としていたことを差し引いても、前近代のオスマン朝において民間の穀物商人あるいは輸送業者たちが、運輸や商業の分野における活動を活発に展開しており、こうしたレンチベルの活躍なくしてはイスタンブルへの円滑かつ十分な食糧供給は実現されえないものであったことを意味していよう。

ここで指摘しておきたい第二点目は、イスタンブルへの食糧供給をおこなっていた穀物商人や輸送業者たちの実態についてである。従来、オスマン朝における商業や運輸を担った人々の多くは、ギリシア正教徒やアルメリア教会派あるいはユダヤ教徒といった人々、すなわちズィンミーと呼ばれるオスマン朝の非ムスリム臣民たちであったと理解されてきた。しかし、枢機勅令簿における多くの記録からも明らかなように、やはり少なくとも十六世紀後半のイスタンブルへの穀物輸送については、その担い手の大半はムスリムの商人あるいは輸送業者である。この傾向は、枢機勅令簿第一五巻とともに、とりわけ枢機勅令簿第三七巻の記述において、より明確にあらわれている。それによると、当時のイスタンブルへの穀物輸送に従事した商人や輸送業者たちのうち、ズィンミーが占める割合は、わずかに一五％を下回る水準に留まっている。この事実は、イスタンブルへの穀物輸送のような特定の分野においては、ムスリム商人やムスリムの輸送業者がズィンミーに優越していたことを示唆するものであるといえよう。

以上、本章においては次の諸点について考察した。まず第1節においては、十六世紀後半におけるイスタンブルの食糧事情を検討した。そして断続的ではあるものの、当時のイスタンブルが非常に厳しい食糧不足に直面していた事実を、年ごとの枢機勅令簿の記述によって具体的に明らかにした。また、イスタンブルでみられたこうした食糧不足は、第一章で検討したオスマン朝全体における食糧不足とは、その発生の傾向を大きく異にする非常に季節的に偏ったものであったことについても指摘した。

第2節と第3節においては、こうした深刻な食糧不足に繰り返し見舞われていたにもかかわらず、大規模な飢饉や都市暴動の発生を未然に防いでいた当時のイスタンブルへの穀物供給システムの実態がいかなるものであったのかを明らかにした。まず第2節では、十六世紀後半において、イスタンブルを中心に形成されていた「イスタンブル穀物供給圏」ともいうべきオスマン朝の穀物流通圏の存在と、その広がりの大きさについて考察した。同時に、「イスタンブル穀物供給圏」内部においてみられた穀物輸送の頻度の地域間偏差や、イスタンブルにいたる穀物輸送ルートの存在、さらには輸送ルート上に位置した多くの穀物積出港についても同時代史料に基づいたデータを提示しつつ検討した。

そして第3節においては、「イスタンブル穀物供給圏」において流通した穀物の種類やその輸送手段など、より具体的な穀物輸送の実態について考察した。またここでは、十六世紀後半のオスマン朝において、領内の各地からイスタンブルにもたらされていた穀物の種類や割合、あるいは穀物輸送に用いられた道具や船舶の種類についても検討した。さらに、「イスタンブル穀物供給圏」において機能していたオスマン朝の穀物流通システムの諸相を、行政的な手続きの面から同時代の一次史料に基づいて解明することを試みた。

これら一連の考察によって、これまで十分に解明されてこなかった十六世紀後半のオスマン朝における穀物流通の実態と特徴とが、イスタンブルへの穀物供給という一側面からではあれ、明らかになったのではないかと考える。

第四章

穀物問題にみるオスマン朝と地中海世界

フェルナン・ブローデルは大著『地中海』における「地中海産小麦の均衡と危機」と題する一節を始めるにあたって、小麦をはじめとする穀物の状況を明らかにすることの重要性を強調しつつ、以下のように述べている。

地中海は今までに一度も過剰という星のもとに生きたことはなく、むしろ足りなくて困り、補償を求めるためにいくらかの駆引きが必要であった。小麦の諸問題を研究することは、地中海の生命の弱点のひとつをつかまえることであり、同時にこの生命をその充実した厚みにおいて捉えることでもある。[Braudel 1966, vol.1:517]

さらにブローデルは、地中海世界全体のレベルで前記の「小麦の諸問題」を解明するために残された大きな課題が、当時のオスマン朝の状況を解明することであるということについて、率直に次のように記している。

比較史にとって、非常に重要な重みをもつ事実なので、トルコの諸問題がきちんと提起されない限り、地中海の規模で結論を下すことにはためらいがある。それまでは、トルコ市場の開放、次いで市場の撤退の理由はよくわからない。人口の急増(たぶん理由のひとつだ)、国境線での戦争——軍隊は、都市と同じく、穀物の過剰ストックを食いつぶす——経済的・社会的混乱……などであろうが、それについてはのちの研究が決着をつけてくれるだろう。[Braudel 1966, vol.1:538]

本章は、オスマン朝の穀物市場がヨーロッパに対して開かれていたり、あるいは閉じられたりしたことの要因を考察

図23　第4章に登場する地名と位置関係（ルメリおよび西アナトリア）

することを直接の目的とするものではない。しかし、その問題も含めて、十六世紀後半における地中海世界全体の状況をより多角的に検討するために必要不可欠な要素である「トルコの諸問題」、すなわち当時のオスマン朝における穀物問題をオスマン語史料から明らかにし、ブローデルの言葉を借りるならば「小麦の諸問題」について「地中海の規模で結論を下す」ためのひとつの手がかりを提供することをめざすものである。

すでにみてきたように、十六世紀を通じて広範にみられた人口増加によって、地中海世界における食糧事情は、極めて深刻な状態におかれていた。第一章で詳しく考察したように、とりわけ同世紀の後半に入ると、穀物を中心とした各種の食糧不足は、事態をますます悪化させながら地中海世界の各地へと拡大していったと考えられる。こうした地中海世界の各地でみられた慢性的な食糧不足に加えて、特定の地域において局地的な自然災害や戦乱が突発的に発生すると、もとより劣悪な食糧状態を背景に抱えていた罹災《りさい》地域においては、飢饉が発生して危機的な状況に陥ることも珍しくはなかった。第一章において述べたように、十六世紀後半における地中海世界は、まさにこうした「食糧不足の時代」と呼びうるほどに困難な時期を迎えようとしていたのである。

当時のオスマン語史料に多くの記録が残されている深刻な食糧不足は、しかし、オスマン朝領内だけに留まるものではなかった。ブローデルがヨーロッパ諸語の史料を用いて明らかにしたように、深刻な食糧不足や打ち続く飢饉は、十六世紀後半の地中海世界の各地において広くみられた現象であった。そのため、ドゥブロヴニクやフランスといったオスマン朝の属国あるいは友好国に加えて、ヴェネツィアをはじめとするイタリア諸国、さらには聖ヨハネ騎士団やハプスブルク家が支配するスペインなどといった敵対諸国までが、小麦をはじめとする各種の穀物を求めて頻繁にオスマン朝領内に来航していた。

一方でオスマン朝政府は、国内の各地において慢性的な食糧不足が発生していたことから、十六世紀後半には穀物の国外への持出しを原則として禁止していた。十六世紀を通じてみられた急激な人口増加に対して穀物生産力の伸びは追いついておらず、国内で消費されるべき穀物の海外流出を防止することは、オスマン朝の政府高官たちにとって、この時代の最重要課題のひとつとして位置づけられていた[1]。

同時に、こうした厳しい食糧不足の状況下においては、各種の穀物は、日々の貴重な生活の糧であるだけに留まらず、戦略物資としても非常に重要な存在となった。多くの兵士たちを養うための小麦はいうまでもなく、軍馬や駄獣が消費する大麦や雑穀類、さらにはガレー船の漕ぎ手の糧食となる乾パンなどは、軍事遠征を実施するに際して必要不可欠な軍需物資であった。そのためオスマン朝は、敵対する諸国に対して自国産の穀物が渡ることがないように常に過敏なまでに神経を尖らせていたのである[2]。

さらにオスマン朝は、海外への穀物流出を警戒するだけでなく、国内においても食糧流通を強力に掌握しようと努めていた。十六世紀後半において、とりわけ巨大な人口を擁していた帝都イスタンブルでは、ときとして甚大な食糧の欠乏が生じていた。そのため、領内各地で収穫される穀物を可能な限りイスタンブルに集中させ、それ以外の場所には流通させないようにしようとする、厳しい流通統制政策を実施しようと試みたのである［澤井 2007a］。オスマン朝政府が、こうした穀物流通の掌握にいかに腐心していたかということは、同時代に作成された一次史料である枢機勅令簿に残された穀物輸送に関係する大量の勅令の写しからも明らかである。

しかしこうしたオスマン朝政府の意図とは裏腹に、一方で領外への穀物の流出を防ぎ、他方で領内の流通を掌握することは、必ずしも容易なことではなかった。長大な海岸線を有するオスマン朝の沿岸部には、ヨーロッパ諸国からの穀物密輸船が絶え間なく接岸し、地元の人々の手引や現地の役人との共謀によって、多くの穀物が領外へと持ち出されていた。また国内においても、収穫された穀物の退蔵や隠匿はもとより、穀物相場がより高い地域への不正輸送やイスタンブルへの輸送途中における積荷の抜取りなどは、いずれもあとを絶たなかった。

本章においては、こうしたオスマン朝の穀物流通の問題を、地中海世界全体にみられた食糧不足を背景として展開された「穀物争奪戦」に焦点を絞りつつ考察していきたい。すなわち、これまで十分に明らかにされてこなかった十六世紀後半のオスマン朝における穀物問題を、領外への穀物の流出を含めて検討することによって、穀物をめぐって繰り広げられたオスマン朝と地中海世界の他の諸地域との関係についても光をあてることを試みてみたい。

1 穀物争奪戦の舞台としての地中海世界

いくつかの先行研究が明らかにしているように、地中海世界は、すでに十六世紀の前半において、各地で密輸が繰り広げられる熾烈《しれつ》な穀物争奪戦の舞台となりつつあった[3]。その背景には、地中海世界全体でみられた急速な人口増加による穀物需要の高まりや、度重なる天候不順などに起因する凶作による慢性的な食糧の欠乏、さらにはオスマン朝と他のキリスト教諸国との間の戦争や緊張状態といった様々な要素が複合的に混在していた。例えば、リオーニ商社が残した史料群を丹念に分析した齊藤寛海による一連の研究は、早くも一五三九年から四〇年にかけて、オスマン朝領からの穀物の密輸活動が、ヴェネツィアによって活発に展開されていたことを明らかにしている[齊藤 1985：齊藤 1986]。本章の第1節においては、こうした先行研究の成果に基づいて、まず十六世紀後半の地中海世界における各国による穀物争奪戦の様相を概観する。また、第2節以降で展開される考察の前提として、オスマン朝領内において頻繁にみられた不正輸送とオスマン朝から領外へと穀物を持ち出していた密輸活動との間にみられる類似性や相違点などについても言及しておきたい。

地中海世界における穀物争奪戦

ブローデルも述べているように、十六世紀後半においては「地中海の収穫は一般に不十分」なものであった。その主たる原因は、主食であるパンの原料となる小麦の栽培が、極めて古典的な粗放農業の域をでなかったことに求められよう。収穫率が低い農地から大量の小麦を得るためには広大な面積の耕作地が必要であり、また土地が痩せるのを防ぐためには輪作をおこなったり、休耕地を設けたりすることも不可欠であった。[4] これに加えて、地中海世界においては古くから、主要な穀物である小麦と、換金やバーター取引が可能なブドウをはじめとする他の作物との間で、あるいは家畜飼育との間に、ある種の競合関係が存在していた[Braudel 1966, vol.1 : 520]。このため、地中海世界における小麦栽培は、常に最優先されたわけではなかったのである。

数百年間にわたって大きく変化することのないこうした地中海世界の基層構造、あるいはブローデルがいう「長期的持続」のうえに、人口増加や気候の寒冷化といった十六世紀後半に特徴的な中期的変化が重なったために、この時期の食糧事情はさらに厳しいものとなっていった。例えば、第一章においてすでにみてきたように、気候の寒冷化と連動するかたちで地中海世界の各地で頻繁に発生した夏期の洪水や冬期の旱魃《かんばつ》などは、穀物の収穫量を限定的なものに留め、それが各地でみられた食糧不足のさらなる悪化を助長した一因であったことは疑いようがない。こうした状況に加えて、より短期的な変化、すなわち局地的な自然災害や戦争などに代表される突発的な悪条件が生じることによって、大規模な飢饉や食糧の欠乏が極めて容易に発生する下地が、各地で形成されていたと考えられるのである。

すでに第一章で考察したように、オスマン朝においては、こうした飢饉や食糧の欠乏が生じた際には、その付近に位置する余剰な食糧が存在する地域から緊急的な穀物輸送が実施された。また、第三章において詳しく検討したように、イスタンブルのように当時としては極めて大規模な人口を擁した大都市に対しては、広大な領内の各地から小麦をはじめとする各種の穀物を大量に送り込むことが可能な、いわば「イスタンブル穀物供給圏」ともいうべき広がりを形成していた各地とイスタンブルとを結びつけた食糧供給システムを有効に機能させることによって、帝都が危機的状況に陥ることを未然に防止していた。しかし、こうした一連の食糧供給政策は、肥沃な穀倉地帯を含む広大な領土を有し、また極めて中央集権的な統治体制に支えられた食糧供給システムを円滑に運用することが可能であったオスマン朝であったからこそ実行しえたものであった。

一方で、オスマン朝とは対照的に、強力な中央集権体制がいまだ整っておらず、あるいは余剰穀物を生み出すほど豊かで広い領土をもたなかった地中海世界の他の国々は、飢饉や食糧危機に直面すると多くの場合、領外から大量の穀物を持ち込むことによって急場をしのがざるをえなかった。イタリアの都市国家のなかでも大きな人口を抱えていたヴェネツィアや、十五世紀以来オスマン朝の保護下にあったドゥブロヴニクなどがその代表的存在であるが、ヴェネツィアと並ぶ商業都市国家であったジェノヴァやフィレンツェを主邑《しゅゆう》とするトスカーナ大公国も決して例外ではなく、やはり外部からの食糧輸送に大きく依存していた。またフランスやスペインといった比較的広い領域を有していた国家でさえも、十六世紀後半に拡大していた食糧不足の運命から逃れることはできず、深刻な食糧危機に瀕した際には海外から多くの穀物を輸入せざるをえなかった。[5]

「西欧では、穀物の大輸出市場はプーリアとシチリア島である――シチリア島は、十六世紀の、いわばカナダやアルゼンチンのようなものである」とブローデルが述べているように、オスマン朝を除いた地中海世界の各国にとって、もっとも頼るべき穀物供給地は南イタリアと、とりわけパレルモを中心としたシチリアであったと考えられる[Braudel 1966, vol.1:524f.]。シチリアがヨーロッパ諸国への穀物供給に果たした役割が非常に大きかったことは、ブローデルが『地中海』における小麦輸出についての一節の大半をシチリアの分析に割いていることからも推測されうる。しかし当然のことながら、そのシチリアもまた、ヨーロッパ諸国のすべての需要を賄えるほどの生産力を有してはいなかった。

そうしたなかで、食糧不足に悩むヨーロッパ各国が注目したのが、「レヴァントの小麦」すなわちオスマン朝の穀物であった。とくに十六世紀半ばに発生したイタリアの農業生産の危機に起因する深刻な食糧不足は、同地域のレヴァント小麦への依存度をより一層高めることになった。この食糧危機を回避するために、ヴェネツィアをはじめとする各国は、この頃から穀物を求めてオスマン朝の領内に頻繁に輸送船を送り込むようになった。先行研究において、一五四八年から六四年まで続くとされる、いわゆる「トルコ小麦のブーム」の開始である[6][Aymard 1966:125-139:Braudel 1966, vol.1:535-538]。

ブローデルによると、一五五一年にはヴェネツィアだけで三〇万〜四〇万スタイオ（約一万八六〇〇〜二万四八〇〇トン）もの小麦をオスマン朝から輸入しており、これにジェノヴァが輸入していた穀物を加えると、その量はおそらく五〇万キンタル（約五万トン）にのぼると推定される。こうした大量の穀物を積み出していた港は、北は黒海のヴァルナからマルマラ海沿岸部の穀物集積港であるロドスジュク、さらにはヴォロスのようなエーゲ海のヨーロッパ側に位置する各港におよんでいた[Braudel 1966, vol.1:535f.]。十六世紀後半の地中海世界における穀物貿易の諸相をヴェネツィアとドゥブロヴニクの史料に基づいて研究したモーリス・エマールによると、とりわけ一五五〇年代前半に膨大な量の穀物がオスマン朝から搬出されていたという[7][Aymard 1966:50f.]。

また、このようなヨーロッパ諸国との穀物交易にはオスマン朝の政府高官たちも積極的に関与していた。例えば一五五一年十二月には、ヴェネツィア商人のツァン・プリウリとの取引のために、当時、大宰相の職にあったリュステム・パシャ[8]所有の船が穀物を積んでヴェネツィアに到着し、ヴェネツィア当局はこの船への停泊税を免除している[Braudel 1966, vol.1:535]。

しかし、十六世紀後半の地中海世界において深刻な食糧不足にあえいでいたのは、ヨーロッパ諸国だけではなかった。第一章において詳細に検討したように、十六世紀中頃にはすでにオスマン朝においても、各地で甚大な食糧の欠乏が発生していた。このようなか、一五五〇年代の中頃に地中海世界の穀物流通は、その性格を大きく変化させることになる。ヴェネツィア領であったザキントス島（ザンテ）から本国への報告書を分析したブローデルによると、オスマン朝は一五五五年にいたって、それまでの方針を大きく転換し、穀物の領外への輸出を禁止する措置を講じたという[Braudel 1966, vol. 1:536]。

十六世紀後半のオスマン史を研究するための最重要史料のひとつである枢機勅令簿がまとまったかたちで伝世しているのは一五五九年以降であるため、五五年の段階でオスマン朝が穀物輸出を禁止したのかどうかを枢機勅令簿から裏づけることは困難である。しかし、トプカプ宮殿博物館文書館に所蔵されている一五四五年付の枢機勅令簿の記述からは、エーゲ海のルメリ沿岸にあるラリッサ、ファルサラおよびリヴァディア（リヴァディィエ）にある大宰相リュステム・パシャの知行地から、ドゥブロヴニクや当時はジェノヴァ領であったキオス島、アンコーナ、ヴェネツィアおよびフランスの各地に多くの穀物が輸出されていたことを確認することができる[E.12321:55]。

リオーニ社の史料を用いた齊藤の研究も、こうした事実を裏づける。それによると、ヴェネツィアがオスマン朝と交戦状態にあり、そのため正規の貿易による穀物輸入が不可能であった一五四〇年の時点においては、オスマン朝の保護下にあったドゥブロヴニクとともに、フランス、アンコーナ、フィレンツェの船には、オスマン朝政府によって穀物輸出の許可が与えられていたという[齊藤 2002:239]。また、一五四〇年五月にオスマン朝とヴェネツィアとの間で講和条約が締結されると、ヴェネツィアへの穀物輸出も再開された。さらに講和条約には、三〇万ドゥカートの支払いと引き換えに三年間にわたって毎年一〇万スタイオ（約六二〇〇トン）もの小麦をオスマン朝からヴェネツィアに送ることが約されていたという[齊藤 2002:256]。

一方で、首相府オスマン文書館所蔵の最古の枢機勅令簿である一五五九年の日付をもつ第三巻には、すでに穀物輸出の禁止が明記されている[MD3:12]。すなわち、一五四五年から五九年の間のある時期に、オスマン朝が穀物輸出の容認から禁止へと政策転換の舵を大きく切ったことは間違いない。いずれにしても、地中海世界の穀物流通にとっての重要な転換点は、十六世紀中頃に到来していたのである。

しかしながら、オスマン朝が穀物輸出を禁じたからといって、その禁令に唯々諾々と従うことは、レヴァント小麦に依存していたヨーロッパ諸国にとって、それはすなわち飢えることを意味した。そのため、この時期以降、オスマン朝からヨーロッパ諸国への穀物流通は、「正式な貿易」ではなく「密貿易」のかたちをとって継続されることになる。ヴェネツィアをはじめとする各国は、非合法な密輸行為を含めたあらゆる手段を講じることによって、引き続きオスマン朝領からの穀物の確保に努めようと試みたのである。

こうした動きに対して、オスマン朝も一連の密輸行為をただただ黙認していたわけではなかった。枢機勅令簿には、十六世紀後半を通じて密輸を禁じる多数の命令や、密輸を防止するための様々な対応策が記録されている。こうして、何としても密輸を防ごうとするオスマン朝と、厳しい輸出禁止令の網の目をかいくぐってでも穀物を入手したいというヨーロッパ諸国との間で激しい穀物争奪戦が繰り広げられることになった。この問題については、本章第3節において改めて詳述したい。

こうして十六世紀後半における地中海世界は、限られた収穫物を各国が奪い合う熾烈な穀物争奪戦の舞台となった。とりわけ、オスマン朝領の各地において展開された密輸活動は、この時代の地中海世界における穀物問題を考えるうえで、もっとも重要な要素のひとつと考えられる。ただし、当時の状況をオスマン朝の側からみるならば、領外への穀物の密輸行為は、国内で横行していた数多くの不正輸送の一形態にすぎなかった。そこで次項においては、ヨーロッパ諸国への密輸を考察するための前提として、このオスマン朝領内における不正輸送と領外への密輸との関わりについて述べておきたい。

オスマン朝における不正輸送と領外への密輸

十六世紀後半のオスマン朝において、ヨーロッパ諸国への穀物の密輸が広くおこなわれていたことはすでに述べた。

しかし、こうした領外への密輸活動は、オスマン朝領内でより頻繁に発生していた不正輸送の一形態であった。ここでは、オスマン朝領内における不正輸送と、オスマン朝領から領外への密輸との関連性について考察したい。

十六世紀後半において、地中海世界の随所において深刻な食糧不足がみられたように、オスマン朝の各地においてもまた厳しい穀物不足が進行していた。第三章において検討したように、とりわけ、巨大な人口規模を擁する帝都イスタンブルにおける慢性的な食糧不足は、ときに看過できない水準に達することさえあった。そのためオスマン朝政府は、小麦をはじめとする各種穀物の流通を強力に統制し、各地の余剰穀物を可能な限りイスタンブルに集中的に輸送させることによって、この危機を乗り切ろうと試みた。

しかし一方で、イスタンブルに穀物を集中させようとするオスマン朝政府による強権的な流通統制は、結果として、とりわけ地方における食糧の需給関係を無視したものとなりがちであった。ある地域の余剰穀物が、穀物相場が高い近隣の別の地域に流れることは、物資流通にとって自然なことであるにもかかわらず、オスマン朝政府はこうした穀物の地域間流通を規制するとともに、余剰穀物を一方的にイスタンブルに振り向けさせる政策をとった。[10] しかし食糧不足に陥った地方における穀物価格は、公定価格によって抑制されていたイスタンブルの相場を必ずしも下回るものではなかったため、オスマン朝の流通統制は各地の穀物流通において、ある種の「歪み」を生じさせることになった。そして、こうした「歪み」が蓄積し、顕在化したものが、十六世紀後半においてオスマン朝の各地で頻発した穀物の不正輸送であったと考えられるのである。

詳細についてはのちの第2節に譲るが、オスマン朝の各地においては、穀物の退蔵[MD5:483]、供出の拒否[MD35:666]などが頻発したほか、ブルサ[MD6:1109]、エディルネ[MD27:172]、テッサロニキ[MD27:487]などイスタンブル以外の諸都市への不正な穀物輸送も多数発生した。また、イスタンブルに食糧を供給するためと称して、穀物を満載して出港したあとに行方をくらませる行為や[MD58:723]、イスタンブルへの穀物輸送の途中で寄港した港において許可なく船倉を開いて積荷の一部あるいは全部を売却する横流しもあとを絶たなかった[MD7:1385]。

こうした不正行為や不正輸送には、穀物商人や輸送業者はもちろんのこと、上はイスタンブルの政府高官から下は現地に派遣された役人にいたるまで、官民あわせて多くの者たちが加担していた。穀物商人は、より多くの利益を求めて、穀物相場が一アクチェでも高い地域で小麦などの各種穀物を売却しようとした。一方で、地方の各地に知行地[11]を有していた政府高官をはじめ支配者層であるアスケリー層に属する者たちは、現地で収穫された穀物を少しでも高値で売却することを欲していた。現地に派遣されていた政府役人たちはというと、不正行為に加担することによって不当利得の一部を受け取り、また黙認することによって多くの賄賂《わいろ》を得ることができた。すなわち、十六世紀後半のオスマン朝において、それぞれの立場は違えども穀物の不正輸送に手を染めていた者たちの目的は共通して利益の享受、もっと具体的にいうならば金銭的利益を得ることにあった。

金銭的利益を得ることを目的とする以上、オスマン朝の穀物保有者たちが、彼らの穀物を不正に引き渡す相手を宗教や民族によって選択するということはとくになかった。取引相手がムスリム商人であれ、ズィンミーの商人であれ、あるいはヨーロッパから来る「異教徒」の密輸商人であれ、より高値で購入する者たちに穀物を売却することが、穀物保有者たちの利益にかなっていたためである。ここに、どのような手段に訴えても穀物を求めようとするヨーロッパ諸国からの密輸商人と、何とかしてより多くの金銭を得たいとするオスマン朝の穀物保有者との利害が一致し、このことがオスマン朝から地中海世界の各地への穀物密輸の発生と拡大の大きな要因となっていたと考えられるのである。

このように、オスマン朝領内における穀物の不正輸送と、国外への密輸との間には、基本的には共通する動機が存在していた。ただし、穀物の行き先が領内と領外とで大きく異なる以上、不正輸送と密輸との間では、その手段や発生地域に違いがあったことも事実である[12]。そのため、オスマン朝による対応策も、不正輸送と密輸とでは異なることが多かった。すなわち、多様な形態が存在した不正輸送と比べて、穀物密輸は基本的に「受動貿易」のかたちをとることが多かった[13]。こうした問題の詳細については以下の第2節、第3節において、それぞれ同時代史料である枢機勅令簿の記述をもとに具体的に明らかにしていきたい。こうした一連の考察をおこなうことによって、十六世紀後半のオスマン朝領を舞台として展開した穀物の不正輸送と密輸の実態を解明するとともに、オスマン朝における穀物問題が、オスマン朝のみならず地中海世界全体にも大きな影響を与えていたという点についてもあわせて考えてみたい。

2　オスマン朝領内における不正輸送

オスマン朝社会経済史の大家の一人とされるメフメト・ゲンチがいうように、十九世紀前半にいたるまでの、いわゆる「古典期」のオスマン朝における流通政策の基本方針は、「供給主義 İaşe ilkesi」に基づくものであったと考えられる。プロヴィズィヨニズムとも呼ばれる「供給主義」は、その名のとおり、売り手よりも買い手、とりわけ消費者の側に立った経済思想であり、供給するモノやサービスを可能な限り、豊富、高品質かつ安価な状態におくことを最大の目的としていた。「供給主義」が実施されるに際してのもっとも重要な単位は、地方のカーディーが管轄する行政区であるカーディー管区であったとされる[14]。あるカーディー管区においてその年に収穫された農作物は、まずそのカーディー管区の需要に充当され、可能な限り現地で消費されることが求められた。かりに、その年の収穫に大きな余剰がある場合は、飢饉などに備えて現地の穀物倉庫に保管されるか、あるいは政府の命令に基づいてイスタンブルへと送られた。このように、地方のある地域からイスタンブル以外の場所への穀物輸送は、基本的に許可されなかったと考えられるのである[Genç 2000 : 43-48, 53-62]。

こうした「供給主義」の原則は、十六世紀後半に作成された枢機勅令簿の記述からも確認することができる。例えば、トラキアにあったカーディー管区のひとつであるパザルジク（タタルパザルジュク）のカーディーに宛てられた一五八五年五月十七日付の勅令の写しによると、ルメリの中心都市のひとつであるプロヴディフのカーディーが、パザルジクにおいて収穫された穀物を、近隣の大都市であるプロヴディフにもたらして販売することを強制しているという事実を、当時、宰相の職にあったメスィフ・パシャの部下であるヴェリが書簡を送って知らせてきた。こうした動きに対して、オスマン朝政府は、ハスやティマールといった知行地で収穫された穀物は、「もっとも近い市場にもたらされることが法令である」として、プロヴディフのカーディーによるこうした越権行為を禁じるように命じている[MD58:324]。「供給主義」についてのさらに具体的な記述は、同年の六月四日付の枢機勅令簿において確認することができる。やはりトラキアにあったカーディー管区のひとつであるクルクキリセにいた県知事とカーディーの両名に宛てられたこの勅令においては、同地域の収穫物はイスタンブル以外の場所にはもたらされることがないようにすること、またカーディー管区内で収穫された食糧は、そのカーディー管区に住む人々によって消費されるようにすることが明記されている[MD58:403]。

しかし穀物流通を含むあらゆる経済活動が、基本的には需要と供給との関係によって規定されることを考えるならば、その意図はどうあれ、統制的な物資流通政策である「供給主義」をオスマン朝の広大な領土のあらゆる場所において貫徹させることは、極めて困難であった。十六世紀後半のオスマン朝においては、イスタンブルには遠くおよばないにせよ、副都としての機能を有していたエディルネやブルサに加えて、テッサロニキや前記のプロヴディフなどが地方の中心都市として発展、成長しており、それぞれが抱える人口規模も増大しつつあったと考えられる。また、本書末尾の地図をみれば明らかなように、マルマラ海の沿岸地域においては、中小規模の都市の密集度がルメリやアナトリアの他地域に比べて格段に高く、こうした地域には恒常的に大きな穀物需要が発生していた。さらに、第一章において詳しく検討したように、この時期に各地で頻発した飢饉や食糧不足も、イスタンブル以外の地域に穀物が流れる大きな誘因となっていたことはいうまでもない。

領内各地の余剰穀物をイスタンブルに集中させようとするオスマン朝政府の意図とは裏腹に、十六世紀後半の枢機勅令簿の記述からは、地方における高い食糧需要を背景として、多くの穀物がイスタンブル以外の地域に流れ込んでいたことが容易に看取されうる。以下においては、こうした穀物の不正輸送が、どのような地域で多発し、またどのような手段を用いておこなわれていたのかを具体的に解明していきたい。

不正輸送多発地域とその手段

十六世紀後半に作成された枢機勅令簿には、数多くの穀物の不正輸送についての記述を確認することができる。これは、当時のオスマン朝において不正輸送が横行していたことと同時に、オスマン朝が一定程度ではあれ、そうした不正輸送の実態を把握し、有効な対策を講じようとしていた姿をも映し出しているものであるといえよう。ここでは、こうした一連の不正輸送についての記録をもとに、不正輸送がどのような地域で多発しており、またどのような手口でおこなわれていたのかを明らかにしていきたい。

当時、オスマン朝の各地で頻発していた不正輸送は、次の二つに大別することができる。ひとつは、あらかじめ特定の目的地を設定し、余剰穀物が存在する供給元から、穀物需要が高い供給先までの不正輸送を計画し、実行するものであり、いまひとつは、政府の命令によって地方からイスタンブルへの穀物輸送をおこなう際に、途中の寄港地において積荷の一部または全部を抜き取る方法によるものである。[16] まずは前者の形態からみていきたい。

不正輸送をおこなうに際しては、まず少なからぬ穀物の存在がなくてはならない。しかし、第一章において明らかにしたように、十六世紀後半のオスマン朝においては、むしろ穀物は各地で慢性的に不足している状態にあった。枢機勅令簿には、不正輸送の際の穀物供給元の地名が必ずしも明記されているわけではないが、それでも多くの勅令の写しの記述を総合すると、特定の年の特定の地域にはある程度の余剰穀物が存在していたと考えられる。

そうした地域の筆頭にあげるべきは、マルマラ海の両岸に広がるルメリとアナトリアの平野部である。かつてローマ帝国時代においては、トラキアと呼ばれたヨーロッパ側と、ビティニアと呼ばれていたアジア側とに位置するこれらの平野部は、十六世紀後半においても穀物の収穫量が高く、余剰穀物も他の地域に比べて豊富であったと考えられる。ただし、トラキアにはエディルネ、ビティニアにはブルサというオスマン朝有数の都市が存在しており、同地域で収穫された穀物のうちかなりの量は、「供給主義」に基づいて、これら両都市の消費にあてられていたと思われる。しかし、それでも需要を十分に賄い切れない場合には、その周辺地域からブルサ[MD27:896]やエディルネ[MD28:327]への不正輸送が発生していたことが枢機勅令簿に記録されている。

また、これらの平野部の前面に広がるマルマラ海は典型的な内海であり、波が穏やかなうえに対岸までの距離も比較的短いことから、小型船舶であっても穀物輸送が十分に可能であった。さらに、マルマラ海からエーゲ海へと続くダーダネルス海峡は、その全長約六〇キロに対して幅はもっとも広い場所でさえ、約六キロにすぎず、やはり小型の船舶による往来が極めて容易であった。こうした地理的条件を背景として、その年の余剰穀物の状況と穀物需要との兼合いによって、穀物の不正輸送はときにルメリからアナトリアへ、またときにはアナトリアからルメリへと頻繁におこなわれていたのである。こうした不正輸送の状況は、枢機勅令簿に非常に詳細に描かれているため、以下にその記述の一部を引用したい。

ゲリボルのカーディーとエミンへの命令[17]。現職のゲリボルのエミンであるハリルが我が宮廷に書簡を送って、「ダーダネルス海峡の諸城塞のうちルメリ沿岸にあるキリドゥルバフル〔城塞〕に二マイルの距離にあるマイドスという名の異教徒の村には、昔から一、二、三隻の小舟があり、いまや〔その数は合計〕三〇〜四〇隻の小舟や船となって、常にルメリからアナトリアに、またアナトリアからルメリへと移動して、ゲリボルの船着場には寄港せずに、テクフルダー〔ロドスジュク〕やエレーリ、あるいはスィリヴリ〔の各カーディー管区〕にある場所に接岸して、穀物を積み込んで、密かに夜も昼もアナトリア方面から移動して、買ってきた小麦を販売しているのである。……」とい

って奏上してきた。……［MD6:441］

この一五六四年十一月四日付の勅令の写しは、マルマラ海を間に挟んだルメリとアナトリアの間で穀物の不正輸送がどのようにおこなわれていたのかを知るうえで注目に値する。もっとも狭いところでは、幅わずかに一・二キロほどにすぎず、オスマン朝が完全に掌握しているはずのダーダネルス海峡の、しかも海峡の監視と防衛の要ともいうべきキリドゥルバフル城塞のまさに目と鼻の先において、穀物の不正輸送は数十隻規模に膨れ上がった小型舟艇によって密かに、しかし昼夜を問わずおこなわれていたのである。

もちろん、こうした穀物の不正輸送が常にうまくいくとは限らなかった。不正輸送が頻繁におこなわれていたマルマラ海沿岸においては、いわば泡銭《あぶくぜに》をつかみ損なって人生を棒に振った例も記録されている。そうした事例のひとつとして、一五七二年四月十五日付の枢機勅令簿に記された、不成功に終わった穀物の不正輸送の顚末《てんまつ》をみてみたい。枢機勅令簿の記述によると、マルマラ海に浮かぶイムラル島出身のズィンミーであるヤニの息子マノルという名の船長は、ブルサ近郊のミハリチ・カーディー管区から五〇ミュド（約二五・六五トン）の小麦を不正に購入し、ダーダネルス海峡のアナトリア側に位置するラプセキにおいて売却しようと試みた。しかし、ラプセキでの小麦の売却に失敗したことから、マノルは近くの城塞にある港に移動して、ひとまず小麦を同地に退蔵しようとしたものの、そこで地元の役人に発見されてしまう。船内に小麦が満載されていたことを不審に思った現地の役人は、マノルが夜陰に乗じてダーダネルス海峡を突破しようとしているのではないかと疑った。結局マノルは拘束され、尋問された結果、前記の顚末が判明したことから、彼の船は差し押さえられて対岸のゲリボルに廻航され、積荷の小麦は売り払われたうえ、マノル自身は罰せられ、漕ぎ手としてガレー船送りとなった［MD12:1161］。

こうした不正輸送の発生件数でマルマラ海沿岸部に次ぐのは、ルメリとアナトリアの黒海に面する諸地域であった。第三章においてもみてきたように、とくにルメリの黒海沿岸部は、肥沃で広大なトラキア平野を後背地にもつことから、多くの穀物を搬出することが可能な地域であった。とりわけ、黒海沿岸部における最大の穀物集積港であったポモリエには、トラキア北部の各地で収穫された穀物が集められていたこともあって、正規の穀物輸送のほかに多くの不正輸送がおこなわれていた様子を確認することができる。例えば一五七五年十一月七日付の勅令の写しには、船舶でイスタンブルに送るためにポモリエに集積された穀物を再び荷車に載せて、エディルネなどのトラキア各地に転売したことが記されている[MD27:172]。また、一五七四年九月二十九日には、ポモリエに次ぐ主要な港湾都市であったヴァルナやシリストラから、黒海を越えてはるか遠くのクリミア半島に位置するカッファやアナトリア北東部のトラブゾンにまで穀物の不正輸送がおこなわれていたことが記録されている[MD26:683]。こうした黒海を横断あるいは縦断するような長距離にわたる小麦の不正輸送については、ほかにもアナトリアのスィヴァスからカッファへのものが同じく記されている[MD27:403]。

十六世紀後半のオスマン朝の各地でたびたび発生した飢饉も、ときとして穀物の不正輸送の大きな要因となりえた。第一章でも述べたように、一五六〇年には前述のカッファを中心とするクリミア半島からウクライナ平原にかけての黒海北岸の広い地域で大規模な飢饉が発生した[18]。オスマン朝領内でもアゾフ[MD3:216, 343]、カッファ[MD3:1051-53, 1056, 1072]、アクケルマーン[MD3:1500]において甚大な食糧不足に陥ったために、同地域の穀物需要は急増した。この直後には、黒海のルメリ沿岸部やドナウ沿岸地域にあるキリヤ、ポモリエ、アイトス、ブライラ、ヤンボル、トゥズラ、ヴァルナの各地から、黒海北岸地域へと大量の穀物が不正に輸送されている[MD3:1607]。同じ頃にはまた、不正輸送をおこなうためには警戒の厳しいボスポラス海峡を南から北に穀物を満載して遡航する必要があるチョルル、ロドスジュク、マルカラ、プナルヒサール、ゲリボル、イプサラ、ハイラボル、イネジク、ヴィゼといったトラキア南部一帯の各地からも黒海北岸地域への穀物の不正輸送がおこなわれていたことを確認することができる[19][MD3:1648]。

不正輸送の手段も実に様々であった。役人に賄賂を渡して黙認させることは日常茶飯事であり、ときにはダーダネルス海峡の城塞にいる書記や砲兵隊長を買収することによって、小麦を満載して船足の遅くなった輸送船で海峡を突破することを試みた事例も存在する[MD10:264]。またあるときには、ハジュ・メミー、ジャアフェル、サル・メミー、アリという名の四人の船長たちが、「アナトリアのアイドゥン県において飢饉が発生したために食糧輸送を命じる」という内容の勅令を偽造することによって、テッサリアのラリッサとファルサラから一〇〇〇ミュド(約五一三トン)もの穀物を不正に輸送しようとして摘発されている[MD6:847]。さらに、トラキアの港湾都市であるロドスジュクとエネズのカーディーに与えられた一五八二年一月二十九日付の勅令には、無許可で輸送船に積み込まれた小麦をはじめとする各種食糧を隠蔽するために、その上に鉄板を敷き、さらには船内の積荷検査を求められたにもかかわらず、これを拒否して不正輸送がおこなわれようとしていた様子が記録されている[MD46:714]。

以上のように、十六世紀後半のオスマン朝において、各地で頻繁におこなわれていた穀物の不正輸送ではあるが、余剰穀物がある場所から許可を得ることなく搬出をおこない、輸送船に密かに積み込んで穀物相場が高いと考えられる目的地を設定し、さらにそこへの輸送をおこなったうえで、現地において秘密裏に売却するという一連の不正行為を成功させることは、必ずしも容易なことではなかった。このあとの項で考察するように、オスマン朝は不正輸送を防止するために様々な措置を講じていたうえに、不正輸送が露見した場合の罰則も極めて重いものであった。先にみたマノルの事例のように、船や積荷はおろか、自分自身の自由や場合によっては命まで奪われる危険性も極めて高かったのである。そのため、穀物の不正輸送にかかわる人々は、こうしたリスクを低減させ、不正輸送をより「効率的に」おこなうために、オスマン朝によって構築された穀物輸送システムを逆手にとることを考えた。以下においては、そうした手段によっておこなわれた不正輸送の形態について考えてみたい。

これまでも繰り返し述べてきたように、十六世紀後半において、慢性的な食糧不足に悩むイスタンブルに対して、大量の穀物を安定して供給することは、当時のオスマン朝政府の最重要政策のひとつとして位置づけられていた[澤井2007a]。この政策を実現するために、オスマン朝領内における広大な地域が「イスタンブル穀物供給圏」ともいうべき広がりを形成し、その各地からイスタンブルに向けて穀物が円滑に輸送されるシステムが整備され、運用されていたことは第三章において明らかにしたところである。ところが、オスマン語史料においてマトラバーズと呼ばれる穀物の不正輸送をおこなう人々は、この穀物流通システムを巧みに利用することによって、自らの目的を達成しようと試みていた。

マトラバーズたちは、「イスタンブル穀物供給圏」の各地とイスタンブルとを結びつけていた穀物輸送ルートの途中で穀物の一部を抜き取ったほか、ときには輸送船の行き先をイスタンブル以外の場所に変更することによって、積荷の穀物を船もろとも別の地域に向かわせることさえおこなった。とりわけ航程が長距離におよぶ輸送ルート上には、途中にいくつかの寄港地が設定されており、そうした寄港地においては頻繁に穀物の不正な抜取りがおこなわれた。領内各地からイスタンブルにいたるいくつかの長距離輸送ルートのなかでも、とりわけエジプトからイスタンブルへ向かうルートは、輸送の頻度が高く、また穀物輸送量も膨大であったために、こうした不正輸送の最大の温床となっていた。

通常、アレクサンドリア、ダミエッタ、ロゼッタなどの地中海に面した主要港を出港したエジプトからの穀物輸送船は、まず海賊の襲撃に備えて船団を組んだあと、広大な東地中海海域を縦断して北方のロドス島をめざした[MD34:169; MD35:544]。東地中海を南北に無寄港で縦断することは、航海距離を短縮できるという利点がある一方で、とりもなおさず暴風や嵐に遭遇する危険性が増すことを意味していた。[20] 嵐を避けるためには、輸送船団は最寄りの港に緊急的に避難するわけであるが、その際にもオスマン朝政府からは、そうした退避先において積荷の穀物を不正に売却しないように強く訓戒する命令が発せられている[MD42:750]。このようにオスマン朝政府が警戒を強めていたことには理由があった。というのも、エジプトからの輸送船団が嵐や逆風を口実にして不必要な寄港をおこない、そこで密かに積荷を販売するという不正行為が同じ時期に実際におこなわれていたからである[MD42:852]。

エジプトを出た輸送船団がロドス島を過ぎてエーゲ海に入ったあとにも、穀物の不正輸送は絶えなかった。一五六八年には、エジプトからの輸送船団の一部がエーゲ海沿岸の中心都市のひとつであるテッサロニキに許可なく向かったため、この年、イスタンブルにはわずかな食糧しかもたらされなかった[MD7:863]。一方、エーゲ海のアナトリア側では、イズミルやフォチャといった港湾都市が、エジプトからの積荷を不正に降ろすための格好の場所となっていた。また、干し果物の産地でもあったこれらの地域では二重の不正輸送がおこなわれていた。すなわち、エジプトからイスタンブルに直接向かうはずの穀物を満載した輸送船は、イズミルやフォチャに寄港して積荷である穀物の一部を不正に売却した。そして空きができた船倉には、近隣で生産された干し果物を不正に積み込んだあとに出港し、イスタンブルへと向かったのである[MD61:169]。

エーゲ海を北上した輸送船団は進路を北東に変え、左右に城塞が連なる警戒厳重なダーダネルス海峡に入った。しかし実際には、このダーダネルス海峡からマルマラ海沿岸の一帯こそが、エジプトからイスタンブルにいたる穀物輸送ルートにおいて、もっとも頻繁に不正輸送がおこなわれていた地域であった。ダーダネルス海峡以北は、イスタンブルにいたるまでに多くの港湾都市が数珠繫ぎに並び、南方からイスタンブルへと向かう、まさに海上交通の大動脈の役割を果たしていた。そのため、この海域を行き交う船舶や物資の量は圧倒的に多く、こうした状況が不正輸送の格好の目隠しとなっていたと考えられる。

また、すでに述べたように、マルマラ海から穀物を供給される地域にはエディルネやブルサをはじめとして多くの中小都市が点在しており、そのため穀物に対する需要も高かった。エジプトからの穀物輸送船は、ゲリボル[MD10:51]や対岸のラプセキ[MD60:171]、マルマラ海最大の穀物集積港であるロドスジュク[MD10:80]、エレーリ[MD43:163]、そして、アジア側のエディンジク[MD42:589]といった港湾都市に寄港し、密かに積荷の一部を売却したのである。これらの港湾都市のなかでも、ゲリボルにおける不正な穀物の販売は目立って多い。イスタンブルへの食糧供給においては、近隣のロドスジュクやエレーリの後塵を拝していたゲリボルが、不正輸送の主要な舞台となっていたことは注目に値しよう。[21]

枢機勅令簿に記録された回数ではエジプトからのものに遠くおよばないものの、エーゲ海沿岸地域からイスタンブルへの穀物供給ルート上においても穀物の不正輸送はおこなわれていた。なかでもエーゲ海沿岸における最大の穀物供給地であったエヴィア島からは、北方のテッサロニキへの不正輸送がおこなわれていた。一五七六年には、食糧確保のために現地に派遣されたはずのヒュッダード・チャヴシュが、輸送船二隻分にのぼる大量の小麦を許可なくテッサロニキに送っている[MD27:487]。また、その数カ月後にはディミトリという名の船長が、エヴィア島においてイスタンブルのためと称して購入した穀物をテッサロニキに不正に輸送したほか、デルヴィシュという名の船長は、食糧を二度にわたって購入したあとにエーゲ海の島嶼《とうしょ》部に許可なく販売したことが記録されている[MD27:798]。

一方で、エーゲ海のアジア側においては、イズミルの周辺地域からの不正輸送の動きが目立つ。イズミルは十七世紀に急速に成長し、とくにヨーロッパ諸国との取引がさかんにおこなわれたオスマン朝有数の港湾都市となったことで知られている。[22] しかし、その萌芽がすでに十六世紀後半においてもみられることは、同時代の史料中の記述から窺い知ることができる。イズミルが後背地から送られてくる穀物を集積し、イスタンブルに輸送するための積出港としても重要な役割を果たしていたことは、第三章において述べた。しかし、こうした正規の穀物輸送とは別に、前述のマトラバーズと呼ばれた者たちは、イズミルに集められた穀物を退蔵し、イスタンブル以外の場所にもたらす不正輸送をおこなっていた。以下の史料は、こうした不正輸送を禁じることを命じた一五六七年九月九日付の勅令の写しである。

イズミルのカーディーへの命令。お前の〔管轄する〕カーディー管区にある穀物を、何人かのマトラバーズたちが買って退蔵し、〔イズミル周辺〕地域の外に持って行っていることが報告された。今、イスタンブルの街の食糧〔の問題〕は重要である。地域の外に、何者であろうと穀物を持って行くことは許されていない。しかるべく配慮して、お前のカーディー管区にいるマトラバーズたちやその他の者たちが退蔵した穀物を、命令に反して地域の外に与えさせず、イスタンブルの食糧のために向かった諸船舶に与えさせるように。本日以降、我が命令に反して、お前のカーディー管区から他の場所に、一粒の穀物であれ与えられたことが耳にされたならば、お前は詰問され、叱責されるであろう。[MD7:183]

このような不正輸送のほかにも、イスタンブルへの穀物供給の際に積荷の一部の抜取りや、目的地を他の場所に変更する行為もたびたび記録されている。例えば、一五六五年にはマルマラ海一帯のカーディーたちに対して、イズミルからイスタンブルに向かう穀物輸送船の積荷を勝手に売却させないようにすることが命じられた[MD5:416]。しかし、こ

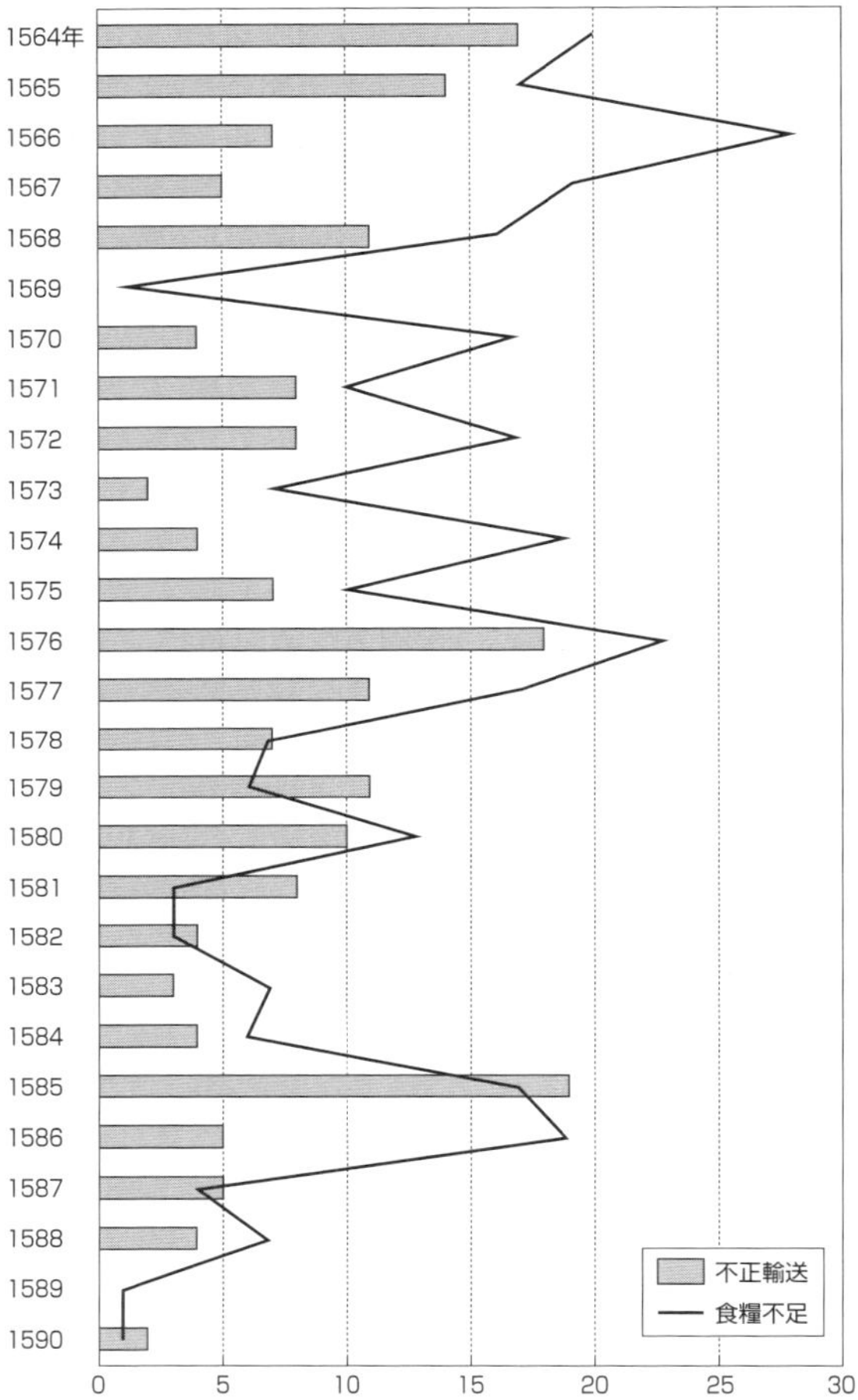

図24　オスマン朝における食糧不足と穀物の不正輸送との相関関係（1564〜90年）

うした禁止令にもかかわらず、これ以降もイズミルからの不正輸送は継続して発生しており、具体的な地名が判明しているだけでも、ロドスジュク[MD40:433]、イズミト[MD48:373]あるいはゲリボル[MD53:188]といった各地に、穀物が不正に転売されていたことを確認することができる。

最後に、十六世紀後半のオスマン朝における不正輸送の発生傾向に言及しておきたい。枢機勅令簿に記録された穀物の不正輸送の回数をもとに作成したグラフ(図24)からは、年による増減はみられるものの、不正輸送自体は、ほとんど毎年のようにおこなわれていたことが理解される。いうまでもなく、このグラフに反映されている数値は、穀物の不正輸送の発生が何らかのかたちでイスタンブルまで報告され、オスマン朝政府が状況を把握したのちに、対応策を命じた勅令を現地に送ったものに限られている。おそらく実際の発生件数は、この数をはるかに上回る規模であったことは想像に難くない。

またグラフからは、十六世紀後半のオスマン朝における食糧不足の発生と不正輸送の発生回数との間に、一定の相関関係を見出すことができる。食糧不足が各地で頻発していた一五六〇年代には不正輸送の件数も増加する傾向を示しており、七六年や八五年をピークとした深刻な食糧危機においては、それに連動するかのように不正輸送の記録回数が跳ね上がっている様子も見て取ることができる。こうした食糧不足の発生と不正輸送の増加との関連性は、局地的に発生した飢饉の場合にも確認することができる。先に紹介した一五六〇年の黒海北岸地域における大飢饉と不正輸送の大量発生の例に加えて、例えば八三年の初秋にシャムとトリポリの両州で発生し[MD51:214]、一年以上にわたってシリア地方全域に深刻な傷跡を残した飢饉に際しては[MD51:267:MD52:720]、遠くマルマラ海沿岸部からシリアのトリポリ地方まで穀物の不正輸送がおこなわれていることを確認することができる[23][MD53:371]。

不正輸送の禁止と対応策

前項で詳しく述べてきたように、十六世紀後半のオスマン朝においては、慢性的な食糧不足を背景として、各地で穀物の不正輸送が頻発していた。こうした一連の不正輸送は、オスマン朝政府が意図する経済政策である「供給主義」にとっての大きな脅威であるとともに、人口流入を続ける帝都イスタンブルに可能な限りの余剰穀物を集めようとする穀物流通政策の根底を大きく揺さぶりかねないものであった。そのため、オスマン朝政府は、あらゆる手を尽くして穀物の不正輸送を防止することに努めたのである。

オスマン朝政府が講じた対応策のうち、もっとも一般的であったのは、穀物の不正輸送が発覚した際に状況の詳しい調査を命じるとともに、不正輸送を禁止する命令を現地に送るというものであった。また多くの場合には、不正輸送の当事者たちを捕らえてイスタンブルに送致することも、あわせて求められた。しかしながら、こうした対応策は事態が生じてからのいわば「対症療法」にすぎず、問題を根本的に解決するためには、穀物の不正輸送が常態化しつつあったオスマン朝の流通システムに内在した不正を許す体質を抜本的に改善する必要があった。これを現実のものとするべく、オスマン朝政府は不正輸送を未然に防止することをめざして、穀物流通システムを再構築するための具体的な指示に基づく様々な措置を講じていった。以下においては、穀物輸送の往路と復路のそれぞれにおいて実施された不正輸送の防止策について順を追ってみていきたい。

まず、イスタンブルへの穀物輸送に従事する船長たちからは、事前に保証人がとられることが求められた[MD27:795]。こうした保証人たちには、船長が積荷もろともにイスタンブル以外の場所に逃亡した場合はもちろん、イスタンブルに到着した際に穀物の量が不足していた場合などにも連帯責任を負う義務が課せられていたと考えられる。また、第三章において明らかにしたように、イスタンブルへの穀物輸送のために地方に向かう輸送船の船長たちには、穀物輸送を命じた勅令ないし証書が与えられていた。そのため、オスマン朝政府からは、地方を管轄するカーディーに対して、来航する輸送船の船長たちの手元にそうした勅令あるいは証書があるかどうかを確認するように命じる勅令が数多く発出されている[MD26:597:MD28:878:MD52:367:MD58:480, 675]。いうまでもなく、イスタンブルへの穀物輸送を命じた勅令や証書をもたない船長に対して穀物を与えることは厳しく禁じられた[24]。

しかしながら、不正輸送をおこなう船舶が、必ずしも役人が駐在する港湾から穀物を積み込むとは限らなかった。ときには官憲の監視が厳重な港湾を避けるために、たとえ積込み作業が困難であっても、あえて人気のない土地を選んで不正輸送がおこなわれることもあった。こうした事態を避けるために、オスマン朝政府は港湾都市における穀物の積込みを徹底させるとともに[MD6:845]、船着場が存在する場所であってもそこが不正輸送の温床となっている場合には、あらゆる船の寄港を禁じるとともに、船着場としての機能そのものを停止させるように命じた勅令を送っている[MD5:538:MD7:172]。

輸送船が地方の港湾都市において穀物の積込みを終えて帰途についた際にも、オスマン朝政府による不正輸送の予防措置が緩められることはなかった。第三章においてみてきたように、穀物を積み込んだ輸送船の船長には、途中で穀物が抜き取られていないかどうかをイスタンブルに到着した際に確認するために、現地を出港する前に穀物の受領証が手渡された[MD6:22]。また、おそらくは受領証の偽造や改竄《かいざん》を防ぐために、輸送船の船長に渡されたものとは別に書付と呼ばれた一種の報告書が作成されて、早舟あるいは早馬でイスタンブルに送られた。穀物輸送船に先行してイスタンブルに届けられる報告書には、積み込んだ穀物の量や輸送船の出港日に加えて[MD31:427:MD58:480]、ときには現地で穀物を購入した際の公定価格[MD31:575]なども記された。

しかしこうした不正輸送の防止策を含んだ穀物流通システムを導入してもなお、穀物をイスタンブル以外の場所に持ち出す動きをなくすことは容易ではなかったと考えられる。そのため、オスマン朝政府は前記のような書面による確認作業に加えて、ときには実力行使によって、言い換えるならば、ある種の暴力装置を用いてでも不正輸送を防止しようとした。具体的には各地の城塞に配置されていた城兵を、穀物を満載してイスタンブルに向かう輸送船に同乗させることによって船長を監視し、船が途中で目的地を変更したり、寄港先で積荷の一部を抜き取ったりすることを防ごうとしたのである[25][MD6:24;MD61:161]。

穀物輸送船に城兵を乗せていることからも明らかなように、イスタンブルにいたるまでの輸送ルート上における不正輸送に対する警戒はもっとも厳重におこなわれた。エーゲ海北岸の港湾都市カヴァラを拠点とする艦隊の指揮官として、エーゲ海を遊弋《ゆうよく》しつつ同海域における海上秩序の維持を担当していたカヴァラの提督に対しては、地中海やエーゲ海沿岸部において食糧を積み込んでイスタンブル以外の場所に向かい、不正輸送をおこなおうとする輸送船の監視が命じられたほか[MD60:120]、ときにはこうした船を臨検し、場合によっては拿捕《だほ》してダーダネルス海峡の城塞まで廻送させることも命令されている[MD5:462]。

「イスタンブル穀物供給圏」の各地からイスタンブルへと向かう長大な穀物輸送ルート上において、オスマン朝政府によってとくに重要視されていたのは、ダーダネルス海峡周辺における監視体制の強化であった。マルマラ海からエーゲ海と地中海に抜けるダーダネルス海峡は、南方からイスタンブルに向かう際の唯一の海上ルートでもあった。この狭い海峡の重要性は、沿岸に築かれた堅固な城塞がキリドゥルバフルすなわち「海洋の錠」と名づけられていたことからも明らかである。オスマン朝政府が最大の注意を払っていたのは、黒海やマルマラ海沿岸部で穀物を積んだのちに、イスタンブルに向かうとみせかけてそこを素通りしたあとにダーダネルス海峡を南下し、エーゲ海や地中海方面に穀物を不正輸送しようとする輸送船の存在であった[MD42:1003]。例えば、一五六五年七月二日付の枢機勅令簿には以下のような記述がみられる。

ゲリボルのカーディーと海峡城塞の守備隊長およびゲリボルのハッサ・ハルジュ・エミニ[26]への命令。スルターニイェ城塞の砲兵隊長であるアリが書簡を送って、ヒジュラ暦九七二年のズー・アルカアダ月一日〔一五六五年五月三十一日〕に、七隻のカラミュルセル船が穀物とともに海峡から出て行ったことを知らせてきた。いま以下のように命じる。我が勅令が到着したところで監視するように。実際に前述の日付において穀物とともに、その数の船が〔通過して〕行ったのであろうか、〔船は〕誰の所有のものであろうか、彼らの手元には命令が存在したのであろうか、どれだけの量〔の穀物〕であろうか。この問題をよき方法によって調査させて、情報を手に入れ、詳細に記して知らせるように。すなわち我が勅令に反して、穀物を積んだ船が通過して行ったというようなことがあるならば、決してお前たちの謝罪は受け容れられない。この問題について、しかるべく配慮して、我が勅令なくして穀物を積み込んで、海峡を通過することを求める者たちの諸船舶を、彼らの穀物とともに差し押さえて、船長たちを投獄し、船内にどれだけの量の穀物があろうとも、記して知らせるように。今後は、我が勅令に反して穀物を積んだ船を通過させることに十分に用心して、先を見通して行動するように。〔MD6:1342〕

こうした不正輸送をおこなう輸送船の通過を防止するために、ダーダネルス海峡に築かれていた城塞においては、輸送船の船長が穀物を購入した際に現地で受け取る押印受領証を所有しているかどうか[MD16:373]、あるいはオスマン艦隊の提督から与えられた押印の通過許可証をもっているかどうかの確認作業が実施された[MD18:178]。無論、これらの書類を所有していない場合には通過の許可は与えられず、船は差し押さえられた[MD33:202, 361]。通常の場合、こうした不正輸送の監視活動は城塞の守備隊長の任務とされていたが、ときにはイスタンブルから不正輸送の防止にあたるための担当官としてチャヴシュが現地に派遣されることもあった[MD53:371]。

また、極度の警戒態勢がとられた際には、通過許可証が偽造されたものである可能性にも注意が払われた。例えば、一五八五年五月十七日付の枢機勅令簿には、食糧を積んだ輸送船は許可証のあるなしにかかわらず、沿岸の城塞に留め置かれる措置がとられたことが記録されている。このとき、許可証をもたない輸送船には、船内に城兵を入れて有無をいわせずイスタンブルに廻航させ、許可証がある場合についても、船は現地の城塞に留められたうえで、所有する許可証の真偽を確かめるために、その現物を至急イスタンブルに回送するように命令がなされた[MD58:359]。さらに、城塞への寄港と積荷検査を拒否する輸送船に対しては撃沈命令が出されていたほか[MD61:177]、実際に城塞からの砲撃が実施され、恐怖にかられた輸送船が慌てて接岸してきた事例も記録されている[MD10:264]。

以上のような非常に厳しい監視のもとで、穀物を積載した輸送船はようやくイスタンブルに到着するわけであるが、イスタンブルへの入港に際してもオスマン朝政府の不正輸送に対する厳重な警戒が解かれることはなかった。第三章において示したように、食糧不足がほとんど恒常化しつつあったイスタンブルにおいては、小麦をはじめとする各種穀物は貴重な物資であると認識されていた。実際に、本来、船を接岸させるべき港湾地区の船着場には接岸せず、その周辺部において穀物を横流しするという行為が発生していた。オスマン朝政府は、こうした不正行為を防止するために、各地から来航する穀物輸送船を所定の船着場に接岸させるとともに、積荷である穀物については、そのすべてを計量所[27]に引き渡すことを徹底させるように命じている[MD60:594]。

こうした措置に加えて、穀物の不正輸送を未然に防止するためには、実行犯が捕らえられた際に見せしめとしての厳しい罰を与えることによって、他の者たちに不正輸送を思い留まらせることも必要不可欠であった。先にも述べたように、不正輸送が発覚した際には、穀物を不正に売り渡した者たちを拘束し、場合によってはイスタンブルに送致することがもっとも一般的な処置であった。輸送船の船長たちに対する刑罰はこれよりも厳しく、すでに十六世紀後半のかなり早い段階からガレー船送りにされている事例を確認することができる[MD6:572;MD21:497]。漕ぎ手としてガレー船に送られることは、長期間にわたる強制労働をともなう懲役刑に等しく、自由刑のなかでは相当な重罰であったと考えられる。

また、穀物の不正輸送に共謀していたかどうかにかかわらず、不正輸送が発生した地域を管轄するカーディーなどの現地役人に対しても厳しい罰則が科せられた。とりわけ地方行政の責任者であるカーディーに対しては、解任や懲罰を含めた様々な圧力がかけられた[MD6:40;MD64:494]。このため地方に赴任した役人たちにとって、穀物の不正輸送を厳しく取り締まることは、ある意味において、自らの地位や役職を保全するためにも非常に重要な任務であったと考えられる。実際に一五七六年二月十二日付の枢機勅令簿には、サルハン県の代官が、同地の倉庫に保管されていた穀物が紛失したことの責任を問われて免職の憂き目にあったことが記されている[MD27:608]。

ところで、枢機勅令簿における穀物の不正輸送に関連する記述を時系列に沿って読み進めていくと刑罰についてのある変化に気づかされる。具体的には、厳しい懲罰にもかかわらず穀物の不正輸送が目立って減少しないことに業を煮やしたためか、ある時期を境として、処罰の内容が明らかに厳しくなる傾向を見て取ることができる。とりわけ一五八〇年以降においては、そうした厳罰化の傾向が一層顕著になる。例えば一五八〇年八月一日には、それまではたんに投獄されることが一般的であった穀物を不正に販売した現地人に対して、処刑命令が下されていることを確認することができる[MD42:284]。穀物の不正輸送をおこなった輸送船の船長たちが、ガレー船送りという重い刑に処されていたことはすでに述べた。しかしこれについても、一五八〇年代には厳罰化が進行していたと考えられる。その一例として、一五八七年五月上旬の記録では、不正輸送をおこなった船長の処刑が命じられている。しかも、このときにとられた処刑の方法は、輸送船の帆柱に吊るし上げるという視覚的にも非常に残酷なものであり、いわば「見せしめ」としての効果を期待して極刑が採用された可能性が高いと考えられる[MD62:89]。

こうした不正輸送に対する厳罰化は、現地に派遣された役人たちに対しても適用された。先に述べたように、ダーダネルス海峡は、イスタンブルへの穀物輸送の大動脈ともいうべき重要な物資流通ルートを形成しており、そこに位置する城塞は海峡の物流を掌握する要としての機能を果たしていた。通常においては、ダーダネルス海峡を突破しての穀物の不正輸送が発覚した場合、沿岸にある城塞の守備隊長への処分は訓戒や戒告であることが多かった。しかし一五八四年八月三十日付の枢機勅令簿においては、こうした不正輸送を見逃した守備隊長が、オスマン朝政府から派遣されたチヤヴシュによって拘束されてイスタンブルに送還されている[MD53:405]。一五八六年八月二十八日付の命令はさらに厳しく、ダーダネルス海峡の外に穀物が不正に持ち出されるようなことがあった場合には、責任者が城塞の門に吊るされて処刑されるであろうことが警告されるというものであった[MD61:177]。

以上のような一五八〇年代以降にみられる罰則の強化は、おそらく一定の成果をあげたものと考えられる。甚大な飢饉と食糧不足の影響によって穀物の不正輸送が急増した一五八五年を例外として、八〇年代の不正輸送の発生件数が、それ以前と比べても低水準で推移したことは、図24(二〇六頁)からも明らかであろう。もちろん、こうした不正輸送の減少の要因を刑の厳罰化のみに求めることはできない。しかし、オスマン朝による一連の不正輸送対策は、結果として穀物の不正輸送の減少の一要素となっていたであろうことは、おそらく間違いなかろう。

以上の考察によって、十六世紀後半におけるオスマン朝領内で頻発していた穀物の不正輸送の状況とそれに対してオスマン朝政府が講じた様々な措置を具体的に明らかにすることができた。続く第3節においては、オスマン朝領内に留まることなく、ヨーロッパ諸国へと広がりをみせていた東地中海世界における穀物争奪戦を穀物の密輸に焦点を絞って検討していきたい。

3 ヨーロッパ諸国への穀物密輸

本章の第1節において述べたように、十六世紀後半のオスマン朝領内において穀物の不正輸送をおこなう者たちと密輸行為に手を染める者たちとの間には、より多くの金銭的利益を求めるという基本的に同一の動機が存在していた。また、例えば一五六八年二月十二日付の勅令の写しに、

……今後はエジプトにある船着場から米やレンズマメ、ヒヨコマメおよびその他の各種食糧がイスタンブルの街

に向かう諸船舶に与えられ、テッサロニキやヨーロッパ諸国、あるいは地域の外のいかなる場所に向かう諸船舶にも与えさせないように。……

と記述されていることを考慮するならば、オスマン朝領内への穀物の不正輸送とヨーロッパ諸国への密輸とは、少なくとも当事者たちにとってはとくに大きな区別なくおこなわれ、またそのように認識されていたように見受けられる[MD7:863]。史料から確認される限り、ムスリムの商人や穀物保有者たちが、ヨーロッパ人の密輸商人を「異教徒」であるとして忌避し、彼らとの取引をおこなわなかったというわけでもない。むしろオスマン朝の支配下にあった穀物保有者たちの多くは、イスラーム、キリスト教、ユダヤ教など信仰する宗教にかかわらず密輸に関与していた[MD14:631]。すなわち、十六世紀後半の東地中海世界における穀物流通ネットワークは、国境や宗教の枠をはるかに越えて広がっており、この意味においてオスマン朝領内でおこなわれていた穀物の不正輸送と、ヨーロッパへの密輸との間に大きな違いはなかったのである。

ただし、あらゆる商取引と同様に密輸行為にも、常に売り手と買い手とが存在する。前記のような事情は、あくまで「売り手の側」すなわちオスマン朝領内にいて領外に穀物を売却する者たちの見方によるものであった。一方で穀物の買い手の存在を考慮するならば、領外への穀物密輸がもつ性質は、オスマン朝領内における不正輸送のそれとはまったく異質であり、またより困難な行為でもあったと思われる。不正輸送においては、売り手と買い手の双方がオスマン臣民であるために、相互の意思疎通や現地についての情報収集、あるいは買収による隠蔽工作などが比較的容易であり、密輸行為に比べれば相対的なリスクは低かったと考えられる。しかし、領外への密輸においては、買い手の多くは遠く離れたヨーロッパ諸国から密かにやって来る異教徒であり、売り手と買い手の双方ともに、不正輸送をおこなうとき以上に高いリスクを覚悟する必要があった。また、前節で詳しく検討したように、イスタンブルへの穀物供給システムを巧みに利用した積荷の抜取りといった手段も、国内向けの不正輸送であるからこそ可能なものであり、領外への穀物輸送が原則として禁じられている以上、密輸の手段として用いることは難しかった。

以上のような理由から、オスマン朝領外への穀物の密輸は、国内における不正輸送とは異なる地域において多発し、また異なる手段を用いておこなわれた。そのため、オスマン朝政府が立案し、実行しようとした様々な密輸対策も、国内における不正輸送への対応策とはやや異なる性格を有することになった。以下においては、こうした点にも留意しつつ、十六世紀後半の東地中海世界を舞台に繰り広げられた「穀物争奪戦」の実相を具体的に明らかにしていきたい。

穀物密輸の具体的状況

十六世紀後半に作成された枢機勅令簿には、穀物密輸についての膨大な数の記録が存在している。ところが、ほとんどの場合、そうした記録には具体的かつ詳細な情報は記されていない。すなわち、どの国の何という者がやって来て、どれだけの穀物をどこに密輸したのかというような個別具体的な情報を枢機勅令簿の記述から読み取ることは困難である。これは、以下のような枢機勅令簿の作成の経緯による。ある地方で密輸が発生したことが判明すると、まずそれについての事後報告が現地からイスタンブルに送られる。その報告を受けて、オスマン朝政府は、同じような密輸が再び起きることのないように対応策を指示した勅令を作成して正本を現地に送り、同時にその写しを枢機勅令簿に記録させてイスタンブルにおいて保管したのである。そのため、枢機勅令簿からは、ある時期に特定の地域において穀物密輸が発生したこと自体は判明するものの、実行犯たちが捕らえられた少数の例外を除けば、詳細な情報を得ることはほとんどできない。そのため、密輸行為の主体も多くの場合、史料上ではたんに[28]「異教徒 kafir」、あるいはその複数形である「異教徒ども kefere. küffar」、さらには侮蔑的な表現を加えた「卑しき異教徒ども küffar-ı haksar」など極めて抽象的に記されるのみである。ときには、「ヨーロッパ人(Frenk)ないし(Efrenc)」[MD33:229:MD35:844]と書かれることもあるが、これも実質的には、ほとんど前記の「異教徒」がもつ漠然とした意味合いの域をでるものではない。

同様の事情は、密輸された穀物の行き先についても指摘しうる。枢機勅令簿においては、具体的な地名を記すことなくたんに「海外に deryaya」穀物を与えないように命じただけの記述が密輸に関連する記録の大半を占めている。ただし、この表現は密輸についての記述に特有のものであり、オスマン朝領内の不正輸送の場合にはみられないうえ、前記の異教徒という単語とともに用いられていることが多い。一例をあげると、一五五九年六月二十一日付の勅令の写しにはこのように記されている。

……ズィンミーが、海外や異教徒に穀物を与えていることを白状し、記録したことを〔勅令の受取り手であるカーディーが〕知らせてきた。今、海外に穀物が与えられることは禁じられている。…… [MD3:20]

これ以外の言葉としては、イスラーム的な世界認識を反映した「ダール・アル・ハルブ Dar al-harb」という表現も散見される[MD7:456; MD14:215; MD31:534]。ダール・アル・ハルブは直訳すると「戦いの家」を意味するアラビア語であるが、伝統的なムスリムの世界認識においては「いまだイスラーム化されていない無秩序な地域」、いわば「化外の地」に相当する場所のことを指す[29]。ただし、史料中の使用方法や記述の内容から、枢機勅令簿に記されたダール・アル・ハルブが意味するところは、「オスマン朝と友好的な関係にないヨーロッパ諸国」程度のものであったと考えられる。また、こうしたダール・アル・ハルブから来航する異教徒は、オスマン語史料にあらわれる「敵性異教徒 harbi küffar」であり、十六世紀後半においてオスマン朝と友好関係にあったフランスなどの人々はここに含まれていない[MD16:377; MD35:644]。さらに、前記の「ヨーロッパ人」に対応する地名としては「ヨーロッパ Frengistan」が用いられることもあった[MD7:863]。

以上のように、枢機勅令簿の記述からは詳細な実態を把握することが容易ではない穀物の密輸活動ではあるが、なかには具体的な国名あるいは地域名が記録されている例も存在する。記録数がもっとも多いのは、多くの都市人口を抱えていたヴェネツィアである。ヴェネツィアによるオスマン朝領からの穀物密輸については、十六世紀前半については齊藤によって[齋藤 1985:齋藤 1986]、同世紀後半についてもモーリス・エマールと齋藤によって主にヴェネツィアとドゥブロヴニクの史料に基づいてすでに詳細に明らかにされている[Aymard 1966:齋藤 1989:齊藤 2002:228-257]。一方で、ヴェネツィアによる活発な密輸活動は、オスマン語史料においても多数確認することができる。ヴェネツィアからの密輸船によって、オスマン朝で収穫された穀物は、ヴェネツィア本国へはもちろんのことオスマン領に近接するヴェネツィア領の島々にも、大量に送り込まれていた。ヴェネツィア本国以外の地域では、エーゲ海に浮かぶ最大の島であるクレタ島[MD26:858:MD39:668:MD52:367:MD62:183]をはじめとして、ケファロニア島やザキントス島[MD31:184:MD33:576]あるいはコルフ島といったイオニア海に面する島々が、穀物の密輸先として枢機勅令簿に記録されている[MD53:27]。

史料に記録された回数ではヴェネツィアに大きく劣るものの、他のヨーロッパ諸国もまたオスマン朝からの穀物密輸を頻繁に試みていた。スレイマン一世によって一五二二年にロドス島から放逐され、のちにマルタ島に根拠地を移した聖ヨハネ騎士団や、地中海を舞台として十六世紀を通じてオスマン朝と激しい鍔《つば》迫合いを演じてきたハプスブルク家支配下のスペインは、軍事的にはもちろんのこと、[30]戦略物資としての重要性を有していた穀物の密輸先としても厳重な警戒の対象とされていた[MD7:459]。また一五三二年以来、ローマ教皇領における最大の港湾都市となっていたアンコーナに対しても穀物密輸はおこなわれていた。一五六七年十一月十二日付の枢機勅令簿には、アドリア海のすぐ対岸に位置するオスマン領のドゥカギン県からアンコーナに金貨一万枚分もの莫大な量の穀物が密輸されたことが記されている[MD7:441]。さらに、稀ではあるが、ハプスブルク家が統治したいわゆるオーストリアや本来であれば友好国であるはずのフランスの船舶もまた、ときとしてオスマン朝からの密輸行為をおこなっていたことが確認される[MD33:201, 363]。

以上のような各国の関与した穀物密輸による損害は非常に深刻であり、もとより穀物不足の状態におかれていたオスマン朝は、一連の密輸行為に対してますます警戒の度を強めていった。例えば一五六四年八月二十五日付の勅令の写しは、こうしたオスマン朝の態度をよく示している。当時、ロドス県知事の職にあったアリ・ベイは、同地にあるガレー船の漕ぎ手のための食糧が欠乏したため、一〇〇〇カンタル(約五六・四トン)の乾パンを求める書簡をイスタンブルに送った。これに対してアリ・ベイに送り返された回答は注目に値する。そこには、以前にも同じ理由によって二度にわたって小麦が与えられたことや、それにもかかわらず、なぜ食糧の欠乏が生じているのかという疑問が呈され、さらには、「それとも、食糧を口実にして穀物を受け取り、命令に反して領外にでも与えているのか」というオスマン朝政府の穀物密輸への強い疑念が率直に記されている[MD6:68]。この記録は、十六世紀後半のオスマン朝における地方支配の要ともいうべき県知事に対してでさえ、勅令によってこうした疑義が示されるほどに穀物密輸が各地で横行していたことを示唆するものであるといえよう。[31]

それではオスマン朝からヨーロッパ各国への穀物密輸は、どのようにしておこなわれていたのだろうか。ここからは、枢機勅令簿に記された事例をもとに、穀物密輸の様々な手口を具体的に明らかにしていきたい。先にも述べたように、密輸される穀物の買い手の多くはヨーロッパからやって来る異教徒、すなわちキリスト教徒やユダヤ教徒の商人であった。この意味において、オスマン朝の側からみるとヨーロッパ各国との間の穀物取引は、密輸ではあるものの、基本的に「受動貿易」の形態をとっていた。ただし、オスマン朝の穀物商人や輸送業者が密輸にまったく関与していなかったというわけではない。オスマン朝治下においてズィンミーと呼ばれたキリスト教徒やユダヤ教徒たちのなかには、自らヨーロッパ各地に赴いて穀物を売却しようとする者たちも存在した。なかでも一五六〇年八月九日付の枢機勅令簿の記録は、そうしたズィンミーによる密輸の実態が非常に詳細に記されていて興味深い。それによると、ヤニの息子であるマノルという名のズィンミーが、イスタンブルへの穀物輸送と称して一〇〇ミュド(約五一・三トン)の穀物をトラキア地方のフェレス(フィレジキ)で購入した。しかしその際に、現地の現行の公定価格[32]がキレ(約二五・六四キロ)当り一二アクチェであったにもかかわらず、一五〜一七アクチェという高値で買い入れたために現地の役人によって密輸を疑われた。取調べの結果、このマノルは一五六〇年五月中旬にも同じ場所において、当時の穀物の公定価格が一八〜二〇アクチェであったにもかかわらず、二四アクチェという高値で買い取っていたことが明らかとなった。さらに「以前に買っていった穀物は高値で買っただろう。どうやって儲けているのだ」と尋問されたところ、「あの穀物をヨーロッパ人に売ることで儲けているのだ」と答えたため、マノルは投獄され、船は積荷の穀物ともども没収されてイスタンブルに送られた[33][MD3:1442]。

公定価格よりも高い価格で穀物を買い取るというこうした方法は、密輸に携わる者たちの常套《じょうとう》手段であったようである。また現地の相場に疎いか、あるいは本国に持ち帰った際に大きな利益を得ることが確実であることをあらかじめ知っているヨーロッパ人商人たちのなかには、ときに公定価格の二倍もの高値で大量の穀物を買い占める者もあった。例えば、エーゲ海沿岸の主要な港湾都市であるカヴァラからの密輸について記された一五六五年一月十五日付の枢機勅令簿の記録をみてみたい。

……カヴァラの船着場に卑しき異教徒どもの大船がやって来て、小麦のキレ〔当りの価格〕が一五アクチェであったにもかかわらず、前述の諸船舶とともにやって来た異教徒たちは、二五や三〇〔アクチェ〕で購入することから、マトラバーズたちが小麦を集めて、高値で異教徒に販売しているために、前述の町〔西トラキアのドラマ〕には小麦がもたらされず、……海外に与えられていることから〔穀物に〕大きな窮乏を感じているのである。……[MD6:621]

この記述からは、ヨーロッパからの穀物密輸船がエーゲ海北岸にまで進出していたこと、密輸商人たちが公定価格のおおよそ倍もの値段で小麦を買い取っていること、および先にも触れたマトラバーズと呼ばれる不当利得者たちが穀物密輸に積極的に関与していることに加えて、こうした密輸によって周辺地域（この場合はドラマ）への穀物流通が阻害され、食糧不足が生じていることが理解される。

またすでに述べたように、十六世紀後半の東地中海世界において、穀物の密輸に手を染めていたのは領外からの異教徒や国内のズィンミーだけではなかった。例えば、一五五九年七月十九日付の枢機勅令簿には、多くのムスリムの輸送業者が頻繁に「ダール・アル・ハルブ」に食糧を持ち出していることがはっきりと記されている。

……〔アナトリアのエーゲ海沿岸に位置する〕ギュゼルヒサール〔現アイドゥン〕カーディー管区にあるデニズ・デイルメニという名の場所の岬から、アフメトとナスーフおよびマアディンという名の船長たちがいつも船でやって来て、ギュゼルヒサールとベルガマとベルガマの諸ナーヒエおよびタルハラ・カーディー管区から食糧を集めて、ダール・アル・ハルブに買っていくことによって、地域では大きな窮乏が生じ、いまや前述の場所においても〔密輸をおこなうべく〕食糧を集めるために、いかに多数の諸船舶が存在し……［MD3:128］

以上のような数少ない「能動貿易」としての穀物密輸の事例に比べると、「受動貿易」すなわち来航するヨーロッパ人商人に穀物を売り渡す行為についての記録は圧倒的に多い。そうした記録のすべてに言及することはできないので、ここでは多数の記述のなかから特徴的な内容を含むものをいくつか選んで提示してみたい。

例えば一五六〇年一月三十一日付の枢機勅令簿には、エーゲ海のヨーロッパ側に位置するティーヴァからの穀物密輸の顚末が詳細に記されている。それによると、一隻のバルチャ船[34]と三隻のアーリバル船からなる「卑しき異教徒ども」の船団は、オスマン艦隊が留守であるところを見計らって一五五九年九月上旬にティーヴァに来航した。この船団は、二五日間にわたって付近の海上に停泊し続けたうえ、ティーヴァの現地役人〔エミン〕と共謀しつつ密かに穀物を積み込んで、オスマン艦隊が帰還するという知らせを受けると逃亡したという。同じ頃、陸上においては、「卑しき異教徒ども」の密輸船が停泊している〔海上に近い場所にある〕船着場の埠頭において、夜間に小舟に穀物を積み込もうとしていた二人のアルバニア系の若者が穀物を載せた一四頭のロバとともに捕らえられた［MD3:750］。またこれと相前後して、同地域からは「卑しき異教徒どもの何隻かの船がやって来て二万ミュド〔約一万二六〇〇トン〕[35]以上の穀物を買い、実際に村から村へとまわりながら、穀物を集めていること」も報告されている［MD3:517］。

駄獣を用いて海岸部まで穀物を運び、そこで小舟に積み替えて海上の密輸船に引き渡すという手段は、オスマン朝における穀物密輸の典型であった。前記の例ではロバが使われているが、場所によってはラクダ[MD6:43]や馬、あるいはラバといった様々な種類の家畜が穀物の沿岸部への運搬に用いられていた[MD7:1733]。[36] 一方、海上に停泊する大型の密輸船と接触するためにはサンダル[MD26:681]やカユク[MD23:157]と呼ばれた手漕ぎの小舟が使用された。小舟は陸地に集められた穀物を沖合まで運ぶための艀として使われたほか、ときには洋上での積降しの手間を惜しんでか、穀物を満載した状態のまま大型のカリテ船の後部や舷側に綱などで結びつけ、直接曳航する方法がとられることもあった[MD18:209]。

密輸の手段にも地域的な特徴を見て取ることができる。アドリア海に面したアルバニア沿岸部では、海岸近くに穀物倉庫を建設し、そこに貯蔵した穀物を密かに売却するという方法が多く用いられた。例えば一五七三年十月五日付の勅令の写しには、アルバニア北部に位置するドゥカギン県のハジュ・メフメトという男が、アドリア海に注ぐドリン川の近くに食糧倉庫をつくり、夜な夜な小舟でヨーロッパ人の集団に密かに穀物を売却していることが記されている[MD23:157]。同じく一五七一年四月十一日付の記録によると、アルバニア南部にあるデルヴィネ県の沿岸部において、何者かが「家畜小屋や塔を建て、それを口実に卑しき異教徒どもと接触して、海外や異教徒たちに穀物を常に与えていること」が報告されている[MD7:1376]。またオフリ県の沿岸部では、より大規模な密輸が組織的におこなわれていたことを確認することができる。そこでは、海辺に二〇〇〇キレ(約五一・三トン)もの穀物が入る倉庫が建設され、領外から来る異教徒と共謀したベフラムという名の者によって穀物が売却されていた。現地での詳しい調査の結果、一五七五年には二度、七六年にも三度にわたって密輸がおこなわれたことが明らかになっている[MD29:262]。

一方でペロポネソス半島においては、現地に知行地を有するスィパーヒーたちが穀物の密輸に関与するという特徴がみられる。とりわけ、一般のスィパーヒーよりも多くの収入を得ていたザーイムと呼ばれるスィパーヒーたちが、より積極的に密輸活動をおこなっていた。[37] 一五六七年八月二十六日付の枢機勅令簿には、「モラ県のゼアーメト保有者たちのうちナーズル・リュトフィーとバイラム・アーとして知られているスィパーヒーが……ヨーロッパ人たちに密かに小麦やチーズ、駄獣、その他の食糧を与えて」いることが記されている[MD7:120]。また、一五七三年二月二十三日には、同じくモラ県から多くのスィパーヒーたちが穀物の密輸に関与していることのほか[MD21:273]、スィナンという名のザーイムが、やはり領外の異教徒たちに穀物を与えていることが記されている[MD21:332]。さらに一五七五年十月二十五日にはモラ県のカラ・ケマルの息子メフメトという名のスィパーヒーが[MD27:101]、また八四年八月四日にはカルルイリ県にいたバーリーの息子デデという名のティマール保有者がそれぞれ穀物の密輸をおこなっていたことが記録されている[38][MD53:323]。

各地に知行地を保有するスィパーヒーたちと同じく、地方にいる役人たちもまた、ヨーロッパ人商人と共謀して穀物の密輸に大きくかかわっていた。とりわけ現地の港や船着場を管理し、徴税などの業務もおこなっていたアーミルやエミンに加えて、各地の徴税請負人たちも穀物の密輸に手を染めることが多かった。例えば、一五六七年十一月十五日付の枢機勅令簿には、ヘルセキ県にあるマカルスカの船着場において地元のズィンミーとアーミルが共謀して、穀物などを領外の異教徒たちに与えていることが記録されている[MD7:456]。また一五七三年二月二十三日には、カルルイリ県のハサンとクルドという名の現地のエミンたちが、海外に食料を与えているとの知らせがイスタンブルにもたらされたため、二人を捕らえて調査をおこなうように命令がなされている[MD21:270]。

徴税請負人が密輸をおこなっていた事例としては、アドリア海に注ぐネレトヴァ川の河口付近にあったと考えられるネレトヴァ船着場において、徴税請負人であるバーリーとアフメトが禁令を破って「卑しき異教徒ども」に穀物を売却したことが記されている[MD51:214]。一方で、カルルイリ県やレパントでも、ムカータア(請負に出された税項目)の管理官であったバーリーという名の者が、自らの耕作地からの収穫物や周辺から安く買い集めた穀物を密輸していた[MD5:1336]。

オスマン朝領各地の地理的要衝におかれていた城塞の守備隊長たちも、ときに自ら密輸をおこない、あるいは賄賂を受け取って密輸行為を黙認した。例えば前記のレパントにおいては、城塞の守備隊長であったヒュセインが、一二隻もの「卑しき異教徒ども」の船団がコリント湾に浸入してきたにもかかわらず、これを黙認してやすやすと穀物の密輸を許した容疑によって詳しい取調べが実施された[MD51:32]。また、ペロポネソス半島の南端に位置するモネムヴァスィア(メンヴァシヤ)城塞においては、同地のスィパーヒーでもある守備隊長のメフメト自らが、領外からの密輸商人に対して穀物を売却していたことが記録されている[MD7:970]。

不正輸送について考察した際にも言及したように、オスマン朝における穀物流通にとってもっとも重要な地点は、イスタンブルを挟んで黒海とエーゲ海とを結ぶダーダネルス海峡であった。しかしダーダネルス海峡は、その重要性の高さゆえに多くの密輸の舞台ともなった。一五八〇年五月二十五日付の勅令の写しには、ダーダネルス海峡にある城塞の守備隊長が賄賂を受け取って穀物密輸船の通過を黙認したことが記されているほか[MD39:670]、八七年四月二十四日には同海峡の要ともいうべきキリドゥルバフル城塞の守備隊長が当時ヴェネツィア領であったクレタ島の商人と共謀して城塞内に食糧を隠匿していたことが記録されている[MD62:183]。さらに一五七七年七月十二日付の枢機勅令簿の記述によると、ダーダネルス海峡を通過する前の積荷検査のために沿岸の城塞に寄港するドゥブロヴニク船舶の乗組員との通訳を務めるアブディーという名の男が密輸に関与していることが明らかになったことから通訳の職を解任され、以後はムスリムによって船内の検査がおこなわれるようにすることが命じられている[MD31:90]。

以上のような下級役人のみならず、ときには地方に赴任した県知事や、各地に大規模な知行地を有する政府高官などが、直接間接に穀物密輸にかかわることもあった。一五六五年十月十七日付の枢機勅令簿には、当時のキリス県知事メフメトが、おそらくは独断で海外に穀物を与える許可を出し、これ以外にも数々の不正行為の実態が明らかになったことから県知事職を解任されたことが記されている[39][MD5:390]。同じくアドリア海に面するドゥカギン県でも、県知事のカスムがアンコーナに金貨一万枚分の大量の穀物を売却したことが判明し、一五六七年十一月十二日に調査が命じられたことはすでに述べた[MD7:441]。また、エーゲ海に浮かぶ穀倉地帯であるエヴィア島からは、やはり高官たちが領外の異教徒に穀物を販売したために、食糧の欠乏が生じたことが記録されている[MD26:568]。

一五七四年十月三十一日付の枢機勅令簿の記述は、さらに高い地位にあった人物が穀物密輸にかかわっていた可能性を示唆しており興味深い。それによると、一五七〇年代初頭に実施されたキプロス遠征からの帰還中にクレタ島所属のヴェネツィア艦船によって捕らえられ、のちに釈放されたブダクという者が、パトモス島のズィンミーによってクレタ島に糧秣《りょうまつ》が与えられていることのほか、クレタ島の周辺にはムスタファ・パシャ[40]（一五八〇年没）所有の船舶もみられたということを報告してきた[MD26:833]。史料の記述からは、当時、宰相位にあったムスタファ・パシャが実際に密輸に関与していたかどうかは明らかではない。しかし、このときにも詳しい状況の調査をおこなうことを命じた勅令が発せられている。最後に、ヴロラのカーディーに宛てられた一五八四年九月七日付の勅令の写しをみてみたい。そこには、「同地域のエミンたちやザーイムたち、アーたち、および何人かの高官たちによって、異教徒に穀物が売却され、窮乏の原因となっていること」すなわち、まさに地位の上下にかかわらず、オスマン朝の役人たちがこぞってヨーロッパ商人への穀物密輸に関与していたことが記録されている[MD53:445]。

ここまで、オスマン朝の地方官吏や場合によっては政府高官さえもが、ヨーロッパ諸国への穀物の密輸に深くかかわっていたことを明らかにしてきた。しかし、オスマン朝を舞台として展開された穀物密輸におけるいまひとつの重要な構成要素は、オスマン朝の保護国や友好国であった国々の存在であった。すなわち、十五世紀後半以来、オスマン朝の保護を受けてきたドゥブロヴニクと十六世紀中頃に恩恵的諸特権（いわゆるカピテュラスィオン）を得たフランスである。十六世紀後半においては、港湾都市国家であるドゥブロヴニクはもっぱらオスマン朝に食糧供給を依存しており[41]、フランスもまたときにオスマン朝から穀物を求めることがあった。例えば、一五八〇年七月十日には、フランスから食糧支援の要請があったものの、数年来の旱魃を理由にこの支援を延期するとの内容の親書がフランス国王に送付されている[MD43:214]。

オスマン朝にとっての深刻な問題は、ドゥブロヴニクやフランスが、ヴェネツィアをはじめとする敵対諸国によっておこなわれる穀物密輸を隠蔽するために利用されることであった。例えば一五六〇年八月八日付の枢機勅令簿には、以下のような状況が記されている。

……〔ボスニアのフォチャ付近にある〕船着場のエミンたちとドゥブロヴニク人が共謀して、財産をなすために、多くのもたらされた穀物をドゥブロヴニク人に買い取らせて、退蔵したあとに、海から船が来たところで密かに、「ドゥブロヴニクに向かうのである」と言って、〔その実は〕敵国に向かい、陛下の財貨でもって商売をおこない、二〇万あるいは三〇万アクチェ分の穀物を売買して、ハスの村々に隠して、密かに敵国に引き渡し、これを口実にして多くの財貨を徴収し、ヴェネツィアであれ、その他の敵国であれ、すべてに食糧を引き渡して…… [MD3:1479]

この記述からは、オスマン朝の保護下にあったドゥブロヴニクがヴェネツィアをはじめとするヨーロッパ諸国の穀物密輸のための窓口となっていることや、二〇万~三〇万アクチェ分という莫大な量の穀物が実際に領外に流出していたことが理解される。また、キプロス島をめぐってオスマン朝とヴェネツィアとの戦端が開かれた直後にあたる一五七一年一月四日付の枢機勅令簿には、ドゥブロヴニク本国からヴェネツィアへの食糧の転売がおこなわれていたことも記されている[MD14:1254]。

これらの事例は、ドゥブロヴニク商人が実際に密輸の仲介役を果たしていたものであるが、一方で、ヨーロッパからの商人がドゥブロヴニク人やフランス人を装って穀物を密輸しようとした記録も存在する。例えば一五六五年十一月二十一日には、何人かのヨーロッパ人たちが、先にも言及したフォチャからドゥブロヴニク人を名乗って食糧を持ち出そうとしたことが報告されている[MD5:533]。また一五七二年七月一日には、ドゥブロヴニク人のマルコという提督が指揮するバルチャ船が、エジプトから食糧を購入して「異教徒ども」に売却しているとの知らせが得られたことから、当時エジプト総督であったスィナン・パシャに対して、状況を調査し、船を拿捕して積荷を差し押さえる命令が出された[MD19:346]。

最後に、オスマン朝の友好国であったフランスの存在も、ヨーロッパからの商人が穀物を密輸するに際しては、その隠れ蓑として利用されていたことに言及しておく必要があろう。やはり一五七二年の夏、シリアのトリポリには、多くのバルチャ船が友好国であるフランスの旗を掲げて来航し、食糧を積み込んでいた[MD19:340]。同様に、エジプトの主要な穀物積出港であるアレクサンドリア、ディムヤート、ラシードにも「よそ者の船」が来て、フランスの名のもとに米、砂糖、ソラマメおよびその他の食料品を買っていくことが報告されている[MD19:342]。これに対して、オスマン朝政府は、フランス人は香辛料や絹を買うのであって食糧は買わないこと、これらの食料品がヴェネツィアのために購入されていることは確実であることを記して現地に送り、密輸船の差押えや穀物を販売した者たちの捕縛などを命じている[MD19:340, 342]。

オスマン朝からの様々な密輸の手段が具体的に明らかになったところで、次に広大なオスマン朝領のどのような地域で穀物の密輸が多発していたのかという問題について考えてみたい。すでに詳しく考察したように、オスマン朝領内における穀物の不正輸送においては、エジプトおよびエーゲ海沿岸部からイスタンブルに向かう穀物輸送船によるものが記録件数のほとんどを占めていた。しかし、密輸の地域的偏差は、不正輸送のそれとは特徴を大きく異にする。これまで検討してきた穀物密輸の様々な事例をみても明らかなように、密輸の多くはルメリの地中海沿岸部、すなわちペロポネソス半島の南端からイオニア海を経てアドリア海に面するキリス県にいたる地域において発生していた。この事実は、十六世紀後半において枢機勅令簿に記録された密輸についての記録件数をもとに作成したグラフ(図25)によっても裏づけることができる。このグラフをみれば、この時期のオスマン朝からの穀物密輸の実に半数がルメリの地中海沿岸部で

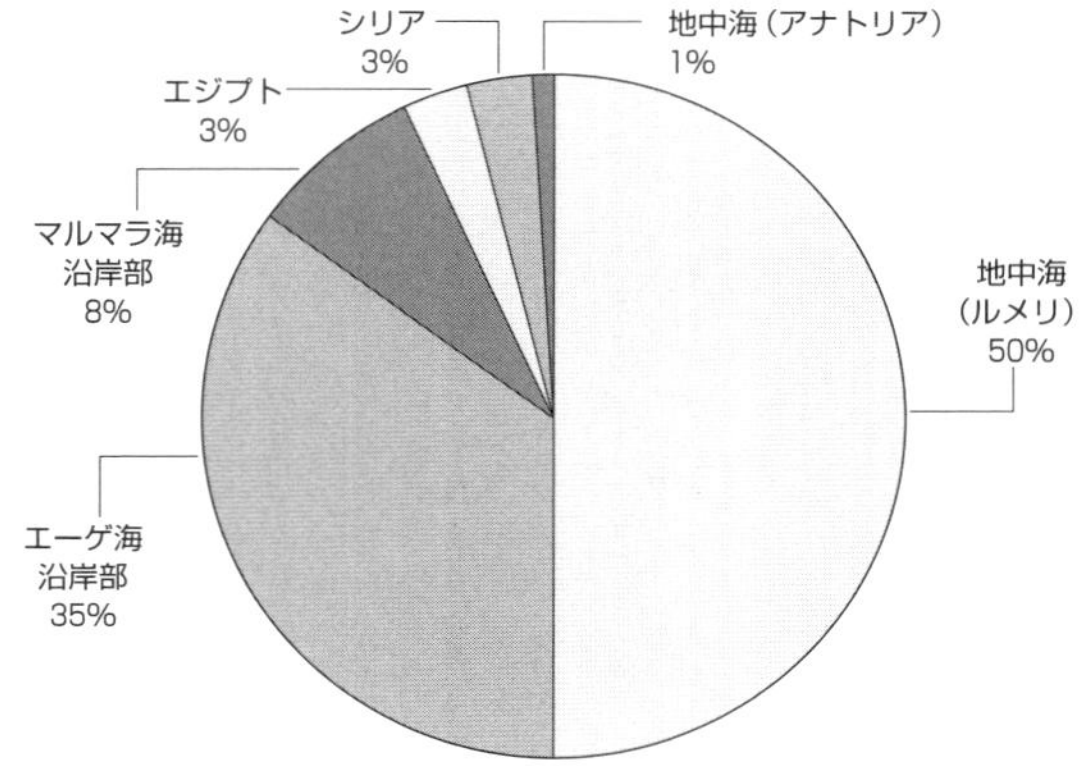

図25　枢機勅令簿の記録にみるオスマン朝における密輸発生の地域的傾向（1559〜90年）

報告されていることがわかる。

十六世紀後半においてルメリの地中海沿岸部を構成していたのは、北からキリス県、ヘルセキ県、イスケンデリーイェ県、ドゥカギン県、オフリ県、エルバサン県、アヴロンヤ県、デルヴィネ県、ヤンヤ県、カルルイリ県およびモラ県であった。現在の国名や地域名に言い換えるならば、アドリア海に面するクロアチア南部からヘルツェゴヴィナの沿岸地域、さらにはモンテネグロ、アルバニアを経てイオニア海に臨むギリシア南西部にいたる一帯に相当する。すでにみてきたように、十六世紀後半のオスマン朝においては、この一二〇〇キロを優に超える長大な海岸線のいたるところでヨーロッパ諸国への穀物密輸がおこなわれていたのである。このアドリア海とイオニア海に面した一帯は、アルバニアの海岸部とペロポネソス半島西岸のごく一部とを除くと農業に適した平野がほとんど存在せず、南北に長く延びるディナル・アルプス山脈とピンドス山脈とが、海岸線近くまで迫る峻険な山地が続く地形を形成している。そのため、肥沃で比較的広い平野部を有するエーゲ海沿岸地域に比べると、その農業生産力は相対的に低いものであったと考えられる。

それにもかかわらず、ルメリの地中海沿岸部がオスマン朝における密輸の中心地となっていた最大の要因は、密輸が発覚するリスクと輸送コストの双方が他の地域における密輸活動に比べて圧倒的に低かったためであった。地図をみれば明らかなように、ルメリの地中海沿岸部のとりわけアドリア海沿岸地域は、イタリア半島のまさに目と鼻の先に位置している。対岸のイタリアまでは遠いところでも約一六〇キロ、地中海への出口にあたるオトラント海峡においては、その距離はわずかに七二キロ程度にすぎない［Braudel 1966, vol.1:115］。またドゥブロヴニク以北のアドリア海沿岸部には小規模群島が密集しており、いわゆるウスコク海賊が跋扈《ばっこ》する危険な海域ではあったが、同時に穀物密輸船が隠密裏に行動するのに非常に好都合な地理的条件を提供していた。[42] より詳細な密輸発生の傾向を地域名ごとに集計したグラフ(図26)をみれば、上位を占める十〇地域のうちエヴィア島とエジプト州を除く八つまでがルメリの地中海沿岸部に集中していることが理解される。

枢機勅令簿に記録された密輸の件数でルメリの地中海沿岸部に次ぐのは、全体の三五%を占めるエーゲ海沿岸部の諸地域である。この地域はルメリ、アナトリアともに肥沃な穀物生産地域であり、第三章において考察したように、イスタンブルへの食糧供給においても常に重要な役割を果たしてきた。ヨーロッパ諸国とりわけヴェネツィアとの距離の点では、南に大きく突き出したペロポネソス半島が一種の障壁となっており、ルメリの地中海沿岸地域に比べると不利ではある。しかしこの地域には、非常に豊かな穀倉地帯であるエヴィア島が存在していた。しかもエヴィア島は、かつてネグロポンテと呼ばれ、一四七〇年代にメフメト二世によって征服されるまで二五〇年以上にわたるヴェネツィアの支配を経験していた。ヴェネツィア人は現地の地理を熟知していただけでなく、この時代においては人的な繋がりも継続して存在していた可能性が高い。そのため、エヴィア島からの穀物の密輸は、モラとカルルイリの両県に次いで多く記録されている。実際、ルメリの地中海沿岸部からの穀物のみでもって、ヴェネツィアの旺盛な食糧需要を満たすことは困難であったようである。そのことは、食糧危機に際してヴェネツィア政府が穀物商人たちに支払っていた輸入奨励金が輸入先別に設定されており、アドリア海沿岸部からの穀物よりもペロポネソス半島以東からの穀物に対してより高額の奨励金が支払われていたことからも理解できよう［齋藤 1989:58］。

またエヴィア島の北にはテッサリア平野を後背地にもつヴォロス湾があり、フィレンツェの商社であるリオーニ社の帳簿を分析した齋藤によると［齋藤 1985:齋藤 1986］、すでに一五四〇年前後にはヴォロスから多くの穀物がヴェネツィア

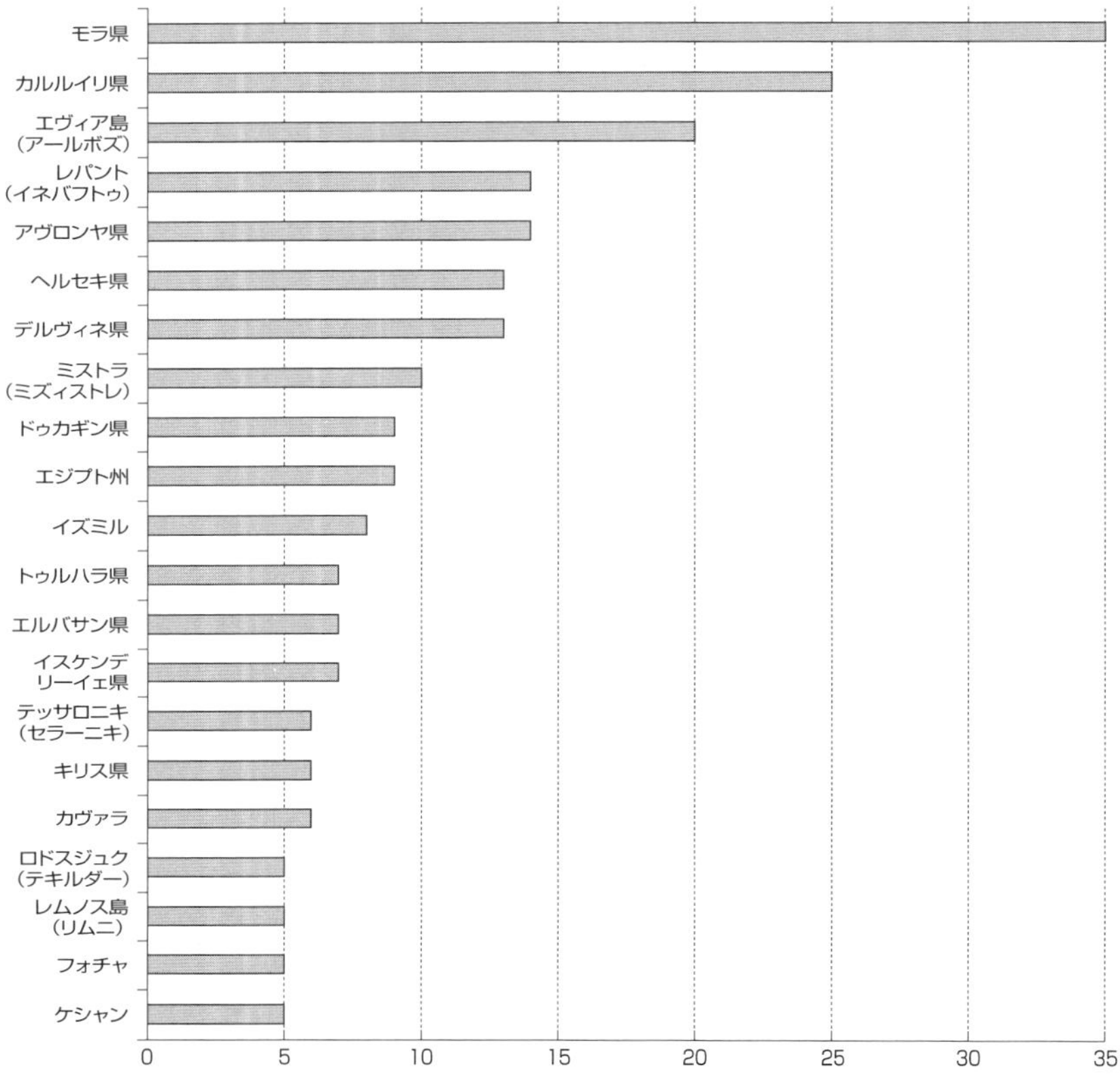

図26　オスマン朝における密輸多発地域の詳細（1559〜90年，記録回数）

に密輸されていた。一方、オスマン語史料からは、テッサロニキやカヴァラ、さらにはケシャンといったエーゲ海の北岸地域一帯からも多数の穀物密輸がおこなわれていたことがわかる。また、エーゲ海のアジア側においては、レスボス島（ミディルリ）の背後に位置するエドレミトと、ゲディズ川流域の穀倉地帯に近いイズミルからの密輸が多く確認されている。また、エーゲ海に浮かぶ島々のなかでは、先に述べたエヴィア島以外にレムノス島が、とくに当時ヴェネツィア領であったクレタ島への穀物密輸の拠点として頻繁に利用されていた[MD16:460;MD18:131]。

枢機勅令簿に記録された穀物密輸のうち、全体の八%を占めるマルマラ海沿岸部は、まずもってヨーロッパ諸国からの距離が遠いうえに、ダーダネルス海峡の存在が密輸活動を非常に困難なものにしていた。[43] これまでも繰り返し述べてきたように、極めて厳重な警戒態勢がとられていたダーダネルス海峡を不審船が遡上するのは危険であるだけでなく、帰路には小麦を満載した船足の遅い状態で再びダーダネルス海峡を突破しなければならなかった。こうした高いリスクのために、同海域からの穀物密輸は、そのほとんどがヨーロッパ人商人ではなく、オスマン朝の穀物商人や輸送業者、あるいは政府高官によっておこなわれたものであった。[44] マルマラ海沿岸部において枢機勅令簿に五回以上の密輸が記録されている港湾都市は、イスタンブルへの食糧供給においてもっとも重要な役割を果たしていたロドスジュクのみである。

前記以外の地域では、エジプトとシリアがそれぞれ全体の三%を占める。エジプトからは、フランスやドゥブロヴニクの船舶を装って米やソラマメが密輸されていたことはすでに述べた。一方のシリアでは、シリアのトリポリ[MD7:1700]やサフェドからの密輸がおこなわれていた[MD7:1982;MD37:1815]。最後に、アナトリアの地中海沿岸部すなわちロドス島以東の地域からの穀物密輸は、ほとんど確認することができない。これもまた、距離の問題をはじめとする地理的要因と輸送コストに代表される経済的要因によるものであると考えられる。

本項を締めくくるにあたって、十六世紀後半のオスマン朝における密輸発生件数の年ごとの変遷について述べておきたい。オスマン朝領内における穀物の不正輸送と同様、穀物密輸は、十六世紀後半を通じてほぼ毎年のように枢機勅令簿に記録されている。ただし、図27をみれば、一五六八年、七二年および七七年に二〇回を超える記録回数が確認されており、とりわけ七二年の密輸の多さが際立っていることに気づかされる。一五六八年、七七年および八三年から八五年にかけての記録件数の高まりは、オスマン朝における食糧不足や不正輸送の増加と一定の対応関係を見出すことができる。しかし、一五七二年前後については、穀物の不正輸送はそれほど増加しておらず、ただ密輸行為のみが極端に多く記録されている。

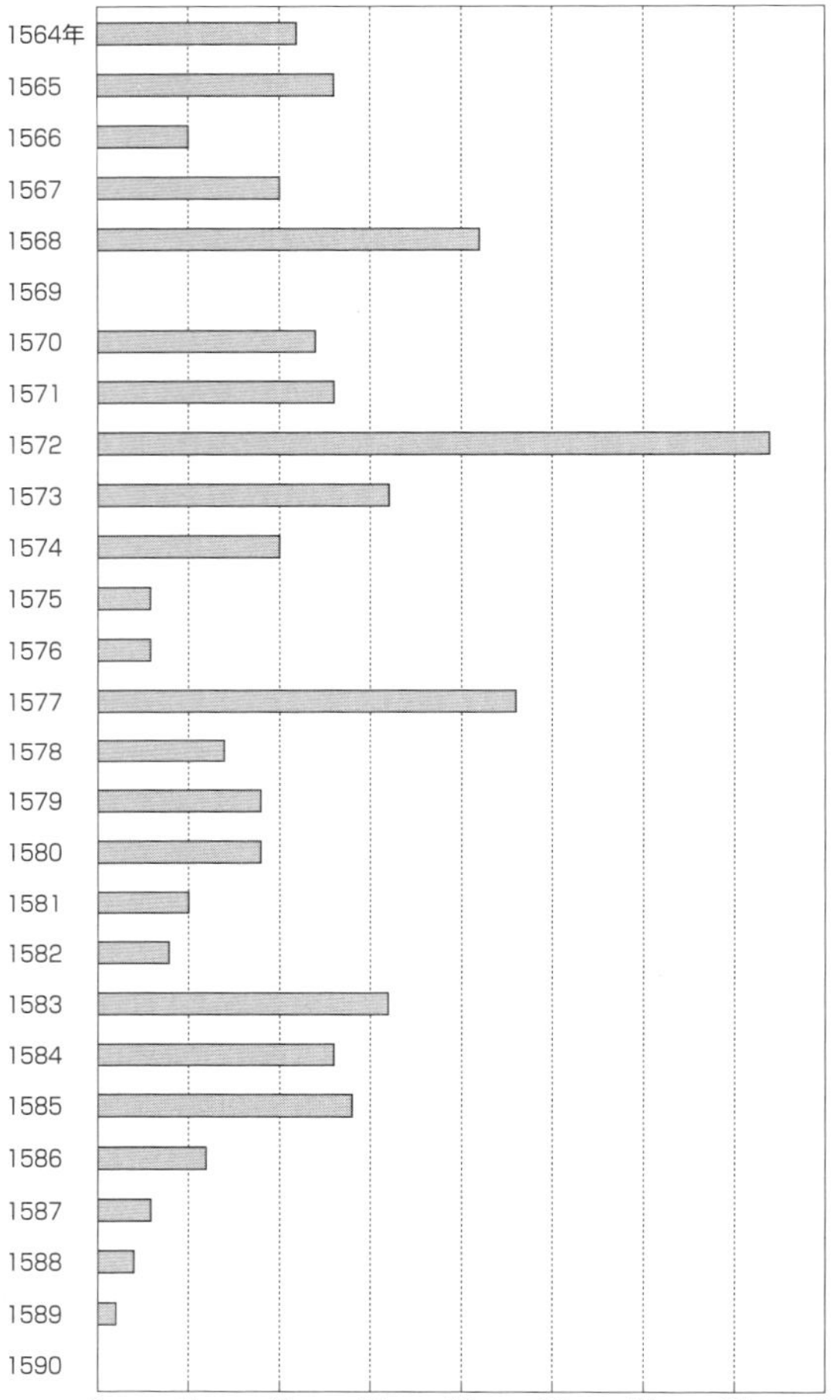

図27　枢機勅令簿の記録にみるオスマン朝からの穀物密輸
（1564～90年，記録回数）

結論からいうならば、この密輸の急増は一五七〇年七月に開始されたオスマン朝のキプロス侵攻に端を発するオスマン・ヴェネツィア戦争に起因するものである。[45] オスマン朝領外への密輸は、領内における不正輸送と比べると、こうした外的要因の影響を極めて受けやすかった。しかもこのときには、平時においてもオスマン朝からの穀物密輸をもっとも活発におこなっていたヴェネツィアを相手とした戦争であったために、開戦がおよぼした影響もまた甚大であった。この戦争の開始によって、ヴェネツィア国内においては糧秣確保の必要性や戦争による先行き不安から穀物需要が急増した一方で、いまや交戦国となったオスマン領からは、ヴェネツィアの密輸船が開戦以前よりも公然かつ積極的に穀物密輸をおこなうようになったと考えられる。さらにオスマン朝領のペロポネソス半島においては、一五七〇年の冬頃からヴェネツィアに呼応したとみられる反乱が発生し、この反乱がペロポネソス半島からヴェネツィアへの密輸を一層容易なものにしたとみられる[MD14:1014]。

また、よく知られているように一五七一年十月七日にレパントの海戦でオスマン艦隊が敗北すると、ペロポネソス半島における反乱は拡大し、同地域からヴェネツィアへの穀物密輸の動きはさらに活発化した[MD19:14, 17, 27, 672]。図27においても、一五七二年に穀物密輸が激増しているのは、たんなる偶然ではあるまい。

このように、レパントの海戦は、十六世紀後半におけるキリスト教ヨーロッパ世界のオスマン朝に対する稀にみる大勝利であったという軍事的意義だけでなく、オスマン朝が敗北したという知らせが急速かつ広範囲に伝わった結果として、とくにヴェネツィアとの連携を期待するペロポネソス半島のキリスト教徒住民が主としてヴェネツィアへの穀物密輸を活発化させるという帰結をもたらした。この意味において、レパント海戦は十六世紀後半の地中海世界における穀物貿易や食糧不足との関連性を踏まえたうえで、社会経済史的な枠組みにおいても再考される必要があろう。

ただし、レパントの海戦の結果によってもオスマン朝によるキプロス占領という事実は揺るがず、フランスの仲介によってヴェネツィアが単独講和のために使節をイスタンブルに派遣して一五七三年三月七日に講和条約が調印されると[Uzunçarşılı 1951:24-26]、孤立無援となったペロポネソス半島の反乱は速やかに鎮圧された。一方で穀物密輸の主体であったヴェネツィアも、講和条約の締結によって、もはや戦争中のようには公然と穀物密輸をおこなうことはできなくなり、このことが一五七三年以降の枢機勅令簿における穀物密輸の記録の減少につながったと考えられる。

いずれにしても、オスマン朝からヨーロッパへの穀物の密輸は、オスマン朝領内における穀物の不正輸送とは異なったメカニズムのもとで発生していたということを指摘することができよう。

ここで指摘しておきたいもうひとつの問題は、先行研究において「トルコ小麦のブーム」といわれてきた現象と、おおよそ一五四八年から六四年までとされているその期間についてである。「トルコ小麦のブーム」という言葉は、ブローデルの『地中海』第二部第三章の第二節「地中海産小麦の均衡と危機」における一項のタイトルでもある。ただし、この項を含めて『地中海』における小麦についての記述は、その多くをエマールの著作［Aymard 1966］に依拠している。そのため、『地中海』において示されたブローデルの小麦貿易の変遷についての理解も、基本的にはエマールの見解に沿ったものとなっている。

それによると、十六世紀中頃以降、農業危機と食糧不足とに悩まされたイタリア諸国とりわけヴェネツィアは、とくに一五四八年以降、オスマン朝の小麦への依存度を強めていくことになるという［Aymard 1966:125-140:Braudel 1966, vol.1:535-538］。これがいわゆる「トルコ小麦のブーム」の始まりであるとされる。ところが、一五五〇年代にオスマン朝が穀物輸出を禁止すると、イタリア諸国は一転して自らの領内で収穫された穀物へと回帰する。この転換点が一五六四年頃であり、このあとの「自国のパンを食べる Manger son propre pain」時代は九〇年頃まで継続する［Aymard 1966:141-153:Buraudel 1966, vol.1:538-542］。そして一五九〇年以降は、オランダ、ハンザ同盟の諸都市あるいはイギリスの帆船が北欧産の小麦を大量に地中海にもたらすようになり、また十七世紀に入るとトウモロコシの普及にともなって地中海世界における穀物危機は一応回避されることになる［Aymard 1966:155-165:Braudel 1966, vol.1:543-545］。要約すると、エマールとブローデルは、ともに以上のような筋書きを描いているといえよう[46]。

「実際は一五六〇年から、そして一五七〇年には決定的になったレヴァントの閉鎖は、増大する人口を養わなければならないイタリアを国内資源だけに戻らせた」とはエマール自身の言葉であり［Aymard 1966:141］、ブローデルもまた、まったく同じ文章を『地中海』に引用したあとで、「一五六四年から一五九〇年まで、我々の知っている劇的な、しかも誇張された例があるにせよ、イタリアはもちこたえた」と続けている［Braudel 1966, vol.1:538］。

本章は、こうした先行研究の見解を完全に否定するものではない。「レヴァントの閉鎖」はあったであろうし、それにもかかわらず、結果として「イタリアはもちこたえた」。しかし、ヴェネツィアをはじめとする国々は、はたして「国内資源だけ」や「自国のパン」のみでもちこたえたのだろうか。

ここまでオスマン語史料に基づきつつ、十六世紀後半においてオスマン朝領からヨーロッパ諸国への穀物の密輸がいかに多くおこなわれてきたのかを明らかにしたいま、イタリア諸国にとっての「トルコ小麦のブーム」が一五六四年に終焉《しゅうえん》を迎えたとする見解を無条件に受け入れることは非常に困難である。すでに述べたように、エマールが主張する一五六〇年よりも早い時点において、オスマン朝が穀物輸出の禁止へと政策を転換させたことはおそらく間違いない。しかし「レヴァントの閉鎖」はあくまで公式的なものにすぎず、このあとで詳しく検討するオスマン朝政府の様々な努力にもかかわらず、現実にはオスマン朝の小麦は貿易から密輸へとかたちを変えて各国に流れ続けていたのである。このことは、実際におこなわれた穀物密輸のうち枢機勅令簿に記録されたものだけを集めただけにすぎない図27や、これまで示してきた密輸についてのいくつかの具体的事例からも十分に明らかであろう。

すなわち、ヴェネツィアをはじめとする各国は、「国内資源だけ」に戻ったわけではなく、むしろ戻らなかったからこそ「イタリアはもちこたえた」のではなかろうか。図27に示されているように、オスマン語史料からみれば、ヨーロッパ諸国への穀物密輸が沈静化するのは、ようやく一五八〇年代後半に入って以降のことである。奇しくも時を同じくして、具体的には一五八六年から八八年にかけて、ヴェネツィアにもたらされる「トルコ小麦」の割合が大幅に減少し、一方で大陸領からの小麦が増加していることをヨーロッパ語史料から明らかにしたのは、エマールであり[Aymard 1966: 148]、またブローデル自身であった[47][Braudel 1966, vol.1 : 539]。

オスマン朝による密輸対策

これまでみてきたように、枢機勅令簿に残された穀物密輸についての膨大な量の記録を眺めると、十六世紀後半におけるイスタンブルへの食糧供給は、ある意味において、こうした密輸を含む各種の不正輸送との長く厳しい戦いでもあったことが理解される。本章の第2節第2項において不正輸送への対応策を考察してきたように、ここからは、十六世紀後半のオスマン朝において頻発した穀物の密輸に対して、オスマン朝政府がいかなる防止策を講じていたのかを枢機勅令簿の記述から具体的に明らかにしていきたい。ただし、すでに述べた不正輸送への対応策と重複するものについては可能な限り簡略化し、密輸にとくに特徴的な措置について重点的に考察したい。

穀物の不正輸送と同様に、オスマン朝が領外への穀物密輸に対して神経を尖らせていたことにはいくつかの理由があった。その最大のものは、穀物密輸が局地的な飢饉をはじめとする多くの食糧不足を誘発していたことであった。十六世紀後半においては、地中海世界の他の国々と同様に、オスマン朝もまた深刻な食糧不足にあえいでいたことは第一章において詳しく考察したとおりである。また図25（二二八頁）で示したように、もっとも多くの密輸が発生していたルメリのヨーロッパ沿岸部は、もともと肥沃な土地ではなく、輸出が可能なほどの余剰穀物が存在する余地はほとんどないに等しかった。そのため、外部からの密輸商人が高値で穀物を買い占めて領外に持ち出すことによって、その地域において深刻な食糧不足が引き起こされることもしばしばであった。枢機勅令簿にはキリス県［MD35:844］、ヘルセキ県［MD43:111］およびカルルイリ県［MD53:27］などの各地において穀物密輸に起因する食糧不足や飢饉が発生したことが記録されている。またアルバニアのイスケンデリーイェ県などのように、飢饉とまではいかずとも穀物密輸によって食料品を中心に大きな物価上昇が生じた地域もあった［MD60:213］。さらに、密輸はオスマン朝政府が最重要政策のひとつとして位置づけていたイスタンブルへの円滑な食糧供給にも影響をおよぼした。以下にみるように、一五八三年八月二十二日付の枢機勅令簿には、イズミルからの穀物密輸がイスタンブルの穀物に甚大な被害を与えていることが記されている。[48]

イズミルのカーディーへの命令。いまイズミルの船着場において何隻かの異教徒の船や島の小型櫂船、あるいは〔近郊にある〕フォチャの諸船舶が、「イスタンブルの街に買っていくのである」と言って欺いて、穀物やササゲ、あるいはその他の様々な食糧を買っていき、前述の街には買われずに、卑しき異教徒どもに売られることによって、イスタンブルの食糧に甚大な被害が生じていることが耳に達した。……［MD51：218］

こうした密輸による深刻な被害を未然に防止するために、オスマン朝政府は様々な対応策を実施していた。不正輸送の場合と同様に、ある地域において穀物密輸があったことがイスタンブルに報告されると、まず現地の状況の詳しい調査をおこなわせ、穀物を販売した者たちを捕らえて投獄するように命じる勅令が発せられることがもっとも一般的な処置であった。しかし、こうした事後調査や密輸にかかわった者たちを捕縛し投獄するだけでは、穀物密輸を防ぐことはできなかった。不正輸送についての対応策でも述べたように、地方行政の責任者である現地のカーディーたちには圧力をかけ［MD3：427］、ときには解任の可能性を示唆することによって密輸防止の強化にあたらせた［MD6：1220；MD31：534］。同じく、こうした密輸の防止を命じる勅令は、カーディーだけでなく地方の県知事に対しても送られた［MD7：1927］。

地方の役人が密輸に関与したことが明らかになった場合は、容赦ない罰が与えられた。ティマールやゼアーメトなどの知行地を有する者たちはそれらを没収され［MD7：2109；MD53：257］、徴税請負人はその職務を解任された［MD19：694］。また、一五五九年十二月にエヴィア島において現地のエミンをはじめとする多くの者たちがヴェネツィアから来たバルチャ船三隻に穀物を与えたことが発覚した事件では、「バルチャ船に穀物を引き渡したことが確定し、〔罪が〕明らかとなった者たちを投獄して、その名前と人相とを記して台帳にして、生じた出来事に従って詳細に我が宮廷に奏上するように」と命じられている［MD3：561］。

一方、穀物密輸にかかわった現地の住民に対する刑罰については、エヴィア島においてガレー船送りが適用されているように、その罪は不正輸送に比べても重いものであったと考えられる［MD12：1058］。穀物の不正輸送においては、一五八〇年代から刑罰が厳しくなる傾向がみられることはすでに指摘したが、密輸についてはより早い段階から容疑者の処刑命令が出されるなど厳罰化の傾向が顕著であった。例えば、一五七一年一月六日付の記述では、イズミルからの穀物密輸が発覚した際に、穀物を売却した臣民や輸送業者たちが、穀物を売ったその場所において絞首刑とされることが命じられている[MD18:209]。一五七二年五月には、ルメリの地中海沿岸部に位置するヤンヤ県やエルバサン県から穀物が密輸され、捕らえられた容疑者たちはいずれの場合も処刑された[MD19:10, 31]。一五七三年一月にレパントにおいて現地のエミンをはじめとする数名が穀物を密輸したことが発覚した際にも絞首刑が適用されている[MD21:99]。こうした密輸に対する厳しい処罰は、明らかに同時期の対ヴェネツィア戦争とその影響による穀物密輸の急増に対応したものである。しかし、一五七三年三月にヴェネツィアとの講和が成立したのちも、密輸に対する厳しい罰が緩和されることはなかった。一五七四年一月十六日付の枢機勅令簿では、レムノス島において穀物を与えた者の処刑が命じられているほか[MD23:533]、一五八〇年八月一日にはエジプトのアレクサンドリアとディムヤートで米、ヒヨコマメ、レンズマメ、ソラマメ、黍《きび》などを領外に売却した者たちの処刑が記録されている[MD43:284]。

　穀物密輸船の船長に対する罰則は、オスマン臣民であるか外国人であるかにかかわらず、ほぼ同様であった。密輸が発覚すると船長は捕縛され、拿捕された船舶は積荷である穀物とともにイスタンブルに廻送されることが多かった[MD3:1634:MD53:53]。一方で、船の乗組員たちは現地で投獄されていることを考えると[MD12:400]、船長をイスタンブルに送るという措置は密輸の責任者として事情聴取をおこなうためであった可能性が高いと考えられる。その後の処罰については、枢機勅令簿に具体的な記述はほとんどみられない[49]。オスマン臣民である船長にのみ適用された措置としては、船舶の舵を没収するというものがあった[MD3:128]。同様に、カヴァラにおいては夜間に密かに出港して密輸をおこなうことを防止するために、穀物の積込みが完全に終わるまで港を離れることができないように舵が取り外されることもあった[MD6:472]。

　ダーダネルス海峡を掌握し、通過する船舶の臨検を強化することによって穀物密輸を防止しようとする試みは、不正輸送の場合と変わることがなかった。海峡両岸に配置された城塞に対する密輸船の監視命令は、対象がオスマン朝の船艀か外国船かを問わずに発せられていた[MD33:201:MD42:1003:MD60:544]。海峡を通過しようとする輸送船の臨検は強化され[MD33:363:MD39:668]、証書をもたない船は拿捕されて売却され[MD10:304]、あるいは差し押さえられてイスタンブルへと廻航された[MD58:359]。さらに不正輸送の場合と同様に、密輸船が停船命令に応じない場合には城塞に備え付けられた大砲によって撃沈するように命令がなされており、密輸船を見過ごした場合には責任者は城門で絞首されるであろうことが警告されている[MD53:334]。また密輸船が海峡を通過したことが判明したために、城塞の守備隊長が現地に向かったチャヴシュによって拘束され、イスタンブルに送還された事例も確認することができる[MD53:405]。

ブローデルが「闇取引の中心」と評した多島海[Braudel 1966, vol.1:529]、すなわちエーゲ海においては、カヴァラに駐留した提督に対して密輸船を監視する命令がなされていた[MD3:162]。カヴァラの提督は、海上を遊弋して発見した不審船を臨検し、当該船舶が密輸船や敵性異教徒の所有であった場合は船長を捕縛のうえ、積荷の穀物とともにイスタンブルに廻航させた[MD3:349, 437]。一五六五年六月一日付の枢機勅令簿には、こうした活動に従事するカヴァラの提督に対して増援のためのカリテ船が送られたことが記録されている[MD6:1220]。さらに一五七八年七月二十八日付の勅令の写しには、エーゲ海の中心に位置するレムノス島において、かつては島内に七八カ所もの見張り台があったこと、これらの見張り台を有効に活用し、密輸に対する監視体制を再強化するように命令がなされたことが記されている[MD35:245]。

オスマン朝の各地の港湾都市や船着場における穀物密輸を防止するための対策としては、現地に禁令官(yasakçı)を任命する方法がとられた。禁令官は、その名のとおり輸出禁止を徹底させることを専業として設置された役職であり、禁令官に任じられたチャヴシュはイスタンブルから各地に点在する船着場に一人ずつ派遣されることが計画された。一五七〇年九月十八日付の枢機勅令簿には以下のように記されている。

沿岸部において、卑しき異教徒どもに穀物が与えられているために[これを防止する]禁令官に任命されたチャヴシュたちへの命令。これより前に、お前たちを沿岸部に送って、お前たちの一人一人がひとつずつの船着場に任じられ、海外や卑しき異教徒どもに穀物は与えられないようにし、しかるべく監視し見守って、そのように穀物を与える者たちを捕らえ、〔密輸にかかわる者が〕どのような種類の者たちであって、誰の船で、与えている穀物が誰のものであり、どれだけの穀物が与えられたのかを明らかにし、諸船舶を接収して奏上するように。…… [MD14:402]

ただし、実際に各船着場に一人ずつのチャヴシュをイスタンブルから派遣して配置することには相当の困難がともなったようで、のちには現地に知行地をもつスィパーヒーが代わって禁令官に任命されている[MD36:197]。

しかしながら、穀物の密輸は港湾都市や船着場などの監視が厳しい場所からのみおこなわれていたわけではなかった。不正輸送について検討した際にも言及したように、穀物の輸送や積込みに多少の困難が生じようとも、密輸が発覚し積荷が差し押さえられるリスクを低減させるために、むしろ人気のない場所があえて選ばれることも多かった。このため、海岸に近い場所に家畜小屋や塔などを建設し、そこに穀物を保管して接近する密輸船に売り渡す行為に対しては、海岸部において建築物をつくることを禁止し、現在あるものについては撤去することが命じられている[MD12:275;MD14:1376]。

また、モラ、ヤンヤ、デルヴィネ、カルルイリ、ミズィストレ、イスケンデリーイェ、ドゥカギン、ヘルセキおよびアヴロンヤの各県に対して送られた命令をみると、オスマン朝政府が現地の県知事に対して非常に詳細な指示を与えていたことが理解される。そこには、異教徒たちに穀物を与えないこと、またこの目的を達成するために、海に近い耕作地の穀物を束の状態で内陸部の安全な場所に移送させ、脱穀させたのちに、自らの糧と翌年の種籾《たねもみ》のために必要な量が取り分けられ、残りの穀物は倉庫に保管されるべきことが記載されている。またこの命令には、保管した穀物については台帳を三冊作成し、一冊はイスタンブルに送り、一冊は現地のカーディーに与え、残りの一冊は県知事が保管することも付記されている。さらに、穀物密輸をおこなう者については投獄してイスタンブルに報告すべきこと、また封印された穀物倉庫を開いて穀物を与えた者たちはこれを罰すべきこと、また、かりに穀物の束を内陸部に輸送することが不可能な場合は、それらの穀物は現地で軍隊に分配されるか、焼却されるべきこともあわせて命じられた[MD16:329]。

一方、一五七〇年の夏以降に対ヴェネツィア戦争が始まると、密輸防止策はより厳しいものとなった。前述のように、開戦とともに密輸活動が活発化したモラ県においては、穀物を領外に与えた沿岸部の耕作地を破壊させる命令が繰り返し出された[MD14:1574;MD16:338]。また、破壊を免れた耕作地についても、おそらくは密輸の責任を明確化するために、保有者が現地に居住していないことが多いゼアーメトを分割して、海岸部に近いものは在地のスィパーヒーに、城塞に近いものについては城兵に与えるように命じられている[MD12:272, 647]。同様の対策は、ペロポネソス半島だけでなくオフリ県の沿岸部においてもおこなわれた[MD21:274]。以上のような沿岸部の耕作地の破壊命令は各地の県知事に送られただけでなく、さらに上位のルメリ州総督にも送られた。そこでは、破壊を命じられた耕作地のうちいくつかが、いまだ残されているため、そうした耕作地の破却を徹底させることが命じられている[MD19:567]。

ヴェネツィアに呼応して反乱を起こした地域に対しては、さらに過酷な措置がとられた。ペロポネソス半島の反乱地域には、収穫前の作物を動物に食べさせたうえ[MD19:14]、さらに残った穀物もすべて焼き払うことが命じられた[MD19:17]。また、カルルイリ県[MD18:48]やヤンヤ県それにデルヴィネ県においては、沿岸部にあって穀物密輸をおこなう村々を強制的に村ごと内陸部へと移住させる命令がなされた[MD18:49]。またこうした命令に反抗した場合には、さらに厳しい処置がおこなわれた。一五七二年七月二十五日付の枢機勅令簿によると、デルヴィネ県においては穀物の密輸に関与した者たちが処刑され、さらに余剰穀物を海岸から離れた場所に移動させることに同意がなされなかったことから、反抗する者たちは捕らえられて四カ村の耕作地が破壊され、穀物は焼却された[MD19:477]。

こうした徹底的ともいえる密輸防止策は、一五七三年三月のヴェネツィアとの講和が成立したあとにも継続された。戦争の終結は穀物密輸を相対的に減少させたものの、地中海世界全体の食糧不足が解消されない限り、密輸それ自体がなくなることはなかった。早くも一五七五年十月には、モラ県において破壊された沿岸部の耕作地が許可なく復旧され、穀物密輸が再開されていることが報告されている〔MD27:69〕。一五八一年八月には、密輸に用いられている可能性が高い海岸に近い地域における建物の撤去命令が再び出されており〔MD42:399〕、一五八三年九月十三日付の枢機勅令簿には、かつて密輸をおこなったために破却された耕作地において農業が再開されているため、穀物密輸が確認された場合は再度破壊させる命令が記録されている〔MD51:329〕。

こうした穀物密輸の横行とそれに対応するためのオスマン朝による様々な密輸防止策は、正規の貿易や物資流通にも大きな影響を与えた。オスマン朝政府は、一五七〇年にヴェネツィアとの戦争が始まると、ヴェネツィアへの穀物の流出を警戒して対ハプスブルク貿易をも全面的に禁止する措置をとった。これに対して神聖ローマ帝国皇帝でもあったオーストリア大公マクシミリアン二世(在位一五六四〜七六)はイスタンブルに使節を送り、先代のフェルディナント一世(在位一五二六〜六四)の時代からお互いの臣民は相互に貿易をおこなってきたこと、両国の国境地帯からヴェネツィアまでは一五日から二〇日の道のりがあり、食糧がヴェネツィアにわたる可能性はないことを知らせて貿易の再開を訴えた。これに対して、オスマン朝政府は、穀物をはじめとする禁輸物資を除く商品に限定して、取引の再開を許可している〔MD19:522〕。

平時においても、穀物密輸とそれを取り巻く諸問題は、外交上の懸案事項であった。一五六七年十二月二十一日付の枢機勅令簿には、そうした事例のひとつが詳細に記録されている。それによると、カラ・ハージェとウルチ・メミーという名の提督たちが三隻のカリテ船と一隻のフィルカテ船(小型ガレー船)を指揮してアドリア海を航海中に、不正に積み込まれたとみられる小麦を満載した四隻のヨーロッパ船を拿捕して、付近のノヴィ船着場に寄港させた。ところが、この知らせを聞きつけたヴェネツィアの提督は一二隻のガレー船によって逆に湾口を封鎖し、「その船には我々の地域〔ヴェネツィア〕の臣民がいるのである」と言って、夜のうちに港湾を包囲した。前述のオスマン朝の提督たちは、「海上で発見した穀物は、差し押さえて罰することが命じられている」と主張したが聞き入れられず、港からは出ることができなくなった。このため、イスタンブルに駐在するヴェネツィアのバイロ〔駐在大使〕にこの問題が問いただされたところ、バイロは「我々の船は自領から穀物を買っており、他の場所からは買っていない」として拿捕された輸送船が穀物密輸をおこなったことを否定した。結局、オスマン朝政府は拿捕されたヴェネツィア船がどこから穀物を購入したのかを調査するように命じ、ヴェネツィア領から購入していた場合には、捕獲した船を穀物ともども解放するように指示した。ただし、差し押さえられた穀物がオスマン領〔史料上の用語では「神護の諸国土 Memalik-i Mahruse」〕からの密輸であったことが判明した場合には引渡しを拒否するようにとの命令も付記されている[MD7:554]。

これまで考察してきたように、十六世紀後半の地中海世界においては、深刻な食糧不足に起因する熾烈な穀物争奪戦が展開されていた。オスマン朝領内においては不正輸送として、また領外へは密輸というかたちをとって顕在化したこうした穀物問題は、オスマン朝を含めた各国にとって十六世紀後半を通じての最大の難題のひとつであり続けた。オスマン朝の各地においては、食糧不足や飢饉が拡大すると、その動きに連動するかのように穀物の不正輸送もまた増加した。一方で、オスマン朝とヴェネツィアとの戦争中に穀物密輸の急増がみられたように、当時の政治的状況の変化も穀物問題に大きな影響を与えた要素のひとつであった。十六世紀後半の地中海世界における穀物問題は、こうした様々な要因が重なり合って発生し継続した、極めて複合的な現象であったといえよう。

このことを示唆するかのように、一五七三年にヴェネツィアとの和平が成立すると、双方からの商人の往来が許可されたことによって貿易自体は再開された一方で、穀物をはじめとする禁輸物資の輸出を禁じる政策は継続され続けた[MD22:640]。穀物の輸出が解禁されなかったことの最大の理由は、オスマン朝政府が穀物を戦略物資のみとして認識していたのではなく、穀物輸出を禁止した最大の要因であった慢性的な食糧不足が解消されていなかったためであると考えられる。枢機勅令簿において、オスマン朝からヴェネツィアへの合法的な穀物輸出がおこなわれたことが確認されるのは、ヴェネツィアとの戦争が終結してから一七年以上が経過した一五九〇年十二月のことなのである。[50]

結論

つながる地中海世界、隔たる地中海世界

本書においては、十六世紀後半に作成された勅令の写しである枢機勅令簿を主要な史料として、オスマン朝における穀物危機と、それが社会に与えた影響とについて考察をおこなってきた。具体的には、オスマン朝史研究の最重要史料である枢機勅令簿に記録された大量の記述から関連するデータを収集し、それを分析することによって当時のオスマン朝において深刻な食糧不足が慢性化していたことを明らかにした。

オスマン朝の各地でみられた食糧不足は、都であったイスタンブルにおいても大きな問題となり、オスマン朝政府は領内の各地からイスタンブルへの穀物供給を円滑におこなうことに腐心していた。結論では、これまで各章において検討してきたこうした諸問題を総合しつつ、オスマン朝を含めた東地中海世界において十六世紀後半に生じていた状況について改めて考察したい。そして最後に、それらの結果を踏まえて、フェルナン・ブローデルによって提示された「地中海世界」という枠組みについても再考することを試みてみたい。

本書では本論に入る前に、まず第一章において十六世紀後半の地中海世界、とりわけオスマン朝を中心とする東地中海世界における気候や環境の状況がいかなるものであったのかについて、可能な限り歴史学的手法に基づいて解明することを試みた。具体的には、枢機勅令簿の膨大な記録のなかから関連するデータを収集し分析することによって、十六世紀後半のオスマン朝においては気候の寒冷化の進行がみられ、それに呼応するようにして厳冬や洪水をはじめとする

自然災害が数多く発生していたことを明らかにした。同時に、各地における食糧事情も非常に深刻な状況におかれており、それを裏づけるように枢機勅令簿には食糧不足や飢饉についての多くの記述がみられることを提示した。

こうした自然環境の悪化に加えて、第二章で考察した人口増加やイスタンブルをはじめとする都市部への急激な人口流入などの諸要素が重なり合うことによって、十六世紀後半の地中海世界は、いわば「食糧不足の時代」ともいうべき極めて困難な時期を迎えていたといえよう。第一章において検討したオスマン朝における慢性的な食糧不足は、第四章で考察した「穀物争奪戦」がこの時期の地中海世界において激化する素地を形成していたのである。

第一章で明らかにしたように、十六世紀後半の東地中海世界は、食糧不足が慢性化するとともに各地で飢饉が発生するという厳しい食糧事情のもとにおかれていた。とりわけ、オスマン朝の都であったイスタンブルのような大都市の状況はより深刻であった。当時の地中海世界においても最大規模の人口を有していたと考えられるイスタンブルには、地方からの人口流入が絶え間なく続いており、食糧不足や治安の悪化など多くの都市問題が発生していた。第二章においては、十六世紀後半のイスタンブルで生じていた様々な問題に対して、オスマン朝政府がいかなる対応策を立案し、またそれをいかにして実行に移していたのかという点を解明することをめざした。十六世紀後半のイスタンブルにおいて生じた食糧不足と治安の悪化に対してオスマン朝がおこなった対策は大きく三つに分けられる。

まず食糧不足に対しては、広大な領内の各地で生産される穀物を可能な限りイスタンブルに集中させるという政策がとられた。イスタンブルに対する食糧供給についてのより詳細な分析は第三章でおこなったが、これによってイスタンブルの食糧事情は危機的な水準を脱したと考えられる。また、治安の悪化に対しては保証人制度の導入をおこない、滞在税を導入することによって、社会的信用がない者をイスタンブルから放逐するとともに、出稼ぎに来る短期滞在者の定住化を防止することを試みた。さらに、こうした都市問題の根底に存在する急激な人口増加に歯止めをかけ、都市人口を抑制するために、新たにイスタンブルに定住した者たちを調査して、居住期間が五年に満たない者についてはかつての居住地に送還する、いわゆる「人返し」を実施した。こうした一連の政策によって、十六世紀後半のイスタンブルは危機的状況を克服したと考えられるのである。

第三章においては、第二章の一部でも言及したイスタンブルに対する穀物供給の問題をさらに掘り下げて検討した。十六世紀後半において急激な人口増加と食糧不足に悩むイスタンブルに対して、どこから、どのようにして穀物が送り込まれていたのかを枢機勅令簿の記述から具体的に解明することが第三章の目的であった。十六世紀後半のオスマン朝の各地において、食糧不足や飢饉が頻発していたことは第一章においてすでに述べた。ここではまず、多くの都市人口を抱えていたイスタンブルの食糧事情が、同じく厳しいものであったことを枢機勅令簿の記述から確認した。また、こうした慢性的な食糧不足に直面していたイスタンブルを養うために、オスマン朝領内の肥沃な諸地域が「イスタンブル穀物供給圏」ともいうべき広がりを形成し、その範囲は、トラキアや西アナトリアを中心として北はクリミア半島から南はエジプトにいたる広大な地域におよんでいることを明らかにした。さらに、「イスタンブル穀物供給圏」の各地からイスタンブルにもたらされる穀物が、どのような流通システムのもとに、どのような手段を用いて輸送されていたかについても、ハードとソフトの両面からその実態について詳細に検討した。

ここまでの考察から、十六世紀後半のオスマン朝における穀物流通システムが、イスタンブルという巨大都市を軸として展開していたことを明らかにした。しかしながら、第一章において述べたように「食糧不足の時代」を迎えていた十六世紀後半においては、同じ地中海世界にあって地理的あるいは気候的「構造」を共有する他の諸地域もまた、オスマン朝と同様に深刻な食糧不足に悩まされていた。そのため十六世紀後半においては、東地中海世界の大半を領有するオスマン朝を主な舞台として、収穫量が限られていた一定量の穀物をめぐって、熾烈《しれつ》な「穀物争奪戦」が展開されることになった。

こうした状況のなかで、オスマン朝領内においては穀物の不正輸送が横行し、オスマン朝領外へは穀物密輸というかたちをとって問題が顕在化した一連の穀物問題は、各地で収穫された穀物を可能な限りイスタンブルに集中させようと試みていたオスマン朝政府にとって大きな脅威となって立ちはだかった。この動きに対して、オスマン朝政府は穀物の不正輸送や密輸にかかわった者たちに死罪を含む厳罰を与えることによって対処し、各地における監視活動や重要な穀物輸送ルートに位置するダーダネルス海峡における検査を強化することによって、穀物流通をより強力に掌握しようと試みた。様々な困難に直面しながらも、十六世紀後半のイスタンブルにおいて、多数の餓死者がでるような飢饉や、食糧不足に起因する都市暴動が生じなかったことを考慮するならば、こうしたオスマン朝の政策は、一定の成果をあげたものと考えられる。

十六世紀後半の東地中海世界は、気候の寒冷化や自然災害の増加、あるいは人口の急増と都市部への流入といった様々な要因が重なり合うことによって慢性的な穀物不足に悩む「食糧不足の時代」となり、それが各国による激しい「穀物争奪戦」を現出させることになった。この時代の歴史的経験は、寒冷化とは正反対の温暖化という気候の変化に直面し、また世界的な食糧危機や国内における食料自給率の低下に警鐘が鳴らされて久しい現代を生きる我々にとっても無関係なものではありえない。人間の生存にとって不可欠な要素のひとつである穀物と、それを取り巻く諸問題を明らかにし、その解決策を見出すことは、過去においても、また未来にとっても、極めて重要な意義を有する人類共通の課題である。[1] 第Ⅱ部の冒頭に掲げた、「肝要なるは小麦と羊、あとに残るは遊戯に等し」というトルコ語の諺は、まさにこの事実を象徴する箴言《しんげん》であるといえよう。

最後に、これまでの考察結果を踏まえて、ブローデルが提示した「地中海世界」という枠組みについて再考し、本書の議論を締めくくることにしたい。

ブローデルの『地中海』においてオスマン朝を中心とする地中海東部についての考察が決定的に不足していたことは、これまでも再三にわたって述べてきた。これに対して、穀物問題という一側面からとはいえ、同時代すなわち十六世紀後半の東地中海世界の実情を明らかにしえたことは、地中海世界という概念を改めて考えるうえでも重要な一歩となるのではないかと考える。本書における考察結果を踏まえて、ここでは以下の二点の問題を指摘したい。

第一点は、地中海世界という空間設定の問題である。改めて述べるまでもなく、ブローデルは広大な地中海沿岸部の諸地域をひとつの「世界」として捉えようとする試みをおこなった。旧来の各国史や王朝史と比較すると、『地中海』において用いられた空間設定の方法は、その研究手法とともに極めて斬新なものであり、また様々な研究者に多大な影響を与えてきた。しかし、地中海世界に位置する各国が、その国境線のなかのみで活動していたわけではないように、地中海世界もまた、その周辺に位置する諸地域と相互に影響を与え合って成立していたことは間違いなかろう。実際ブローデルはこの点にも自覚的であり、大西洋沿岸部やバルト海あるいは北海に面する北ヨーロッパについては多くのページを割いて検討をおこなっている。

しかし一方で、本書においても繰り返し述べてきたように、ブローデルは、地中海東部と深い関わりをもっていた黒海については、ほとんど検討の対象としていない。これは、おそらく地中海東部すなわちオスマン朝の状況についての考察が不足していることと大きく関係していよう。

いずれにしても第三章で明らかにしたように、地中海世界の主要都市であるイスタンブルに供給されていた穀物の約三五%が、黒海を経由してもたらされたものであったことを考慮しても、黒海についての分析をおこなわずして地中海世界を考えることは困難であろう。また、今回は穀物に焦点を絞ったために詳しく検討することができなかった紅海もまた、バルト海や北海が地中海西部と深い繋がりを有していたように、地中海の東部地域に大きな影響を与えていたと考えられる。今後は、こうした周辺海域との関連性や相互補完性を含めてさらなる考察を深めていくことが、「地中海世界の西と東との真の統一的な把握の実現」に近づくために必要不可欠な作業となろう。

第二点目は、地中海世界内部の問題である。第一章において気候の寒冷化や自然災害の増加について検討した際に明らかとなったように、自然環境や地理的条件など、ブローデルがいう「構造」あるいは「ほとんど動かない歴史」のレベルにおいては、地中海の西と東とに非常に共通した現象がほとんど同時に進行していたことを再確認することができた。この意味において、やはり地中海世界はひとつのまとまり、あるいは一体性をもった「世界」であったといえよう。

しかしその一方で、経済や物流といった側面、ブローデルの言葉を借りるならば「変動局面」あるいは「緩慢なリズムをもつ歴史」については、本書の結論は、ブローデルのそれとは異なるものとなった。具体的には、第四章で考察したように、オスマン朝政府の穀物流通政策と不正輸送や穀物密輸との激しいぶつかり合いにみられるような、地中海世界の東部に特有の動きが数十年にわたって確認されたのである。これは、統一的かつ強力な政治権力が不在であった地中海西部と強大なオスマン朝君主が君臨した東部地域との政治的状況の違いが、経済や物資流通の側面にも大きく反映されていたためであると思われる。このため、本書では表題にあえて「東地中海世界」という言葉を用いた。地中海世界の東部地域が、黒海や紅海をあわせたオスマン朝による支配のもと、緩やかな「東地中海世界」をかたどり、第四章において明らかにしたように地中海の西部地域とは異なる諸条件のもとで活発な経済活動を営んでいたという事実は、ここまでの考察からも疑いない。

もちろん本書が、穀物問題という一側面に焦点を絞って考察をおこなったものであることは冒頭でも述べたとおりであり、ここで改めて繰り返すまでもない。ブローデルが大著『地中海』において様々な現象について言及し、かつ考察していることに比べると、本書でおこなった検討は、従来の見解の一端を修正することを試みたものにすぎない。その意味において「地中海世界の西と東との真の統一的な把握の実現」のためには、今後もさらに多角的な視野に基づいて地中海世界を俯瞰しつつ、地中海世界全体についての理解をより一層深めていく必要があろう。

あとがき

本書は、東京大学人文社会系研究科に提出した博士学位申請論文「一六世紀後半の東地中海世界における穀物問題とオスマン社会―イスタンブルへの食糧供給を中心に―」をもとに、加筆修正をおこなったものである。本書の内容の一部については、すでにいくつかの論文として公表しているが、いずれも今回の執筆にあたって大幅な修正を加えている。各章にかかわる既発表論文は、以下の通りである。

第一章「気候変動とオスマン朝――「小氷期」における気候の寒冷化を中心に」（水島司編『環境と歴史学』別冊アジア遊学一三六、一四三～一五三頁、勉誠出版、二〇一〇年）

「一六世紀後半のオスマン朝における飢饉と食糧不足」（『東洋文化』九一号、四七～七五頁、二〇一一年）

第二章「一六世紀後半におけるイスタンブルへの人口流入とその対応策」（『日本中東学会年報』二十三巻一号、一七五～一九五頁、二〇〇七年）

第三章「一六世紀後半のイスタンブルにおける食糧事情」（『総合地球環境学研究所・メガ都市プロジェクト　全球都市全史研究会報告書』四、一三～三一頁、二〇一一年）

第四章「穀物問題に見る一六世紀後半のオスマン朝と地中海世界」（『オスマン帝国史の諸相』八四～一二七頁、山川出版社、二〇一二年）

博士論文を完成させるためにイスタンブルに留学してから、早くも十三年の歳月が過ぎ去った。時の流れの速さを実感するとともに、この間、私を支え励ましてくださった国内外の多くの方々のお顔を思い浮かべながら、このあとがきを書くことにしたい。とはいえ、すべての方々のお名前を書き上げて謝意を表することは、紙幅の関係上とてもできない。諸先生、先輩方、さらには友人たちのご寛恕をあらかじめお願いする次第である。

この本のもととなった博士論文は、博士課程の指導教員であり論文の主査をつとめていただいた鈴木董先生の長年にわたる熱意あるご指導の賜物である。美食家としても広く知られる鈴木先生は、授業中はもとより、授業後にご一緒させていただいた幾多の食事の席においても、オスマン朝の政治構造から食文化の多様性にいたるまで、非常に幅広い分野について懇切丁寧にご指導くださった。この場を借りて、誰よりもまず鈴木先生に御礼を申し上げたい。

博士論文の審査員を引き受けていただいた先生方のうち、羽田正先生には、港町の実地調査を通じて、広い視野をもって歴史研究に取り組むことの大切さを教えていただいた。小松久男先生からは地中海世界と中央アジアとの、深沢克己先生からは地中海世界の西側に広がるヨーロッパとのつながりを考えるうえで非常に有益なコメントを多数頂戴した。林佳世子先生には、博士論文を執筆した後にも、日本学術振興会特別研究員となった際に研究員として受け入れていただいただけでなく、東京外国語大学でトルコ語を教えるという貴重な機会をも与えていただいた。諸先生方にあらためて御礼申し上げたい。

髙松洋一さんをはじめとするオスマン史を専門とする先輩方は、私が現地でオスマン語の文書と向かい合うことができるように、留学前に読書会を通じて文字通り稽古をつけてくださった。とはいえ、今でも初対面のトルコ人から「日本人のお前がオスマン語を読めるのか⁉」と聞かれるたびに、「Tabi ki !（もちろんだ！）」と即答することはなかなか難しい。ともすれば判読不能ではないかと匙を投げてしまいたくなるような手書きのオスマン語史料を読むという作業にけっして終わりは来ないだろう。

一方で、今やイスタンブル郊外に移転した首相府オスマン文書館ではデジタル化が急速に進展し、史料の実物を手にすることができる機会自体がめっきり少なくなってしまった。その意味でも、約四年に及んだ留学時代に多くの史料に直に触れることができたのは大変貴重な経験だった。今も首相府オスマン文書館の大ベテランとして勤務されているフアト・レジェプ Fuat Recep さん、アイテン・アルデル Ayten Ardel さん、アリ・トコズ Ali Toköz さん、そしてムハムメト・サーフィー Muhammet Safi さんの協力にはとくに感謝したい。

また、故ハリル・サーヒルリオール Halil Sahillioğlu 先生とメフメト・ゲンチ Mehmet Genç 先生は、文書館の閲覧室で手書きの文書に四苦八苦していた私の度重なる質問に嫌な顔一つせず、いつも丁寧に答えてくださった。この両大家がいらっしゃらなければ、私の文書館での作業はもっと困難なものとなったに違いない。

当時は夕方五時には閉館していた文書館を出た後、まずはチャイを飲みながら歓談し、日が暮れるとラクを飲む場所に舞台を移して議論をつづけたジャンカルロ・カサーレ Giancarlo Casale やアッティラ・アイテキン Attila Aytekin、ミレナ・メトディエヴァ Milena Methodieva、ブルジュ・クルト Burcu Kurt をはじめとする海外の多くの仲間たちにも感謝したい。もちろん、東長靖先生と小田淑子先生をはじめ黒木英充先生、松井真子さん、齋藤久美子さん、黛秋津さん、小笠原弘幸さん、木村周平さん、吉田達矢さん、奥美穂子さんなど留学の際にご一緒した日本人研究者の皆さんのご厚意も忘れるわけにはいかない。

留学中は、文書館以外の場所でも様々な人々に助けられた。今はともにイスタンブル大学を去られてしまったイルハン・シャーヒン İlhan Şahin 先生とフェリドゥン・エメジェン Feridun Emecen 先生には、現地滞在中に大変お世話になった。代わって、今やイスタンブル大学文学部史学科の支柱となるにいたったユスフ・アルペレン・アイドゥン Yusuf Alperen Aydın、オズギュル・コルチャク Özgür Kolçak、オズギュル・オラル Özgür Oral、サイト・トゥルクハン Sait Türkhan らトルコにいる盟友たちの変わらぬ友情にもあらためて感謝したい。

先輩方のなかでも、とくに堀井優さん、近藤信彰さん、森本一夫さん、亀長洋子さん、秋葉淳さん、櫻井康人さんには、本書の内容にかかわる様々なプロジェクトや研究会に参加する機会を提供していただいた。また、本書に付属する地図の製作については石川博樹さんに大いに助けていただいた。いずれの方々も私にとっては尊敬するべき兄貴分・姉貴分であり、今後とも変わらぬご指導をお願いしたい。

研究者を志して以来、私は本当に多くの友人たちに恵まれてきた。修士課程以来の長いつきあいとなった橋爪烈さんに加えて、博士課程で同期となった野田仁さん、原山隆広さん、渡辺美季さんといった面々との切磋琢磨がなければ、本書は存在しえなかっただろう。また、専門とする地域と時代は違えども、私と同じような境遇にあった木村暁さん、吉村武典さん、小沼孝博さんは、盃を交わしながら常に私を励ましてくれた。

冒頭でも申し上げたように、ここに名前を書ききれなかった他のすべての方々にも、この場を借りて厚く御礼申し上げる。

本書は、この本の完成を見ることなく亡くなられた先生方に捧げたい。佐藤次高先生と湯川武先生は、いずれも惜しまれながら卒然として世を去られた。生意気な学生たちに常に寛容であったお二人の温かいまなざしがなければ、大阪から一人東京に出てきたばかりだった私が果たして研究をつづけていられたかどうか。また、トルコ研究の大先輩にあたり先年彼岸に渡ってしまわれた長場紘先生には、留学から帰国した後に大変お世話になった。あらためて亡くなられた先生方のご冥福をお祈りするとともに、その学恩に報いるためにも研究をつづけていかなければならない。

最後になるが、研究の道に進むことを理解し、支援してくれた両親と、私に対していつも無償の愛情をそそぎつづけてくれた今は亡き祖父母たちにも心から感謝しつつ、あとがきの筆をおくことにしたい。

二〇一五年九月

澤井一彰

澤井　一彰　さわい　かずあき
1976年生まれ
東京大学大学院人文社会系研究科博士課程修了，博士(文学)
現在，関西大学准教授
主要著書
『市場と流通の社会史Ⅰ　伝統ヨーロッパとその周辺の市場の歴史』(山田雅彦編，共著)清文堂，2010年
『オスマン帝国史の諸相』(鈴木董編，共著)山川出版社，2012年

山川歴史モノグラフ30　オスマン朝《ちょう》の食糧《しょくりょう》危機《きき》と穀物《こくもつ》供給《きょうきゅう》
16世紀《せいき》後半《こうはん》の東《ひがし》地中海《ちちゅうかい》世界《せかい》

2015年10月30日　第1版第1刷印刷　　2015年11月10日　第1版第1刷発行

著　者　澤井一彰《さわいかずあき》
発行者　野澤伸平
発行所　株式会社 山川出版社
〒101-0047 東京都千代田区内神田1-13-13
電話　03(3293)8131(営業)　03(3293)8134(編集)
http://www.yamakawa.co.jp/　振替　00120-9-43993
印刷所　株式会社 太平印刷社
製本所　株式会社 ブロケード
装　幀　菊地信義

ISBN978-4-634-67387-8

索　　引

人名索引

● ア

アクダー，ムスタファ　Mustafa Akdağ　13
アブディー　Abdi　224
アブデュルメジト１世　Abdülmecit　在位1839-61　26
アフメト(徴税請負人)　Ahmet　223
アフメト(船長)　Ahmet　221
アルトゥナイ，アフメト・レフィク　Ahmet Refik Altınay　12, 14
アリ(船長)　Ali　202
アリ(スルターニイェ城塞の砲兵隊長)　Ali　210
アリ・チャヴシュ　Ali Çavuş　131
アリ・ベイ　Ali bey　218, 219
アルスラン・チャヴシュ　Arslan Çavuş　133
アンド，メティン　Metin And　31
アンドレアスヤン，フランド　Frand D. Andreasyan　29
イェラスィモス，ステファノス　Stephanos Yerasimos　31
イナルジュク，ハリル　Halil İnalcık　148
イプシルリ，メフメト　Mehmet İpşirli　29
イブラヒム　İbrahim　53
ヴェリ　Veli　197
ウズンチャルシュル，イスマイル・ハック　İsmail Hakkı Uzunçarşılı　172
ウチェル＝アイベト，ギュルギュン　Gülgün Üçel-Aybet　31
ウルゲネル，サブリー　Sabri F. Ülgener　13, 14
ウルチ・メミー　Uluç Memi　242
エヴリヤ・チェレビ　Evliya Çelebi　30, 171
エマール，モーリス　Maurice Aymard　9, 191, 218, 234, 235
エルギン，オスマン・ヌーリ　Osman Nuri Ergin　12
エレムヤ・チェレビ・キョミュルジヤン　Eremya Çelebi Kömürciyan　29
オメル・チャヴシュ　Ömer Çavuş　134

● カ

カスム(県知事)　Kasım　224
カラ・ハージェ　Kara Hace　242
カラデミル，ザフェル　Zafer Karademir　17, 18
ギュチェル，リュトフィー　Lütfi Güçer　14-16, 65
クック，マイケル　Michael. A. Cook　64, 93
クルチ，オルハン　Orhan Kılıç　50
クルド(エミン)　Kurd　223
ゲリボルル・ムスタファ・アーリー　Gelibolulu Mustafa Ali　28
ゲンチ，メフメト　Mehmet Genç　196

● サ

サーヒルリオール，ハリル　Halil Sahillioğlu　27
サルミエント　D. Luys Sarmiento　47
サル・メミー　Sarı Memi　202
ジャアフェル(船長)　Cafer　202
シャルル９世　Charles IX　在位1571-64　48
スィナン　Sinan　223
スィナン・チャヴシュ　Sinan Çavuş　131
スィナン・パシャ　Sinan Paşa　105, 226
ステファン・ゲルラッヒ　Setephan Gerlach　32, 54, 55, 126, 166
スレイマン１世　Süleyman I　在位1520-66　3, 9, 10, 20, 59, 92, 96, 98, 125, 172, 218
スレイマン・チャヴシュ　Süleyman Çavuş　134
セミズ(シェムスィ)・アフメト・パシャ　Semiz Ahmet Paşa／Şemsi Ahmet Paşa　1492-1580　123
セリム１世　Selim I　在位1512-20　92
セリム２世　Selim II　在位1566-74　10, 98

● タ

タバク，ファルク　Faruk Tabak　17
チェレビ・ムスタファ・チャヴシュ　Çelebi Mustafa Çavuş　134
チポラ，カルロ・マリア　Carlo Maria Cipolla　5
ツァン・プリウリ　Zuan Priuli　191
ディミトリ　Dimitri　205

デデ(バーリーの息子)　Bali oğlu Dede　223
デルヴィシュ　Derviş　205

● ナ
ナスーフ　Nasuh　221
ナーズル・リュトフィー　Nazır Lütfi　222
ニコラ(船長)　Nikola　68

● ハ
バイラム・アー　Bayram Ağa　222
バイラム・ベイ　Bayram Bey　59
ハサン　Hasan　223
ハジュ・メフメト　Hacı Mehmet　222
ハジュ・メミー　Hacı Memi　202
バービンガー，フランツ　Franz Babinger　28
ハムザ・チャヴシュ　Hamza Çavuş　127
ハムザ・ベイ　Hamza Bey　59
バヤズィト　Bayezit　98
バヤズィト２世　Bayezit II　在位1481-1512　144
バーリー(管理官)　Bali　223
バーリー(徴税請負人)　Bali　223
ハリル(ゲリボルのエミン)　Halil　199
バルカン，オメル・リュトフィー　Ömer Lütfi Barkan　13, 93
ピヤーレ・パシャ　Piyale Paşa　177
ビュスベク　Augier Ghislain de Busbeck　32
ヒュセイン　Hüseyin　223
ヒュッダード・チャヴシュ　Hüddad Çavuş　205
ヒュッテロート，ウォルフ＝ディーター　Wolf-Dieter Hütteroth　43, 44
ファローキー，スレイヤ　Suraiya Faroqhi　158
フェーブル，リュシアン　Lucian Febvre　38
フェリドゥン・ベイ　Feridun Bey　98
フェリペ２世　Felipe II　在位1556-98　6, 20, 40, 47
フェルディナント１世　Ferdinand I　在位1526-64　242
ブダク　Budak　225
ブローデル，フェルナン　Fernand Braudel　6-9, 11, 13, 17, 19-21, 24, 35, 38, 40, 45, 46, 49, 51, 64, 65, 82, 93, 148, 163, 184, 186, 188-191, 234, 235, 239, 244, 247-249
ベイディルリ，ケマル　Kemal Beydilli　32
ペトリ　Petri　在位1559-68　57
ペトルス・ギリウス(ピエール・ジル)　Petrus Gyllius／Pierre Gilles　29
ベフラム　Behram　222
ヘルナンデス　G. Hernández　47
ヘロドトス　Herodotos　前484頃-425頃　143
ボヤル・メフメト・パシャ　Boyalı Mehmet Paşa　?-1593　128
ホワイト，サム　Sam White　17

● マ
マアディン　Madin　221
マクシミリアン２世　Maximilian II　在位1564-76　242
マクリーズィー　Maqrizi　82
松平定信　1758-1829　106
マノル(ヤニの息子)　Manol b. Yani／Manol veled-i Yani　200, 202, 219, 220
マーフィー，ローズ　Rhoads Murphey　15, 16
マルコ　Marko　226
ミカエル・ヘベレル　Michael Heberer　54, 63
水野忠邦　1794-1851　106
ムスタファ・セラーニキー　Mustafa Selaniki　28, 29, 58, 96
ムスタファ・チャヴシュ　Mustafa Çavuş　132, 134
ムスタファ・パシャ(ララ)　Mustafa Paşa／Lala　-1580　225
ムラト３世　Murat III　在位1574-95　10, 67, 98, 126
メスィフ・パシャ　Mesih Paşa　197
メフメト(カラ・ケマルの息子)　Mehmet bin Kara Kemal　223
メフメト(キリス県知事)　Mehmet　224
メフメト(モネムヴァスィア城塞守備隊長)　Mehmet　224
メフメト２世　Mehmet II　在位1444-46, 51-81　26, 92, 95, 100, 107, 112, 144, 229
メフメト３世　Mehmet III　在位1595-1603　28
メフメト・アー　Mehmet Ağa　52

● ヤ
ヤフヤ　Yahya　87

● ラ
ラデュリ，エマニュエル・ル・ロワ　Emmanuel Le Roy Ladurie　40, 41
ラム　H. H. Lamb　40, 45
リュステム・パシャ　Rüstem Paşa　191, 192

地名・事項索引

● ア
アー　225
アイドゥン　Aydın　125, 126, 143, 147, 157, 202
アイトス(アイドス)　Aydos　132, 160, 201
アイヌ・アリ修道場　Ayn-ı Ali Zaviyesi　60
アヴロンヤ(ヴロラ)県　Avlonya　68, 225, 228, 240
アクケルマーン　66, 77, 131-134, 162, 201
アクサライ地区　Aksaray　72
アクシェヒル　Akşehir　124
アクヒサール　Akhisar　61, 62
麻　kendir　122
アジア　3, 131, 145, 199, 204, 205, 229
アジェム　96
アスケリー　195
アゾフ(アザク)　Azak　66, 144, 201
アチェ　24
アドリア海　46, 48, 60, 73, 87, 146, 218, 222-224, 227-229, 242
アナドル財務官職　Anadolu Muhasebecisi　29
アナドル(アナトリア)州　Anadolu　124, 128, 149, 168
アナボルの提督　Anabolu kapudanı　173
アマスヤ(県)　Amasya　55, 56, 134
アーミル　amil　223
アヤズメンド　Ayazmend　78, 156, 158
アーヤーン湖　58
アラビア半島　77
アラブ　80, 96
アランヤ　Alanya　143
アーリバル　ağribar　173, 174, 180, 221
アルバニア　68, 222, 228, 236
アルバニア系の若者　Arnavut oğlanı　221
アルプス山脈　47
アルメニア教会派　181
アレクサンドリア(イスケンデリーイェ)　İskenderiyye　94, 118, 154, 155, 166, 203, 227, 238
アレッポ(州)　Halep　78, 81
アンカラ　Ankara　13, 32, 55
アンコーナ　192, 218, 224
アンダルシア　47, 48

アンタルヤ　Antalya　80, 143, 155
アントウェルペン　32
アンドロス島　Androz　68
イェニチェリ　67, 112
イェニチェリ書記官長職　Yeniçeri Katibi　28
イェニチェリ長官　Yeniçeri Ağası　104, 105, 107, 123, 140
イェルサレム　Kudüs　73, 100
イオニア海　128, 218, 227, 228
異教徒　küffar／kafir／kefere　130, 195, 215-217, 219-226, 236, 237, 239, 240
イサクチャ　İsakça　131, 132, 148, 162
イスケンデリーイェ県　İskenderiyye　78, 227, 236, 240
イスタンブル穀物供給圏　110, 114, 140, 141, 145, 149, 152, 153, 163, 166, 167, 169, 170, 172, 174, 182, 183, 189, 203, 210, 246
『イスタンブル誌　17世紀におけるイスタンブル』 *İstanbul Tarihi: XVII. Asırda İstanbul*　29, 30
イスタンブル大学　İstanbul Üniversitesi　13, 14, 29, 32
イスタンブルのカーディー　İstanbul kadısı　107, 175
イスタンブルの宮殿岬　Sarayburunu　98
「イスタンブルの食料供給」 Provisioning Istanbul　16
『イスタンブルの製粉所とパン焼窯　食料貿易1740～1840』 *İstanbul Değirmenleri ve Fırınları: Zahire Ticareti (1740-1840)*　19
イスタンブルのムフタスィブ　İstanbul Muhtesibi　102, 127, 174-177
イスタンブルのムフタスィブの書付　İstanbul Muhtesibi tezkeresi　179, 180
イズニク　İznik　76, 159
イズミト(イズニクミト)　İznikmit　58, 76, 101, 159, 170, 207
イズミト湾　159
イズミル　İzmir　156, 157, 204-207, 230, 236, 237
イチェル(スィリフケ)　İçel／Silifke　124, 143
イナゴ　çekirge　74, 82
イネジク　İnecik　76, 158, 201
イネボル　İnebolu　160, 162
イプサラ　İpsala　52, 55, 74, 123, 201
イフティマン　İhtiman　69
イブライル　→　ブライラ
イブリジェ　İbrice　80
イマーム(導師)　imam　104
イムラル島　Mirali　200
イムロズ島(現ギョクチェアダ島)　İmroz／Gökçeada　67, 81
インジェカラ　İncekara　60
インド洋　Hint Okyanusu　24
ヴァフラチ川　Vahraç　58
ヴァルダル川　Vardar　121, 141
ヴァルナ　Varna　77, 121, 132, 133, 160, 162, 180, 191, 201
ヴァン　Van　51, 52, 76-78
ヴィゼ　Vize　66, 134, 158, 201
ヴィディン県　Vidin　78, 130, 132, 162
ヴィラーイェト　vilayet　151
ウィーン　Viyana　147
ヴィンチェンツァ　47
ヴェネツィア　Venedik　9, 24, 46-48, 73, 169, 172, 173, 186, 188, 190-193, 217, 218, 224-227, 229, 230, 232-235, 237, 238, 241-243
ヴェリア(カラフェルイェ)　Karaferye　60, 124, 133, 142
ヴェローナ　47
ヴォロス(ゴロス)　Golos　156, 191
ヴォロス湾　229
ウシャク　Uşak　78
ウスキュダル　Üsküdar　170
ウスコク海賊　228
ヴロラ　→　アヴロンヤ県
エヴィア島　Ağrıboz　66, 68, 80, 121, 126, 133, 134, 142, 146, 156, 205, 224, 228, 230, 237
『エヴリヤ・チェレビの旅行記』 Evliya Çelebi Seyahatnamesi　30
エーゲ海　59, 65-68, 70, 71, 74, 76, 81, 86, 87, 98, 112, 128, 133, 142, 143, 146-149, 153-156, 160, 166, 170, 191, 199, 204, 205, 210, 218, 220, 221, 224, 227-230, 239
『エジプト飢饉史』 *Tarih-i Kaht-ı Mısır*　82
エジプト州　Mısır　118, 229
エジプト州財務長官　67
エジプト州総督　Mısır Beylerbeyi　67, 105, 118, 226
エスキシェヒル　Eskişehir　55
エチオピア地方　Habeş　69

エディルネ　Edirne　3, 53, 58, 70, 74, 76, 121, 134, 146, 158, 194, 197, 199, 201, 204
エディルネ行幸　72
エディンジク　Edincik　204
江戸　106, 107
エドレミト　Edremit　66, 71, 157, 230
エネズ　Enez　202
エミニョニュ地区　Eminönü　175
エミン　emin　199, 221, 223, 225, 226, 237, 238
エユップ(エビー・エイユーブ・エンサーリー)　Eyüp　58, 95, 97, 100, 103
エルゲネ川　Ergene　141
エルズルム(州)　Erzurum　53, 55, 125, 129
エルバサン県　Elbasan　228, 238
エレーリ　Ereğli　123, 158, 204, 205
押印書付　mühürlü tezkiresi　177
押印証書　mühürlü temessük　177
大型毛織袋　168
大通り　cadde　103
大雨　37, 52, 56-62, 69, 84
大麦　arpa　47, 70, 75-77, 101, 114-117, 119-122, 124, 126, 128, 129, 132, 133, 162, 164-169, 171, 173, 187
大雪　52, 56, 58, 123
オズィ川　Özi　171
オーストリア大公　Beç Kralı　242
オスマン・ヴェネツィア戦争　232, 238, 241
オスマン海軍　130
オスマン艦隊　75, 87, 103, 118, 127, 155, 167, 177, 211, 221, 233
オスマン語　5, 7-10, 22, 27, 30, 31, 49, 50, 56, 82, 93, 173, 174, 203, 230, 235
『オスマン帝国における自然災害』　50
『オスマン帝国における旅行者たち(14〜16世紀)』　31
「オスマン帝国の草創および興隆期におけるトルコの経済的役割」　13
オスマン文書　23
オトラント海峡　228
オフリ県　Ohri　222, 228, 241
オリャホヴォ(ラホヴァ)　Rahova　132
オリンポス山(現ウルダー山)　Uludağ　63
恩恵的諸特権　imtiyazat　225

● カ

海峡城塞の守備隊長　Boğazhisar Dizdarı　210
街区の代表者たち　mahalle kethüdaları　104
海軍工廠　123
海軍大提督　Kapdan-ı Derya　123, 127, 130, 131, 140, 167, 177, 179
海軍提督　102, 103
カイセリ　Kayseri　28, 53, 55, 79
カイマク　kaymak　100
カヴァク　Kavak　76
カヴァラ　Kavala　65, 67, 69, 80, 122, 128, 156, 170, 210, 220, 230, 238, 239
夏期　eyyam-ı sayf　56, 119, 189
書付　tezkere　176, 209
各種食料　zehayir　12, 88, 125, 128, 202, 214
カザンラク(アクチャクザンルク)　Akçakızanlık　70
カスタモヌ　Kastamonu　56
カスムパシャ　Kasımpaşa　95, 97, 103, 123
カッファ(ケフェ)　Kefe　66, 71, 75, 77, 78, 116, 117, 120, 134, 144, 159, 163, 201
カッファのアクチェ銀貨　Kefe Akçesi　60, 75, 179-181, 195, 219, 220, 226
カーディー　53, 75, 101, 103, 104, 116, 118, 123-134, 151, 164, 177, 178, 196, 197, 202, 206, 208, 212, 217, 236, 237, 240
カーディー管区(カザー)　kadılık／kaza　67, 142, 151, 152, 178, 196, 197, 205, 206, 221
カドゥチャユル　Kadıçayır　60
カドゥルガ　kadırga　170
カピテュラスィオン　Capitulations　225
「神の災害 Afet-i Senavi」　68
カユク　kayak　174, 222
カラカ(キャラック)　karaka　172
カラス川　Karasu　61
カラス県・地方　Karası　66, 124, 126, 131, 134, 147, 157
カラスノエンドウ　burçak　102, 132, 133, 164, 166
カラスムギ　alef　101, 115, 118, 122, 124
ガラタ　Galata　58, 99, 103, 104
カラマン州　Karaman　125, 126
カラミュルセル　Karamürsel　159, 169, 180, 211
ガリオタ　galiota　169

ガリオット　galliot　169
カリテ　kalite　169, 170, 222, 239, 242
カルノバト(カリナバード)　Karinabad　132, 160
カルヤタ　kalyata　169
カルヨン　kalyon　172, 173, 180
カルルイリ県　Karlıili　80, 128, 223, 228, 229, 236, 240, 241
ガレー船　54, 63, 102–104, 127, 155, 167, 170, 187, 200, 212, 213, 218, 237, 242
「環境の役割」　38
寛政の改革　106
旱魃　18, 47, 48, 70, 74, 81, 82, 189
カンタル　kantar　75, 218
乾パン　peksimid　55, 75, 165, 167, 187, 218
官有船　miri gemileri ／ miri gemi(si)　179
官有倉庫　miri anbar　67, 120
「肝要なるは小麦と羊，後に残るは遊戯に等し」　110
キオス島　Sakız　65, 66, 68, 72, 76, 192
気候の寒冷化　36–38, 40, 41, 43, 44, 51, 56, 62, 64, 65, 82, 87, 110, 122, 189, 244, 247, 248
季節労働者　94
貴族　bey　68
キトロス(チトロズ)　Çitroz　80
絹　227
黍　darı　101, 115, 132, 133, 164, 238
キプロス(島)　Kıbrıs　73, 74, 78, 80, 225, 226, 232, 233
キャーウトハーネ区　Kağıthane　57
給食施設　imaret　60, 100, 125
宮廷食料庫　→　帝室食料庫
旧離帰農(奨励)令　106
ギュゼルヒサール(現アイドゥン)　Güzelhisar　157, 221
キュタフヤ　Kütahya　55
キュチュク・メンデレス川　Küçük Menderes　157
「供給主義」　196, 197, 199, 208
教皇領　46
許可証　102, 176–178, 211
キョプリュリュ時代　15
ギリシア　50, 60, 66, 67, 73, 75, 80, 87, 94, 122, 228
ギリシア正教徒　181
キリス県　Kilis　74, 81, 224, 227, 236
キリスト教(教徒)　68, 100, 215, 219, 233
キリドゥルバフル(城塞)　Kilidül-bahr　199, 200, 210, 224
キリヤ(キリ)　Kili　131–133, 148, 162, 201
ギレスン(カラヒサール・シャルキー)　Karahisar-ı Şarki　160, 162
金角湾　Haliç　58, 93, 95, 99, 175
禁輸物資　memnu meta　242, 243
禁令官　yasakçı　239, 240
草　otlak　68, 73
クサンティ(イスケチェ)　İskeçe　60
グダニスク　48
クラドヴォ(フェトヒュルイスラム)　Fethü'l-islam　132
クリミア半島　8, 134, 144, 201
クリム・ハン国　101, 134, 144, 145, 153
クルクキリセ　Kırkkilise　197
クルクチェシメ水道　Kırkçeşme　95
クルチャイ　Kuruçay　60
クレタ大学　50
クレタ島　Girit　218, 224, 225, 230
計量所　kapan　212
毛織袋　168
ケシャン　Keşan　70, 158, 230
ゲディク・ス　Gedik Su　62
ゲディズ川　Gediz　157, 230
ゲニセア(カラス・イェニジェスィ)　Karasu Yenicesi　60, 156
ケファロニア島　Kefalonya　218
ケフェ(州)　→　カッファ(ケフェ)
ゲリボル(半島)　Gelibolu　80, 158, 159, 170, 199–201, 204, 205, 210
ゲリボルのエミン　Gelibolu Emini　199
ケルチ(ケルシ)　Kerş　134, 144
県知事　Sancak Beyi　75, 124, 126, 151, 152, 177, 197, 219, 224, 240
厳冬　şiddet-i şita　34, 50, 53, 55–57, 62, 73, 84, 244
『ケンブリッジ・トルコ史』　*The Cambrige History of Turkey*　37
紅海　248, 249
蝗害　18
耕作地　53, 55, 61, 62, 94, 97, 189, 223, 240–242
小路　sokak　103
香辛料　173, 227
洪水　34, 37, 50, 56–62, 69, 82, 84, 87, 189, 244
公定価格　narh　12, 54, 69, 96, 117, 133, 143, 194, 209, 219, 220

貢納金　haraç　55
港湾担当者　Iskele Emini　105
小型櫂船　ada kayıkları　169, 236
国璽尚書　Nişancı　98
穀物受領書　178
穀物所有者　muhtekir　123
穀物争奪戦　35, 110, 188, 193, 216, 243, 245-247
穀物袋　çuval　168
穀物輸送証書　178
コス島　İstanköy　67
御前会議　Divan-ı Hümayun　23, 26, 59, 128, 175, 176
黒海　8, 11, 50, 54, 55, 66, 68, 71, 75, 77-79, 82, 88, 112, 116-124, 126, 128, 129, 131-134, 143-149, 153, 154, 159, 160, 162, 163, 166, 167, 170, 172, 179, 180, 191, 201, 207, 210, 248, 249
古典期　Klasik dönemi／the classical age　114, 196
コトル湾　78
小麦　buğday　3, 46-49, 75-77, 81, 101, 102, 110, 114, 115, 117, 118, 120-124, 126, 128, 129, 132, 133, 139, 140, 141, 143, 147, 149, 164-169, 175, 180, 184, 186, 187, 189, 190, 192, 194, 195, 199-202, 205, 212, 219, 220, 222, 231, 234, 235
小麦粉　un　46, 76, 77, 101, 117, 119, 122-124, 165-168
小麦粉計量所　Unkapanı　30, 175
小麦粉商人　uncu　76
小麦粉用袋　un çuvalı　168
米　pirinç　55, 115, 117-121, 123, 125, 129, 133, 134, 143, 154, 160, 164, 166, 173, 214, 227, 231, 238
コモティニ(ギュミュルジネ)　Gümülcine　66, 156
コリント湾　81, 224
コルフ島　Korfu　60, 218
コローニ(コロン)　Kron　73, 87
コンスタンツァ(キョステンジェ)　Köstence　133, 160, 162, 170, 171
コンスタンティノポリス　Constantinopolis　12, 26, 54, 90, 92, 95, 112, 158
『コンスタンティノポリス地誌』 *De Topographia Constantinopoleos*　29
コンヤ　Konya　70, 79, 143

● サ

『災禍を検討することによるエジプト社会救済の書』 *Kitab Ighatha al-Umma bi-Kashf al-Ghumma*　82
宰相　vezir　96, 140, 197, 225
ザーイム　zaim　222, 223, 225
財務長官府　Bab-ı Defteri　26
材木　kereste　58
サヴァ川　Sava　59
サカルヤ川　Sakarya　61, 62, 159
ザキントス(ザンテ)島　Zante　47, 191, 218
ササゲ　börülce　102, 164, 166, 236
砂糖　134, 227
サファヴィー朝　Safeviler　24, 56, 92
サフェド　Safed　80, 231
ザブン　zabun　172
サムスン　Samsun　75, 77, 160, 162
サモコフ(サマコフ)　Samakov　52, 53, 58
サモトラキ島　Semendirek　76
サルハン県　Saruhan　80, 81, 125, 126, 131, 143, 147, 157, 213
ザルブナ　zarbuna　172
サンジャク　sancak　151
サンダル　sandal　174, 222
ジェザーイル州総督　Cezayir Beylerbeyi　71
ジェノヴァ　46, 65, 66, 144, 190-192
シェフリゾル州　Şehrizor／Şehrizol　55, 72
ジェラーリー諸反乱　Celali İsyanları　10, 15
「自国のパンを食べる」時代　234
シス　Sis　53
シチリア　46-48, 190
シャイカ　şayka　171, 172
シャウワル月　130, 132
シャーバーン月　130, 131
シャム(ダマスクス)州　Şam　71, 72, 79-81, 207
シャリーア法廷記録　Şeri‘ Sicilleri　19
シュヴァルツヴァルド　147
『17世紀のオスマン朝におけるパン焼業』 *17. yüzyıl Osmanlıda Fırıncılık*　19
私有商船　rençber gemisi　116, 120, 122, 179
州総督　Beylerbey　98, 151, 152, 177
集中豪雨　61
『16〜17世紀のオスマン帝国における穀物問

題と穀物から徴収された諸税』 *XVI-XVII. Asırlarda Osmanlı İmparatorluğunda Hububat Meselesi ve Hububattan Alınan Vergiler* 15
『16世紀のイスタンブル』 *16. yüzyıl'da İstanbul* 31
首相府オスマン文書館 Başbakanlık Osmanlı Arşivi 19, 22-27, 192
シュティプ(イシティプ) İştip 80
シュメン(シュムヌ) Şumnu 132
ジュルジュ(イェルギュー) Yergüğü 132
城塞司令官 dizdar 87
小チェクメジェ湖 Küçük Çekmece 58
城兵 hisar eri 142
食糧危機 13, 17, 48, 64, 81, 83, 101, 125, 130, 133, 135, 190, 191, 206, 229, 247
食料枢機勅令簿 15
食糧倉庫 erzak anbarı 123, 128, 222
食糧不足の時代 48, 49, 82, 186, 245-247
食糧暴動 116, 135, 140, 141
『諸情報の精髄』 *Künhü'l-Ahbar* 28
シリア 71, 72, 78-81, 92, 207, 227, 231
シリストラ(県, スィリストレ) Silistre 53, 77, 78, 81, 124, 130, 134, 144, 146, 147, 160, 162, 201
人口増加 90, 92, 93, 95, 97, 100, 105, 107, 186, 189, 245, 246
人口流入 34, 90, 93, 95-97, 100, 107, 110, 116, 129, 245
「神護の諸国土」 Memalik-i Mahruse 243
親書 Name-i Hümayun 134, 225
神聖ローマ帝国皇帝 242
スィヴァス Sivas 53, 201
スィゲトヴァル Sigetvar 59
スィス県 Sis 125
スィドン(サイダ) Sayda 78
スィノプ Sinop 160, 162
スィパーヒー sipahi 29, 222-224, 240, 241
ズィラー zira 58
スィリヴリ Silivri 58, 69, 123, 158, 199
水力製粉所 Su değirmen 119
スィレム Sirem 59
ズィンミー 68, 94, 180-182, 195, 200, 217, 219, 220, 223, 225
スヴィシュトフ(ズィシトヴァ) Ziştova 132
枢機勅令簿 Mühimme Defteri 10, 12-15, 22-27, 37, 50, 51, 53, 56, 61, 62, 64, 65, 68, 72, 74, 83, 85, 86, 89, 90, 93, 97-99, 101, 103, 110, 114-117, 119, 122, 124, 125, 127-131, 136, 137, 140, 141, 143, 145, 147, 149, 151, 172, 173, 175, 178-182, 187, 192, 193, 196-200, 205, 207, 211, 213, 216-227, 229, 230, 233, 235, 236, 238, 239, 241, 242, 244-246
枢機勅令簿フォンド Mühimme Defterleri 25, 27
スコピエ(ウスキュブ) Üsküp 72
スタラ・ザゴラ(ザーラ・エスキスィ) Zağra Eskisi 134, 160
ストルマ川 Struma 121
ストルミツァ(ウストゥルムジャ) Ustrumca 79
ス・バシュ su başı 104
スメデレヴォ(セメンディレ) Semendire 52
スリナ Sulina 148, 162
スルターニイェ城砦 Sultaniyye 210
スルリーク(イスフェルリク) İsferlik 132
ゼアーメト zeamet 222, 237, 241
生活の糧 maişet 87, 96, 117, 187
聖ヨハネ騎士団 118, 154, 155, 170, 186, 218
石材輸送船 taş gemileri 170
セフェリヒサール Seferihisar 67
セメンディレ県(知事) Semendire 59, 69
『セラーニキー史』 *Tarih-i Selaniki* 29, 57, 94, 96, 98, 124
セルビア 52
セレス(スィロズ) Siroz 60, 80, 134, 156
船主 gemici 177, 178
洗濯婦たち çamaşır avretleri 99
全米科学アカデミー NAS, National Academy of Science 41
「騒擾を起こす者たち」 Ehl-i fesad 99, 103
「祖国解放戦争」 Kurtuluş Savaşı 13
ソフィア(ソフヤ) Sofya 52, 69, 134
ソラマメ(豆) bakla 102, 129, 164, 166, 168, 227, 231, 238

● タ

「大規模な気候変動の不在」 43
大洪水 57, 58, 61, 123

大宰相　Vezir-i Azam　26, 56, 176, 191
大宰相府　Bab-ı Ali（フォンド名としては Bab-ı Asafi）　26
大宰相府御前会議局枢機勅令簿室フォンド　25
滞在税　Yuva Haracı　105, 106
第三宰相　177
大城塞　100
隊商宿　kerbansarayı　99, 100, 104
退蔵　der-anbar　88, 123, 133, 187, 194, 200, 205
大チェクメジェ湖　Büyük Çekmece　58
大陸領　Terra Ferma　235
ダーダネルス　8, 131, 146, 147, 153, 155, 170, 177, 199-201, 204, 210, 211, 213, 214, 224, 231, 238, 247
タタール　66, 78
タマニ（タマン）　Tamani　144
ダミエッタ（ディムヤート）　Dimyat　94, 154, 166, 203, 227, 238
ダール・アル・ハルブ　Dar al-harb　217, 220, 221
タルスス県　Tarsus　125
タルハニヤート　Tarhaniyat　67
タルハラ（県）　Tarhala　157, 221
断食月　Ramadan　118, 125, 129-132
タンズィマート　Tanzimat　4, 10, 24
ダンツィヒ　49
担当官　mübaşir　104, 125, 127, 131-134, 152, 211
地域の外　haric-i vilayet　205, 215
チェシメ　Çeşme　67
チーズ　peynir　223
『地中海』 → 『フェリペ２世時代の地中海と地中海世界』
地中海性気候　136, 139
チフトボザン　çiftbozan　94, 96
チャヴシュ　çavuş　125, 152, 175, 211, 213, 239, 240
中世温暖期　43, 45
チューリップ時代　Lale Devri　15
徴税請負人　mültezim　223, 237
徴税記録台帳　Tahrir Defteri　4, 16
チョルル　Çorlu　158, 201
賃貸物件の責任者　odabaşı　104
ティーヴァ（イステフェ）　İstefe　133, 221
ティグリス川　57, 60
『帝国の空腹との戦い――オスマン社会における飢饉（1560～1660）』 *İmparatorluğun Açlıkla İmtihanı: Osmanlı Toplumunda Kıtlıklar (1560-1660)*　17, 18
帝室厩舎　Istabl-ı Amire　166
帝室御料　Havvas-ı Hümayun ／ Havas-ı Hümayun　60, 75
帝室食料庫　Kiler-i Amire　78, 133
ディディモティコ（ディメトカ）　Dimetoka　53, 71
ディナル・アルプス山脈　228
ティマール　tımar　223, 237
ディヤルバクル　Diyarbakır　72, 76
ティレ　Tire　157
敵性異教徒　Harbi küffar　217, 239
テキルダー → ロドスジュク（テキルダー）
テケ県　Tekeili　69, 72, 80, 143, 149, 155
テッサリア　69-71, 80, 87, 121, 126, 134, 141, 142, 146, 156, 202, 229
テッサロニキ（セラーニキ）　Selanik　58-60, 67, 73, 80, 143, 156, 194, 197, 204, 205, 215, 230
デニズ・デイルメニ　Deniz Değirmeni　221
デミルヒサール　Demirhisar　60, 61
テュニス　Tunus　81
デルヴィネ（県）　Delvine　60, 222, 228, 240, 241
天保の改革　106
ドゥカギン県　Dukagin　240
冬期　eyyam-ı şita　53, 55, 56, 63, 80, 102, 118, 119, 121, 139, 189
トゥズラ　Tuzla　132, 133, 162, 201
ドゥブルジャ　Dubruca　144
ドゥブロヴニク　Dubrovnik　9, 24, 48, 66, 68, 173, 186, 190-192, 217, 224-228, 231
ドゥブロヴニク人　Dubrovenediklü　226
トゥムシュヴァル州　Tımşvar　69, 73, 81, 179
トウモロコシ　mısır　234
トゥルハラ県 → トリカラ
トゥンジャ川　Tunca　55, 62
トカト　Tokat　53, 55, 56
独身房　bekar odaları　99, 100
都市暴動　102, 108, 247
トスカーナ大公（国）　48, 190
ドナウ川　Tuna　8, 10, 15, 54, 56, 57, 59, 76, 77, 81, 101, 119, 121, 130-133, 141, 144, 147, 148, 159, 160, 162, 169, 171, 172, 179, 180, 201

ドナウ平野　141
ドニエストル川　131, 132, 162
ドニエプル川　171
トプカプ宮殿　Topkapı Sarayı　3, 19, 22, 26, 58, 98, 124, 176
トプカプ宮殿博物館文書館　Topkapı Sarayı Müzesi Arşivi　19, 22, 26, 27, 192
ドームの間(下の間)　Kubbe altı　26, 176
ドラヴァ川　Drava　59
トラキア　60, 61, 65-67, 70, 71, 74, 80, 121, 129, 141, 146, 156, 158, 160, 196, 197, 199, 200-202, 219, 220, 246
トラブゾン　Trabzon　55, 75, 79, 129, 160, 162, 201
トラブルス・シャム　→　トリポリ(トラブルス・シャム)
ドラマ　Drama　67, 134, 146, 220
トランシルヴァニア　Erdel　81
トリカラ(トゥルハラ)　Tırhala　80, 121, 126, 133, 134, 142, 146
トリポリ(トラブルス・シャム)　Trablus／Trablusşam　66, 73, 79-81, 207, 227, 231
ドリン川　Drin　222
トルコ　Türkiye／Turkey　9, 13, 110, 184, 186
トルコ共和国　Türkiye Cumhuriyeti　7, 13, 14, 17, 18, 23, 26
トルコ語　30, 32, 50, 60, 82
トルコ小麦　blé turc　191, 233-235
トルコ人　Turc　13, 29
トルコ歴史協会　Türk Tarih Encümeni　32
トルコ歴史協会　Türk Tarih Kurumu　29
ドルマバフチェ宮殿　Dolmabahçe Sarayı　26
トロス山脈　53, 143
トンバズ　tonbaz　172

● ナ

ナイル川　Nil　8, 69, 71, 73, 143, 154
ナヴァリノ(アナヴァリン)　Anavarin　74, 87
長雨　56, 60, 62, 72, 81, 82, 87, 123
ナクソス島　Nakşa　70
ナフプリオ(アナボル)　Anabolu　173
ナポリ　46
肉　96
肉体労働　rençberlik　94
荷車　araba　52, 58, 95, 139, 143, 146-148, 158, 159, 162, 168, 171, 201
ニコポル(ニーボル)　Niğbolu　132, 147
ニコメディア(イズミト，イズニクミト)　İznikmit　58
『日誌』　*Tage-boch*　32
ニーボル県　Niğbolu　81, 130, 162
『ネイチャー』　*Nature*　41
ネヴルーズ　Nevruz　167
ネグロポンテ　Negroponte　229
ネレトヴァ川　223
ノヴァ・ザゴラ(ザーラ・ジェディード，ザーラ・イェニジェスィ)　Zağra cedid／Zağra Yenicesi　134, 160
ノヴィ城塞　Novi kalesi　68, 73, 87, 242
野麦　kaplıca　132

● ハ

バイエルン　47
ハイデルベルク　54
ハイラボル　Hayrabolu　130, 134, 158, 201
バイロ(駐在大使)　baylo　243
パガシティコス湾　156
バグダード　Bağdat　57, 60, 69, 74
パザルジク(タタルパザルジュク)　Tatarpazarcık　196, 197
ハス　has　197, 226
バスラ　Basra　69, 71
ハッサ・ハルジュ・エミニ(ゲリボルの)　Gelibolu Hassa Harc Emini　210
パッサロヴィッツ条約　15
パーディシャー　Padişah　3, 72, 112
パトモス島　Patmos　225
ババダー　Babadağı　132
馬匹輸送船　at gemileri　170, 171
ハプスブルク　Habsburg　20, 24, 32, 54, 126, 186, 218, 242
ハミト県　Hamit　126
ハラーミー谷　Harami　58
「腹をすかした熊は踊らず」　Aç ayı oynamaz　34
ハルカル　Halkalı　57
バルカン(半島)　101, 145
バルカン(スタラ)山脈　53, 160, 162
バルケスィル　Balıkesir　66
バルセロナ　47
バルチク(バルチュク)　Balçık　77, 121, 133, 162, 179
バルチャ　barça　173, 221, 226, 227, 237

バルツァ　barza　173
バルト海　8, 10, 248
パレスティナ　74
パレルモ　190
バレンシア　47
パン　19, 47, 54, 76, 96, 101, 115, 119, 122-124, 126, 139, 141, 164
ハンザ同盟　234
ハンブルク　49
パン屋　123
ビガ　Biga　121, 159
挽き割り小麦　bulgur　128, 169
ビザンツ　7, 12, 92, 95, 158
『ビザンティオン』 *Byzantion*　12
ヒジャーズ　74, 77
ヒジュラ暦　12, 57, 82, 94, 96, 104-106, 118, 125, 210
羊の尾脂　don yağı　179
ビティニア　199
ビティニア小麦　76
人返し(の法)　106, 107, 116, 246
非ムスリム　180, 181
ビュユク・チェクメジェ　Büyük Çekmece　123
ビュユク・メンデレス川　Büyük Menderes　157
ヒヨコマメ(豆)　nohut　102, 115, 117, 128, 129, 164, 166, 169, 214, 238
平底船　148, 162, 171, 172
ピンドス山脈　228
ファーティフ・モスク　Fatih Camii　100
ファルサラ(チャタルジャ)　Çatalca　69, 80, 133, 192, 202
フィルカテ(船)　firkate　242
フィレンツェ　46, 48, 190, 192, 229
フェネル・カーディー管区　Fener kazası　95
『フェリペ２世時代の地中海と地中海世界』(『地中海』) *La méditerranée et le monde méditerranéen à l'époque de Philippe II*　6, 8, 11, 19-21, 35, 38, 45, 93, 184, 190, 234, 247-249
フェレス(フィレジキ)　Firecik　219
フォチャ　Foça　74, 80, 156, 157, 204, 226, 236
不正規兵　levent　99
ブダ州(ブディン)　Budin　66, 81
物価騰貴　şiddet-i kaht u gala　73
ブディン(ブダ)　Budin　147
ブドウ　üzüm　40, 41, 189
不道徳行為　fucür　100
不当利得(者)　muhtekir　88, 133, 134, 195, 220
プナルヒサール　Pınarhisar　201
ブライラ(イブライル，ブラユル)　Brayıl　121, 131-134, 144, 147, 148, 162, 171, 180, 201
フランス人　226, 227
プーリア　190
ブルガス(現リュレブルガス)　Burgas／Lüleburgas　59
ブルサ　Bursa　63, 66, 76, 81, 143, 147, 159, 194, 197, 199, 200, 204
フルショヴァ　Hırşova　132, 133, 147, 162, 171, 180
ブレンナー峠　47
プロヴディフ(フィリベ)　Filibe　55, 69, 120, 121, 134, 143, 160, 166, 197
陛下の財貨　mal-ı Padişahi　226
ベイシェヒル　Beyşehir　126
ベイパザル川　Beypazarı　62
ベイルート　Beyrut　78
ベイレルベイリキ　beylerbeylik　151
ベオグラード　Belgrade　54, 59, 92, 147
ペーチ県　Peç　59
ペラ地区　Pera　63
ベルガマ　Bergama　66, 78, 158, 221
ベルコヴィツァ(ベルコフチャ)　Berkofça　81
ペルシア湾　69
ヘルセキ県　Hersek　68, 72-74, 223, 227, 236, 240
ヘルツェゴヴィナ(ヘルセキ)　Hersek　60, 72, 73, 228
ベルリン旧図書館　Alt Staat Bibliotek　32
ペロポネソス半島　73-75, 87, 146, 149, 155, 173, 174, 224, 227-229, 233, 241
ベンデル　Bender　81, 131, 132, 162
俸給局長　Ulufe Emini　29
法令　kanun　197
母后　126
干し果物　kuru yemiş　131, 204
保証人(制度)　kefil　104, 208, 245
ボスニア(ボスナ)　Bosna　60, 81, 226
ボスポラス　8, 54, 58, 153, 201
ポゼガ(ポジェガ)　Pojega　59, 71
「補足的覚書」　Note complémentaire　38
ポモリエ(アフヨル)　Ahyolu　68, 121, 132, 133, 160, 162, 180, 201

ボル　Bolu　62

●　マ
マイドス　Maydos　199
マヴナ　mavna　170
マカルスカ　Makarska　223
薪　119
マグリブ　145
マケドニア　72, 79, 121, 124, 129, 141, 142, 156
マチン(マチュン)　Maçın　131
マドラサ　60, 76
マトラバーズ　matrabaz　203, 205, 220
マニサ(平野)　Manisa　60, 61, 67, 78, 98, 124, 157
マムルーク朝　82
豆類　bakliyat　102, 115, 117, 120, 164, 166
マリッツァ川　Meriç　55, 62, 120, 141, 143, 166
マルカラ　Malkara　123, 130, 134, 158, 201
マルセイユ　47
マルタ騎士団　→　聖ヨハネ騎士団
マルタ島　Malta　118, 154, 218
マルマラ海　54, 81, 98, 112, 116, 118, 127, 134, 143, 146, 147, 149, 151-155, 158, 159, 166, 169, 170, 191, 197-200, 204, 206, 207, 210, 230, 231
ミズィストレ県　Mizistre　240
ミハリチ・カーディー管区　Mihaliç kazası　200
ミュセッレム　müsellem　168
ミュド　müd　66-69, 80, 81, 121, 173, 178, 180, 200, 202, 221
ムアッズィン(礼拝の呼びかけをする者)　müezzin　104
ムカータア　mukataa　223
ムスリム　96, 100, 180, 182, 195, 215, 217, 220, 224
ムダンヤ　Mudanya　98, 124
ムドゥルヌ　Mudurnu　79
ムフタスィブ　muhtasib　102, 103, 121, 176, 177
メストス川　Mestos　121
メソーニ(モドン)　Muton　73, 74, 87
メッカ　73, 74, 80, 100
メッシーナ　46
メディナ　73, 74, 77, 100
メンテシェ県　Menteşe　69, 73, 125, 143, 147
メンデニツァ(ムドニチ)　Mudoniç　156
モスク　54, 60, 95, 100, 104
モネムヴァスィア(メンヴァシヤ)城塞　Menvaşya　224
モラ県　Mora　75, 95, 146, 149, 222, 228, 229, 240, 241
モルダヴィア　Boğdan　55, 81, 132, 133, 144, 149, 153, 159, 160, 162, 163, 171
モロヴァ　Molova　67
モロッコ　Fas　24
文書の蔵　Hazine-i Evrak　23, 26
モンテネグロ　78, 87, 228

●　ヤ
ヤマンラル山地　157
ヤヤ・バシュ　Yaya başı　104
ヤロヴァ(ヤラクアーバート)　Yalakabad　101, 159
ヤンブー　Yanbuğ　77
ヤンボル　Yanbolu　132, 160, 201
ヤンヤ県　Yanya　128, 228, 238, 240, 241
ユグノー　47
輸送業者　rençber　175, 177, 181, 182, 195, 219, 220, 231, 238
輸送料　navlun　77, 120, 179-181
ユダヤ教(教徒)　181, 215, 219
ユーフラテス川　57
よそ者　yabancı　99, 103
「よそ者の船」　ecnebi gemileri　227
ヨーロッパ商人　225
ヨーロッパ人(商人，集団)　Frenk ／ Freng ／ Efrenc ／ Efrenç taifesi　22, 27, 32, 215-217, 220-223, 226, 231
『ヨーロッパ人旅行者たちの目から見たオスマン世界とその人々(1530〜1699年)』　*Avrupalı Seyyahların Gözünden Osmanlı Dünyası ve İnsanları (1530-1699)*　31

●　ラ
ライデストス　Rheadestus　158
ラーシト・エフェンディ図書館　Raşit Efendi Kütüphanesi　28
ラズグラート(ヘザルグラード)　Hezargrad　132, 134
ラプセキ　Lapseki　54, 67, 159, 170, 200, 204
ラミア(イズディン)　İzdin　80, 133, 156
ラリッサ(イェニシェヒル)　Yenişehir

69-71, 76, 124, 133, 156, 192, 202
リヴァディア(リヴァーディイェ)　Livadiye　192
リオーニ社　188, 192, 229
リスボン　47
「立法者」　Kanuni　9
リュトフィー・パシャ橋　Lütfi Paşa Köprüsü　60
リュレブルガス　→　ブルガス(現リュレブルガス)
両聖都財務官職　Harameyn Muhasebecisi　29
旅行者　yolcu　31, 76
ルーズ・カスム(10月9日)　ruz-ı kasım　102, 139, 167
ルーズ・フズル(5月6日)　ruz-ı hızır　102, 139, 167
ルセ(ルスチュク)　Rusçuk　132, 134, 162
ルソカストロ(ルスカスル)　Ruskasrı　132
ルドニク　Rudnik　71
ルム州(総督)　Rum(Beylerbeyi)　53, 125, 128
ルメリ　Rumeli　3, 52-55, 58-60, 62, 66, 69-77, 79-81, 86-88, 93, 94, 97, 118, 120, 121, 123, 124, 126, 127, 129, 130, 132-134, 141, 144-149, 151-156, 158, 159, 172, 197-201, 227-229, 236, 238, 241
レヴァン州(イェレヴァン)　Revan　82
レヴァント　Levant　234, 235
レヴァント小麦　190, 193
レスィムノ　Rethymno　50
レスボス(ミディルリ)島　Midilli　67, 70, 74, 87, 230
レパント(イネバフトゥ，現ナフパクトス)　İnebahtı　75, 81, 134, 155, 223, 238
レパントの海戦　155, 233
レムノス(リムニ)島　Limni　67, 74, 230, 238
レンズマメ(豆)　mercimek　102, 115, 117, 119, 120, 128, 129, 164, 166, 173, 214, 238
レンチベル　rençber　177-181
ロヴェチ(ロフチャ)　Lofça　132
牢獄　Zindan　175
ロゼッタ(ラシード)　Raşid　94, 118, 120, 154, 166, 203, 227
ロドスジュク，ロドスト(テキルダー，テクフルダー)　Rodoscuk(Tekirdağ／Tekfurdağı)　54, 70, 76, 80, 123, 127, 130, 134, 158, 164, 168, 178, 179, 191, 199, 201, 202, 204, 205, 207, 231
ロドス島(県)　Rodos　67, 69-73, 77, 79, 81, 86, 87, 149, 155, 203, 204, 218, 231
ロマ(ジプシー)　çingene　168
ローマ　7, 92, 95, 198
ローマ教皇領　218

● ワ

ワクフ　104
ワクフ文書　vakıfiye　10
ワラキア　Eflak　15, 57, 58, 76, 81, 101, 117, 132, 133, 144, 149, 153, 159, 160, 162, 163, 171

参考文献

1　オスマン語史料(未刊行史料)

首相府オスマン文書館(Başbakanlık Osmanlı Arşivi)所蔵史料

MD. Divan-ı Hümayun Mühimme Defterleri 2, 3, 4, 5, 6, 7, 9, 10, 12, 14, 15, 16, 17, 18, 19, 21, 22, 23, 24, 25, 26, 27, 28, 29, 30, 31, 32, 33, 34, 35, 36, 37, 38, 39, 40, 41, 42, 43, 45, 46, 47, 48, 51, 52, 53, 55, 58, 60, 61, 62, 64, 67

MDZ. Mühimme Zeyli Defterleri 2, 3, 4, 15

KK. Kamil Kepeci 61, 144

A. DVN.MHM Defterleri 933

Bab-ı Defteri Evamir-i Maliye Kalemi Defterleri 26278

トプカプ宮殿博物館文書館(Topkapı Sarayı Müzesi Arşivi)所蔵史料

E.12321

2　オスマン語史料(刊行史料)

Akgündüz, A. 1990-96. *Osmanlı Kanunnâmeleri ve Hukukî Tahlilleri*, 9 vols., İstanbul.

Ali, Gelibolulu Mustafa (F. Çerci, ed.) 2000. *Gelibolulu Mustafa Ali ve Künhü'l-Ahbar'ında II.Selim, III.Murat ve III.Mehmet Devirleri*, 3 vols., Kayseri.

Barkan, Ö. L. 1942. "Bazı Büyük Şehirlerde Eşya ve Yiyecek Fiyatlarının Tesbit ve Teftişi Hususlarını Tanzim eden Kanunlar I Kanunnâme-i İhtisab-ı İstanbul-el-Mahrûsa", *Tarih Vesikaları*, 1/5, İstanbul.

——— 1945. *Kanunlar 15 ve 16ncı Asırlarda Osmanlı İmparatorluğunda Ziraî Ekonominin Hukukî ve Malî Esaslar*, İstanbul.

T. C. Başbakanlık Devlet Arşivleri Genel Müdürlüğü 1993. *3 numaralı Mühimme Defteri (966-968/1558-1560)*, 2 vols., Ankara. (本文中においては MD と略記。以下も同様)

——— 1994. *5 numaralı Mühimme Defteri (975/1565-1566)*, 2 vols., Ankara.

——— 1995. *6 numaralı Mühimme Defteri (975/1564-1565)*, 3 vols., Ankara.

——— 1996. *12 numaralı Mühimme Defteri (987-989/1570-1572)*, 3 vols., Ankara.

——— 1997-2000. *7 numaralı Mühimme Defteri (975-976/1567-1569)*, 6 vols., Ankara.

Evliya Çelebî (Ş. Tekin and G. A. Tekin, eds.) 1989. *The Seyahatnames of Evliya Çelebî*, 3 vols., Harvard.

——— (Z. Kurşun, S. A. Kahraman and Y. Dağlı, eds.) 1996. *Seyâhatnâmesi*, vol.1, İstanbul.

——— 2001. *Seyahatnamesi*, vol.5, İstanbul.

Koçi Bey (Z. Danışman, ed.) 1985. *Koçi Bey Risâlesi*, Ankara.

——— (Y. Kurt, ed.) 1995. *Koçi Bey Risâlesi*, Ankara.

Kütükoğlu, M. S. 1978. "1009/1600 Tarihli Narh Defterine göre İstanbul'da Çeşitli Eşya ve Hizmet Fiyatları", *Tarih Enstitüsü Dergisi*, 9.

——— 1983. *Osmanlılarda Narh Müessesesi ve 1640 Tarihli Narh Defteri*, İstanbul.

——— 1984. "1624 Sikke Tashihinin Ardından Hazırlanan Narh Defteri", *Tarih Enstitüsü Dergisi*, 34, İstanbul.

Lutfî Pacha (R. Tschudi, ed.) 1910. *Das Asafnâme des Lutfî Pascha nach den Handschriften zu Wien Dresden und Konstantinopel*, Berlin.

Sahillioğlu, H. 1967. "Osmanlılarda Narh Müessesesi ve 1525 Yılı Sonunda İstanbul'da Fiatlar", *Belgelerle Türk Tarihi Dergisi*, 1.

——— 2002. *Topkapı Sarayı Arşivi H.951-952 Tarihli ve E-12321 Numaralı Mühimme Defteri*, İstanbul.

Selânikî (K. Schwarz, ed.) 1970. *Târih-i Selânikî Die Chronik des Selânikî*, Freiburg.

Selaniki Mustafa Efendi (M. İpşirli, ed.) 1989. *Tarih-i Selaniki*, 2 vols., İstanbul.

Şahin, İlhan and Feridun Emecen 1994. *II Bayezid Dönemine ait 906/1501 Tarihli Ahkam Defteri*, İstanbul.

Türk Standardları Enstitüsü (ed.) 1995. *Kanunname-i İhtisab-ı Bursa*, Ankara.

Ülker, H. 2003. *Sultanın Emir Defteri (51 Nolu Mühimme)*, İstanbul.

Ünal, M. A. 1995. *Mühimme Defteri 44*, İzmir.

Yücel, Y. (ed.) 1992. *Osmanlı Ekonomi-Kültür-Uygarlık Tarihine Dair Bir Kaynak Es'ar Defteri (1640 tarihli)*, İstanbul.

3　ヨーロッパ諸語による一次史料

Bon, Ottaviano (Godfrey Goodwin ed.) 1996. *The Sultan's Seraglio: An Intimate Portrait of Life at the Ottoman Court*, London.

Eton, William 1798. *A Survey of the Turkish Empire*, London (rep. 1973, New York).

Hammer, J. von 1829. *Geschichte des Osmanischen Reiches*, vol.4, Wien (rep. 1963, Graz).

Heberer, Michael (Türkis Noyan, trns.) 2003. *Osmanlıda Bir Köle: Brettenli Michael Heberer'in Anıları 1585-1588*, İstanbul.

Gerlach, Stephan (Kemal Beydilli, ed., Türkis Noyan, trns.) 2006. *Türkiye Günlüğü*, 2 vols., İstanbul.

Gyllius, Petrus (Erendiz Özbayoğlu, trns.) 1997. *İstanbul'un Tarihi Eserleri*, İstanbul.

Kömürcüyan, Eremya Çelebî (H. D. Andreasyan, trns.) 1952. *İstanbul Tarihi: XVII. Asırda İstanbul*, İstanbul.

Nicolay, N. D. 1585. *The Navigations into Turkie*, London (rep. 1968, Amsterdam).

Olivier, Antoine 1801. *Travels in the Ottoman Empire, Egypt and Persia*, vol.1, London.

Quinn, D. B. (ed.) 1955. *The Roanoke Voyages, 1584–1590*, London.
des Roches, Madeleine and Catherine (Anne R. Larsen ed. and trns.) 2006. *From Mother and Daughter*, Chicago.
Sanderson, John (William Foster, ed.) 1931. *The Travels of John Sanderson in the Levant 1584–1602*, London (rep. 1967).
Simeon (H. D. Anderesyan, trns.) 1964. *Polonyalı Simeon'un Seyahatnâmesi 1608–1619*, İstanbul.
Villalon, Cristobal de (F. Carım, trns.) 1964. *Kanûnî Devrinde İstanbul*, İstanbul.

4 研究文献

トルコ語文献

Afyoucu, Erhan 2003. "Türkiye'de Tahrir Defterlerine Dayalı Olarak Hazırlanmış Çalışmalar Hakkında Bazı Görüşler", *Türkiye Araştırmaları Literatür Dergisi*, 1-1 (Türk İktisat Tarihi), 267–286.
Akdağ, M. 1949. "Osmanlı İmparatorluğunun Kuruluş ve İnkişafi Devrinde Türkiye'nin İktisadi Vaziyeti I", *Belleten*, 51, 497–569.
——— 1949/50. "Türkiye Tarihinde İçtimai Buhranlar Serisinden Medreseli İsyanları," *İstanbul Üniversitesi İktisat Fakültesi Mecmusası*, 11/1–4, 361–387.
——— 1950. "Osmanlı İmparatorluğunun Kuruluş ve İnkişafi Devrinde Türkiye' nin İktisadi Vaziyeti II", *Belleten*, 55, 319–413.
——— 1971. *Türkiye'nin İktisadî ve İçtimaî Tarihi (1453–1559)*, 2 vols., İstanbul (rep. 1995).
——— 1975. *Türk Halkının Dirlik ve Düzenlik Kavgası (Celali İsyanları)*, Ankara.
Alada, Adalet Bayramoğlu 2008. *Osmanlı Şehrinde Mahalle*, İstanbul.
Altınay, Ahmet Refik R.1332/1916. "Sultan Süleyman Kanuni'nin Son Senelerinde İstanbul'un Usul-ı İaşe ve Ahval-ı Ticariyyesi", *Tarih-i Osmani Encumeni Mecmuası*, 37, 23–42. (オスマン語)
And, Metin 1994. *16. yüzyıl'da İstanbul*, İstanbul.
Arıkan, Zeki 1991. "Osmanlı İmparatorluğunda İhrac Yasak Malları (Memnu Meta)", in *Prof. Dr. Bekir Kütükoğlu'na Armağan*, İstanbul, 279–306.
Arslan, H. 2001. *Osmanlı'da Nüfus Hareketleri (XVI. Yüzyıl)*, İstanbul.
Aynural, Salih 2002. *İstanbul Değirmenleri ve Fırınları: Zahire Ticareti, 1740–1840*, İstanbul.
Barkan, Ö. L. 1953. "Tarihi Demografi Araştırmaları ve Osmanlı Tarihi", *Türkiyat Mecmuası*, 10, 1–26.
T. C. Başbakanlık Devlet Arşivleri Genel Müdürlüğü 1992. *Başbakanlık Osmanlı Arşivi Rehberi*, Ankara. (引用の際には BAG と略称，以下も同様)
——— 1995. *Başbakanlık Osmanlı Arşivi Katalogları Rehberi*, Ankara.
——— 2000. *Başbakanlık Osmanlı Arşivi Rehberi*, Ankara (2 ed.).
Behar, C. (ed.) 1996. *Osmanlı İmparatorluğu'nun ve Türkiye'nin Nüfusu 1500–1927*,

Ankara.
Berger, Albrecht 1994. "Nüfus, Bizans dönemi", *DBİA*, vol.6, İstanbul, 107f.
Bilgin, Arif 2004. *Osmanlı Saray Mutfağı 1453–1650*, İstanbul.
Bostan, İdris 1992. *Osmanlı Bahriye Teşkilatı: XVII. Yüzyılda Tersane-i Amire*, Ankara.
——— 2005. *Kürekli ve Yelkenli Osmanlı Gemileri*, İstanbul.
Cebeci, D. 1987. "Osmanlı Devletinde İhtisab Ağalığı", *Türk Dünyası Araştırmaları*, 49.
Cezar, M. 1985. *Tipik Yapılariyle Osmanlı Şehirciliğinde Çarşı ve Klasik Dönem İmar Sistemi*, İstanbul.
Çeçen, K. (ed.) 1994. "Halkalı Suları", *DBİA*, vol.3, İstanbul, 524–527.
——— 2000. *İstanbul'un Osmanlı Dönemi Suyolları*, İstanbul.
Çetin, A. 1979. *Başbakanlık Arşivi Kılavuzu*, İstanbul.
Dağlı, Y. and C. Üçer 1997. *Tarih Çevirme Kılavuzu*, vol.4, Ankara.
Danişmend, İsmail Hami 1972. *İzahlı Osmanlı Tarihi Kronolojisi*, vol.3, İstanbul.
Demirtaş, M. 2008. *Osmanlıda Fırıncılık 17. yüzyıl*, İstanbul.
Devellioğlu, Ferit 1993. *Osmanlıca Türkçe Ansiklopedik Lugat*, İstanbul (new edition).
Dirimtekin, F. 1964. *Ecnebî Seyyahlara nazaran XVI. yüzyılda İstanbul*, İstanbul.
Emecen, M. F. 1989. "XVI. Asrın İkinci Yarısında İstanbul ve Sarayın İâşesi için Batı Anadolu'dan Yapılan Sevkiyât", *Tarih Boyunca İstanbul Semineri, 29 Mayıs–1 Haziran 1988, Bildiriler*, İstanbul.
——— 1991. "Sefere Götürülen Defterlerin Defteri", in *Prof. Dr. Bekir Kütükoğlu'na Armağan*, İstanbul, 241–268.
——— 2005. "Osmanlı Divanının Ana Defter Serileri: Ahkâm-ı Mîrî, Ahkâm-ı kuyûd-ı Mühimme, Ahkâm-ı Şikâyet", *Türkiye Araştırmaları Literatür Deirgisi*, 5, 107–139.
Ergin, Osman Nuri H.1330–8/1912–19·20. *Meccelle-i Umûr-ı Belediyye*, 5 vols., İstanbul（オスマン語）(rep. 1995：トルコ語).
Faroqhi, Suraiya 1981. "İstanbul'un İaşesi ve Tekirdağ-Rodoscuk Limanı", *ODTÜ Gelişme Dergisi 1979–1980 Özel Sayısı.*
Genç, M. 2000. *Osmanlı İmparatorluğunda Devlet ve Ekonomi*, Ankara.
Giz, A. 1968. "17. Yüzyılda Osmanlı Padişahlarının Günlük Yemek Masrafları", *Belgelerle Türk Tarihi Dergisi*, 6.
Göyünç, Nejat 1968. "XVI. Yüzyılda Ruûs ve Önemi," *İstanbul Üniversitesi Edebiyat Fakültesi Tarih Derigisi*, 22, 17–34.
——— 1979. "Hane Deyimi Hakkında", *Tarih Dergisi*, 32, 331–348.
——— 1997. "hane", *DİA*, vol.15, 552f.
Güçer, L. 1953. "XVI. Yüzyıl Sonlarda Osmanlı İmparatorluğu Dahilinde Hububat Ticaretinin Tâbi olduğu Kayıtlar", *İktisat Fakülitesi Mecümuası*, 13/1–4,

İstanbul.
——— 1964. *XVI.-XVII. Asırlarda Osmanlı İmparatorluğunda Hububat Meselesi ve Hububattan alınan Vergiler*, İstanbul.
İhsanoğlu, Ekmeleddin (ed.) 1994. *Osmanlı Devleti ve Medeniyeti Tarihi*, İstanbul.
İlgürel, Mücteba 1993. "Celali İsyanları", *DİA*, vol.7, İstanbul, 252-257.
İnalcık, Halil 1994a. "İase, Osmanlı Dönemi", *DBİA*, vol.4, İstanbul, 116-119.
——— 2001. "İstanbul", *DİA*, vol.23, İstanbul, 220-239.
İstanbul [Tarih Vakfı] 1994. "Kağıthane", *DBİA*, vol.4., 380-382.
Karademir, Zafer 2014. *İmparatorluğun Açlıkla İmtihanı: Osmanlı Toplumunda Kıtlıklar (1560-1660)*, İstanbul.
Kazıcı, Z. 1987. *Osmanlılarda İhtisab Müessesesi*, İstanbul.
Kılıç, Orhan 2001. "Mühimme Defterlerine göre 16. yüzyılın İkinci Yarısında Osmanlı Devleti'nde Doğal Afetler (Fırtınalar, Su Baskınları, Şiddetli Soğuklar ve Yıldırım Düşmesi Olayları)", *Pax Ottomana: Studies in Memoriam Prof. Dr. Nejat Göyünç*, Haarlem, 793-820.
Koç, Y. 1999. "Osmanlı İmparatorluğu'nun Nüfus Yapısı (1300-1900)", *Osmanlı*, vol.4, Ankara, 535-550.
Kuban, D. 1993. "Aksaray", *DBİA*, vol.1, İstanbul, 161-165.
Kütükoğlu, M. S. 1988. "Mühimme Defterindeki Muâmele Kayıdları Üzerine", in *Tarih Boyunca Paleografya ve Diplomatik Semineri 30 Nisan-2 Mayıs 1986: Bildiriler*, İstanbul, 95-112.
Mumcu, A. 1976. *Hukuksal ve Siyasal Karar Organı olarak Divan-ı Hümayun*, Ankara.
Orhonlu, C. 1984. *Osmanlı İmparatorluğunda Şehircilik ve Ulaşım üzerine Araştırmalar*, İzmir.
Özdeğer, Hüseyin 1988. *1463-1640 Yılları Bursa Şehri Tereke Defterleri*, İstanbul.
Özyüksel, Murat 1988. *Osmanlı-Alman İlişkilerinin Gelişim Sürecinde Anadolu ve Bağdat Demiryolları*, İstanbul.
Pakalın, M. Z. 1946. *Osmanlı Tarih Deyimleri ve Terimleri Sözlüğü*, 3 vols., İstanbul.
Pamuk, Ş. 1999. *Osmanlı İmparatorluğunda Paranın Tarihi*, İstanbul.
Refik, Ahmet → Altınay を参照。
Reyhanlı, T. 1983. *İngiliz Gezginlerine Göre XVI. Yüzyılda İstanbul'da Hayat 1582-1599*, Ankara.
Sahillioğlu, H. 1964. "Bolu, Amasra Önünde bir Deniz Kazası ve Ticaret Tarihi Kaynağı olarak Deniz Kazaları", *Çele*, no.17.
——— 1988. "Ahkâm Defteri", *DİA*, vol.1, 551.
Sawai, Kazuaki 2005. "Amasra'da 1586 Tarihli Deniz Kazası: Deniz Kazası Araştırmalarının Önemi ve Osmanlı Tarih Yazımındaki Yeri", *Toplumsal Tarih*, 139, 46-50.

Sertoğlu, M. 1955. *Muhteva Bakımından Başvekâlet Arşivi*, Ankara.
——— 1986. *Osmanlı Tarih Lûgatı*, İstanbul.
Sümer, Faruk 1997. "Kayı", *İA*, vol.6, İstanbul, 459-462.
Toprak, Z. 1994. "Nüfus, Fatihten 1950'ye", *DBİA*, vol.6, İstanbul, 108-111.
Uzunçarşılı, İ. H. 1945. *Osmanlı Devleti'nin Saray Teşkilatı*, Ankara.
——— 1948. *Osmanlı Devletinin Merkez ve Bahriye Teşekilâtı*, Ankara.
——— 1951. *Osmanlı Tarihi*, vol.3, İstanbul.
Üçel-Aybet, Gülgün 2003. *Avrupalı Seyyahların Gözünden Osmanlı Dünyası ve İnsanları (1530-1699)*, İstanbul.
Ülgener, Sabri F. 1951. *Tarihte Darlık Buhranları ve İktisadi Muvazenesizlik Meselesi*, İstanbul.
Yaltırık, F. 1994. "Belgrad Ormanı", *DBİA*, vol.2, İstanbul, 148-150.
Yerasimos, S. 1995. "Onaltıncı Yüzyıl İstanbul Nüfusunun Tekrar Değerlendirilmesi için Veriler", *Toplumsal Tarih*, 14, 26-27.
Zhukovsky, P. (Celal Kıpçak trns.) 1951. *Türkiye'nin Zirai Bünyesi (Anadolu)*, İstanbul.

トルコ語以外の外国語文献

Arbel, B. 1995. *Trading Nations, Jews and Venetians in the Early Modern Eastern Mediterranean*, Leiden.
Artan, T. 2000. "Aspects of the Ottoman Elite's Food Consumption: Looking for Staples, Luxuries, and Delicacies in a Changing Century", in D. Quataert (ed.), *Consumption Studies and the History of the Ottoman Empire, 1550-1922 An Introduction*, New York.
Aymard, Maurice 1966. *Venise, Raguse et le commerce du blé pendant la seconde moitié du XVIe siècle*, Paris.
Babinger, Franz 1929. *Die Geschichtsschreiber der Osmanen und ihre Werke*, Leipzig.
Barkan, Ö. L. 1957. "Essai sur les Donnèes Statistiques des Eegistres de Recensement dans l'Empire Ottoman aux XVe et XVIe Siècles", *Journal of the Economic and Social History of the Orient*, 1, 9-36.
——— 1970. "Research on the Ottoman Fiscal Surveys", in M. A. Cook (ed.), *Studies in the Economic History of the Middle East*, London, 163-171.
Birken, A. 1976. *Die Provinzen des Osmanischen Reiches*, Wiesbaden.
Bratianu, G. I. 1929/30. "La question de l'approvisionnement de Constantinople a l'époque Byzantine et Ottomane", *Byzantion*, 5, 83-107.
——— 1931. "Nouvelles contributions a l'étude de l'approvisionnement de Constantinople sous les Paléologues et les empereurs Ottomans", *Byzantion*, 6, 641-656.
Braudel, Fernand 1949. *La méditerranée et le monde méditerranéen à l'époque de Philippe II*, Paris (1.ed.).

——— 1966. *La méditerranée et le monde méditerranéen à l'époque de Philippe II*, 2 vols., Paris (2.ed.).〔フェルナン・ブローデル（濱名優美訳）『地中海』全5巻，藤原書店，1992〕

——— 1979. *Civilisation matérielle, économie et capitalisme, XVe-XVIIIe siècle: Les structures du quotidien: le possible et l'impossible*, Paris.

Bulgaru, Marie-Mathilde Alexandrescu-Dersca 1969. "Quelques donées sur le ravitaillement de Constantinople au XVIe siècle", in *Actes du premier congrès international des etudes balkaniques et sud-est européenes*, vol.3, Sofia, 661-672 (rep., in *Seldjoukiedes, Ottomans et L'espace Roumain*, (C. Feneşan, ed.), İstanbul, 2006, 521-534).

——— 1983. "Sur le ravitaillement d'Istanbul au XVIème siècle en relation avec les Principautés Roumaines", in Les province arabes et leurs sources documentaries à l'époque ottomane, Tunis, 73-80 (rep., in *Seldjoukiedes, Ottomans et L'espace Roumain*, (C. Feneşan, ed.), İstanbul, 2006, 535-544).

Burroughs, W. J. 1981. "Winter Landscapes and Climatic Changes", *Weather*, 36, 352-357.

Chandler, Tertius 1987. *Four Thousand Years of Urban Growth*, New York.

Chaudhuri, K. N. 1985. *Trade and Civilisation in the Indian Ocean: An Economic History from the Rise of Islam to 1750*, Cambridge.

Cook, Michel A. 1972. *Population Pressure in Rural Anatolia (1450-1600)*, London.

Darling, L. T. 1996. *Revenue-Raising & Legitimacy Tax Collection & Finance Administration in the Ottoman Empire 1560-1660*, Leiden.

Dávid, G. 2002. "The Mühimme Defteri as a Source for Ottoman-Habsburg Rivalry in the Sixteenth Century", *Archivum Ottomanicum*, 20, 167-209.

Elezović, G. 1951. *Iz Carigradskih Turskih Arhiva Mühimme Defteri*, Beograd.

Ereshfield, E. H. 1930. "Some Sketches made in Istanbul in 1573", *Byzantinische Zeitschrift*, 30.

Esper, J. et al. 2002. "Low-frequency Signals in Long Tree-Ring Chronologies for Reconstructing Past Temperature Variability", *Science*, 295, 2250-53.

Faroqhi, Suraiya 1984. *Towns and Townsmen of Ottoman Anatolia*, Cambridge.

——— 1993. "Mühimme Defterleri", in *EI^{2}*, vol.7, 470-472.

——— 2000. *Subjects of the Sultan: Culture and Daily Life in the Ottoman Empire*, London.

Faroqhi, Suraiya and Randi Deguilhem 2005. *Crafts and Craftmen of the Middle East*, London.

Gibb, H. and H. Bowen 1950-57. *Islamic Society and the West*, vol.1, part 1-2, London.

Goffman, Daniel 1999. "Izmir: From Village to the Colonial Port City", in Edhem Eldem (ed.), *The Ottoman City between East and West: Aleppo, Izmir and Istanbul*, Cambridge, 79-134.

——— 2002. *The Ottoman Empire and Early Modern Europe*, Cambridge.
Greene, Molly 2000. *A Shared World: Christians and Muslims in the Early Modern Mediterranean*, Princeton.
——— 2010. *Catholic Pirates and Greek Merchants: A Maritime History of the Early Modern Mediterranean*, Princeton.
Griswold, William 1983. *The Great Anatolian Rebellion 1000-1020/1591-1611*, Berlin.
Grove, Jean M. 1988. *The Little Ice Age*, London.
Hegerl, G. C. et al. 2006. "Climate Sensitivity Constrained by Temperature Reconstructions over the Past Seven Centuries", *Nature*, 440, 1029-32.
Heyd, U. 1960. *Ottoman Documents on Palestine 1552-1615*, Oxford.
Hinz, Walther 1970. *Islamische Masse und Gewichte*, Leiden.
Hütteroth, Wolf-Dieter 2006. "Ecology of the Ottoman Lands", in *The Cambridge History of Turkey*, vol.3, Cambridge, 18-43.
Imber, Colin 2002. *The Ottoman Empire, 1300-1650*, New York.
İnalcık, Halil. 1973. *The Ottoman Empire: The Classical Age 1300-1600*, London.
——— 1978. "Impact of the Annales School on Ottoman Studies and New Findings", *Review*, 1, 69-99.
——— 1983. "Introduction to Ottoman Metrology", *Turcica*, 15.
——— 1984. "Yük (Himl) in Ottoman Silk Trade, Mining, and Agriculture", *Turcica*, 16.
——— (ed.) 1994b. *An Economic and Social History of the Ottoman Empire, 1300-1914*, Cambridge.
Islamoglu, I. H. (ed.) 1987. *The Ottoman Empire and the World Economy*, Cambridge.
Islamoglu, I. H. and S. Faroqhi 1979. "Crop Patterns and Agricultural Production Trends in Sixteenth-Century Anatolia", *Review*, vol.2, no.3, Paris.
Jennings, Ronald 1988. "The Locust Problem in Cyprus", *Bulletin of the School of Oriental and African Studies*, 51-2, 297-313.
Karpov, S. P. 1993. "The Grain Trade in the Southern Black Sea Region: The Thirteenth to the Fifteenth Century", *Mediterranean Historical Review*, 8-1, 44-73.
Kürkman, Garo 2003. *Anatolian Weights and Measures*, İstanbul.
Laiou, A. 1967. "The Provisioning of Constantinople during the Winter of 1306-1307", *Byzantion*, 37, 91-113.
Lamb, H. H. 1995. *Climate, History and the Modern World*, London (2.ed.).
Landsteiner, Erich 1999. "The Crisis of Wine Production in Late Sixteenth-Century Central Europe: Climatic Causes and Economic Consequences", *Climatic Change*, 43-1, 323-334.
Laurioux, Bruno 2002. *Manger au Moyen âge: pratiques et discours alimentaires en*

Europe aux XIVe et XVe siècles, Paris.〔ブリュノ・ロリウー（吉田春美訳）『中世ヨーロッパ食の生活史』原書房，2003〕
Le Roy Ladurie, Emmanuel 1982. *Histoire du Climat Depuis L'an Mil*, 2 vols., Paris.〔エマニュエル・ル＝ロワ＝ラデュリ（稲垣文雄訳）『気候の歴史』藤原書店，2000〕
Lewis, Bernard 1954. "Studies in the Ottoman Archives", *Bulletin of the School of Oriental and African Studies*, 16, 469–501.
Mamboury, Ernest 1951. *Istanbul touristique*, İstanbul.
Mann, M. E. and P. D. Jones 2003. *2,000 Year Hemispheric Multi-proxy Temperature Reconstractions*, Boulder.
Mantran, Robert 1962. *Istanbul dans la seconde moitié du XVIIe siècle: essai d'histoire institutionnelle, économique et sociale*, Paris.
——— 1965. *La vie quotidienne à Constantinople au temps de Soliman le Magnifique et de ses successeurs (XVIe et XVIIe siècles)*, Paris.
Marino, John A.（ed.）2002. *Early Modern History and the Social Sciences: Testing the Limits of Braudel's Mediterranean*, Kirksville.
McGawan, Bruce 1969. "Food Supply and Taxation on the Middle Danube（1568–1579）", *Archivum Ottomanicum*, 1, 139–196.
——— 1980. *Economic Life in Ottoman Empire*, Cambridge.
Mikhail, Alan 2011. *Nature and Empire in Ottoman Egypt: An Environmental History*, New York.
Moberg, Andres et al. 2005. "Highly Variable Northern Hemisphere Temperatures Reconstructed from Low-and High-Resolution Proxy Data", *Nature*, 433, 613–617.
Murphey, R. 1988. "Provisioning Istanbul: The State and Subsistence in the Early Modern Middle East", *Food & Foodways*, vol.2, no.3.
Müller-Wiener, W. 1977. *Bildlexikon zur Topographie Istanbuls*, Tübingen.
NAS（Committee on Surface Temperature Reconstructions for the Last 2000 Years）, 2006. *Surface Temperature Reconstructions for the Last 2000 Years*, Washington D.C.
Neuberger, H. 1970. "Climate in Art", *Weather*, 25, 46–56.
Özgüven, Eyüp 2003. "Black Sea and the Grain Provisioning of Istanbul in the Long Durée", in B. Marin et al.（eds.）, *Nourrir les cites de Méditerranée-Antiquité-Temps Modernes*, 223–250.
Peachy, W. S. 1986. "Register of Copies or Collection of Drafts?: The Case of Four Mühimme Defters from the Archives of the Prime Ministry in Istanbul", *The Turkish Studies Association Bulletin* vol.10, no.2, 79–85.
Pitcher, D. E. 1968. *An Historical Geography of the Ottoman Empire*, Leiden.
Quataert, D.（ed.）1994. *Manufacturing in the Ottoman Empire and Turkey*, New York.

Redhouse, James 1890. *A Turkish and English Lexicon*, İstanbul.
Reid, Anthony 1988. *Southeast Asia in the Age of Commerce, 1450–1680*, vol.1, New Haven.
Skilliter, S. A. 1977. *Life in Istanbul, 1588, Scenes from a Travellers Picture Book*, Oxford.
Sugar, Peter F. 1977. *Southeastern Europe under Ottoman Rule 1354–1804*, Seattle.
Tabak, Faruk 2008. *The Waning of the Mediterranean, 1550–1870: A Geohistorical Approach*, Baltimore.
Teall, J. L. 1959. "The Grain Supply of the Byzantine Empire, 330-1025", *Dumbarton Oaks Papers*, 14, 87–139.
Tietze, A. and H. & R. Kahane, 1988. *The Lingua Franca in the Levant*, İstanbul.
Veinstein, Gilles 1999. "La grande sécheresse de 1560 au nord de la mer Noire-perceptions et reactions de autorités ottomanes", in Elizabeth Zachariadou (ed.), *Natural Disasters in the Ottoman Empire*, Rethymno.
White, Sam A. 2006. "Climate Change and Crisis in Ottoman Turkey and the Balkans 1590–1710", in *Proceedings of Climate Change and the Middle East* (on 22 Nov 2006 at İstanbul Teknik Üniversitesi), 391–409.
——— 2011. *The Climate of Rebellion in the Early Modern Ottoman Empire*, New York.
Yerasimos, S. 1991. *Les voyageurs dans l'empire Ottoman (XIVe–XVIe siècles)*, Ankara.
Yıldırım, Onur 2003. "Bread and Empire: The Working of Grain Provisioning in Istanbul during the Eighteenth Century", in B. Marin et al. (eds.), *Nourrir les cites de Méditerranée-Antiquité-Temps Modernes*, 251–272.
Zachariadou, Elizabeth (ed.) 1999. *Natural Disasters in the Ottoman Empire*, Rethymno.
Zysberg, Andre et René Burlet 1987. *Gloire et misère des galères*, Paris.〔アンドレ・ジスベール／ルネ・ビュルレ（深沢克己監修）『地中海の覇者ガレー船』創元社，1999〕

日本語文献

伊藤幸代 1999.「オスマン朝アナトリア社会の匪賊像――スレイマン大帝統治末期の取り締まり策を中心に」『お茶の水史学』43巻，49–82
大塚和夫ほか編 2002.『岩波イスラーム辞典』岩波書店
小笠原弘幸 2014.『イスラーム世界における王朝起源論の生成と変容――古典期オスマン帝国の系譜伝承をめぐって』刀水書房
河村武 1993.「サクラの開花資料による小氷期の気候復元の試み」『地学雑誌』102巻２号，125–130
菊地忠純 1983.「マムルーク朝時代カイロのムフタシブ――出身階層と経歴を中心に」『東洋学報』64巻１・２号
気象庁統計室 1993.「1993年夏の天候の特徴」『気象』439号，4–8

ヘンリー・ケイメン（立石博高訳）2009.『スペインの黄金時代』岩波書店
齊藤寛海 1985.「リオーニ商社の書簡複写帳，1539年（上）」『信州大学教育学部紀要』55号，103-111
——— 1986.「リオーニ商社の書簡複写帳，1539年（下）」『信州大学教育学部紀要』56号，95-100
——— 1989.「16世紀ヴェネツィアの穀物補給政策」『地中海論集』12巻，53-61
——— 2002.『中世後期イタリアの商業と都市』知泉書館
佐藤次高 1974.「マクリーズィーと『エジプト社会救済の書』」『東洋文化』53号，109-129
澤井一彰 2003.「16, 17世紀イスタンブルにおける公定価格制度」『オリエント』45巻2号，75-92
——— 2006.「トルコ共和国総理府オスマン文書館における「枢機勅令簿 Mühimme Defteri」の記述内容についての諸問題——一六世紀後半に属する諸台帳を事例として」『オリエント』49巻1号，165-184
——— 2007a.「一六世紀後半におけるイスタンブルへの人口流入とその対応策」『日本中東学会年報』23巻1号，175-195
——— 2007b.「（書評）家島彦一著『海域から見た歴史——インド洋と地中海を結ぶ交流史』」『史学雑誌』118巻8号，68-78
——— 2013a.「1563年のイスタンブル大洪水——大河なき都市を襲った水害」『歴史評論』760号，20-34
——— 2013b.「近世におけるオスマン帝国とハプスブルク君主国」大津留厚ほか編『ハプスブルク史研究入門——歴史のラビリンスへの招待』昭和堂，13-15
芝修身 2004.『近世スペイン農業——帝国の発展と衰退の分析』昭和堂
鈴木董 1993.『オスマン帝国の権力とエリート』東京大学出版会
——— 1995.『食はイスタンブルにあり——君府名物考』NTT出版
——— 1996.「ブローデルの『地中海』とイスラムの海としての地中海の視点」川勝平太編『海から見た歴史——ブローデル『地中海』を読む』藤原書店，33-68
——— 1997.『オスマン帝国とイスラム世界』東京大学出版会
鈴木秀夫 2000.『気候変化と人間——1万年の歴史』大明堂
髙松洋一 2004a.「オスマン朝の勅令——テキストの生成・蓄積・転用」『東京外国語大学アジア・アフリカ言語文化研究所通信』110号，52-53
——— 2004b.「オスマン朝における文書・帳簿の作成と保存」『史資料ハブ　地域文化研究』4号，106-126
——— 2005a.「オスマン朝の文書・帳簿と官僚機構」林佳世子・桝屋友子編『記録と表象——史料が語るイスラーム世界』東京大学出版会，193-221
——— 2005b.「トルコ・総理府オスマン文書館——電子化に向かう途上国最古のアーカイブズ」『アジ研ワールド・トレンド』114号，24-25
田上善夫 1995.「小氷期のワインづくり」吉野正敏・安田喜憲編『歴史と気候』（講座文明と環境）朝倉書店，200-213
カルロ・マリア・チポッラ（徳橋曜訳）2001.『経済史への招待』国文社

長尾精一編 1995.『小麦の科学』朝倉書店
長尾精一 1998.『世界の小麦の生産と品質』輸入食糧協議会
永田雄三 1999.「商業の時代と民衆――「イズミル市場圏」の変容と民衆の抵抗」樺山紘一編『岩波講座世界歴史 15　商人と市場』岩波書店，235-262
――― 2004.「トルコにおける「公定歴史学」の研究――「トルコ史テーゼ」分析の一視角」寺内威太郎ほか『植民地主義と歴史学――そのまなざしが残したもの』刀水書房，107-233
永田雄三・羽田正 1998.『成熟のイスラーム社会』（世界の歴史 15）中央公論社
永田諒一 2008.「ヨーロッパ近世「小氷期」と共生危機――宗教戦争・紛争，不作，魔女狩り，流民の多発は，寒い気候のせいか？」『文化共生学研究』6号，31-52
永沼博道 1974.「オスマン・トルコにおけるヨーロッパ商人活動への前提」『関西大学商学論集』19巻３・４号，174-188
――― 1977.「一六世紀地中海地方における人口成長と穀物危機」『関西大学商学論集』22巻5号，63-76
――― 2003.「海の原理とネットワーク共同体――地中海からの視座」川勝平太・濱下武志編『海と資本主義』東洋経済新報社，99-124
根津由喜夫 1988.「ライデストス穀物専売政策をめぐって――11世紀ビザンツの国家と官僚」『史林』70巻１号，44-72
長谷部史彦 1988.「14世紀末―15世紀初頭カイロの食糧暴動」『史学雑誌』97巻10号，1-50
――― 1990.「イスラーム都市の食糧暴動」『歴史学研究』612号，22-30，53
――― 1994.「オスマン朝統治下カイロの食糧騒動と通貨騒動」『東洋史研究』53巻２号，316-335
――― 2004.「アドルと「神の価格」――スークのなかのマムルーク朝政権」三浦徹ほか編『比較史のアジア――所有・契約・市場・公正』東京大学出版会，245-264
羽田正・三浦徹編 1991.『イスラム都市研究』東京大学出版会
濱名優美 2008.「トルコとブローデル」『トルコとは何か』（別冊環14）藤原書店，158f.
林佳世子 1995.「オスマン朝の新都イスタンブル建設」堀川徹編『世界に広がるイスラーム』（講座イスラーム世界 3）栄光教育出版会
――― 1997.『オスマン帝国の時代』山川出版社
――― 2008.『オスマン帝国500年の平和』講談社
速水優編 2003.『歴史人口学と家族史』藤原書店
深沢克己 1999.「レヴァントのフランス商人――交易の形態と条件をめぐって」歴史学研究会編『地中海世界史 3　ネットワークのなかの地中海』青木書店，113-142
――― 2000.「フランス港湾都市の商業ネットワーク」辛島昇・高山博編『地域の世界史 3　地域の成り立ち』山川出版社，201-237
――― 2002.『海港と文明――近世フランスの港町』山川出版社

——— 2007.『商人と更紗——近世フランス＝レヴァント貿易史研究』東京大学出版会
藤田覚 2002.『近世の三大改革』(日本史リブレット 48) 山川出版社
——— 2003.「江戸庶民の暮らしと名奉行」藤田編『近代の胎動』(日本の時代史 17) 吉川弘文館，237-271
増田耕一 1992.「小氷期の原因を考える」『地理』37巻2号，56-65
三沢伸生 1991.「トルコにおけるオスマン朝史研究の動向(1970-1990年)」『オリエント』34巻1号，105-117
——— 2000.「オスマン朝社会経済史(前近代)の研究動向」『中東研究』446号，45-47
水越允治 2004.『古記録による一六世紀の天候記録』東京堂出版
村田靖子 1993.「ヒスバの手引書に見るムフタシブ——おもにアンダルスを中心として」『西南アジア研究』39号，1-22
——— 1995.「中世イスラム世界における商業用の秤と升」『西南アジア研究』42号，44-58
——— 2001.「ムフタスィブ」『岩波イスラーム辞典』986
ミシェル・モラ・ドゥ・ジュルダン (深沢克己訳) 1996.『ヨーロッパと海』平凡社
家島彦一 2006.『海域から見た歴史——インド洋と地中海を結ぶ交流史』名古屋大学出版会
山本(林)佳世子 1981.「15世紀後半のイスタンブル——メフメト二世の復興策を中心に」『お茶の水史学』25巻，1-18
山本良一編 2006.『気候変動＋2℃』ダイヤモンド社
湯川武 1987-88.「ヒスバとムフタシブ——中東イスラームにおける社会倫理と市場秩序の維持」『国際大学中東研究所紀要』3号，61-83，517f.
渡邊金一 1985.『コンスタンティノープル千年』岩波書店

度量衡一覧

オスマン朝における度量衡の研究は，それほど進んでいるとはいいがたく，メートルやグラムへの換算にも各研究者によるばらつきがみられる。また，同一の単位でも，時代や地域，計量する対象によって数値の変動が大きい。そのため，ここにあげる度量衡一覧も，あくまでひとつの目安として考える必要がある。ここでは，本書で使用した重量の単位のみを［Hinz 1970；Kütükoğlu 1983；İnalcik 1994b；Sahillioğlu 1967］に基づいて記述し，数値の異同についても記載する。本書においてはキュテュクオールKütükoğluの数値を採用した。また最新の研究として［Kürkman 2003］があるが，メートル法への換算については，とくに新たな見解を示すものではない。

ディルヘム dirhem：3.205g（ヒンツは3.207g，サーヒルリオールは3.072gとしている）

オッカ okka＝400 dirhem：1.282kg（ヒンツは1.2828kg，サーヒルリオールは1.2288kg）
［İnalcik 1994b］では1.282945gとされているが計算間違いであると思われる。

ヴァクイェ vakıyye：オッカに同じ

キレ kile＝20 okka＝8000 dirhem：25.64kg（ヒンツは25.656kgとしている）
［İnalcik 1994b］では25.659kgという数字が記載されているが，上記のオッカ同様，計算間違いである可能性が高い。また，1500年のイスタンブルの例としてkile＝18 okka，350 dirhem：24.215kg，1500年のアッケルマーンの例としてkile＝40 okka：51.317kgという数値が併記されているが同書のオッカの数値との整合性がない。

カンタル kantar＝44 okka＝17,600 dirhem：56.4kg

ミュド müd/mudd＝20 kile＝400 okka＝160,000 dirhem：512.8kg（ヒンツによると513.12kg），ただし，本書では約513kgとした。［İnalcik 1994b］では513.160kgという数値があげられている。

エルデブ erdeb（アルダッブ ardabb，イルダッブ irdabb）：エジプトにおける穀物計量用の単位。［Pakalın 1946］によると9 kileすなわち約230.8kg。［İnalcik 1994b］によると90～198リットルの間。

キリンデル kilinder＝2 okka：2.564kg（ヒンツによると2.5656kg）

アルシュン arşun＝zira

ズィラー zira：91cm 建築用 mimar arşunu 75.8cm

クラチ kulaç：1.89m

註

序論　オスマン朝史研究と新たな「地中海世界」像

1　我が国においては邦訳名である『地中海』として一般に知られているが，その原題名は，*La méditerranée et le monde méditerranéen à l'époque de Philippe II* である［Braudel 1966］。ただし，本書でも以下においては，便宜的に『地中海』と略記する。

2　ただし，この点については，ブローデル自身も無自覚ではなかったということは付け加えておく必要があろう。『地中海』のなかでも，とりわけ本書のテーマである穀物問題について論じた第2部第3章において，彼自身が以下のように述べていることは特筆に値する。「比較史にとって，非常に重要な重みをもつ事実なので，トルコの諸問題がきちんと提起されていない限り，地中海の規模で結論を下すことにはためらいがある。それまでは，トルコ市場の開放，次いで市場からの撤退の理由はよくわからない。人口の急増(多分理由のひとつだ)，国境線での戦争――軍隊は，都市と同じく，穀物の過剰ストックを食いつぶす――経済的・社会的混乱……などであろうが，それについてはのちの研究が決着をつけてくれるだろう」［Braudel 1966, vol.1:399］。

3　トルコ共和国における文書館の電子化の進展については，［高松 2005b］が非常に詳しい。

4　ローマ・ビザンツ期のコンスタンティノポリスへの食糧供給については，多数の研究が存在する。とりあえず，［Teall 1959］と［Laiou 1967］を参照。

5　とりわけ，『地中海』第1部第3章「地中海の境界，あるいは最大規模の地中海」［Braudel 1966, vol.1:155-211］。

6　例えば穀物問題についていうと，1590年以降の北欧から地中海世界への小麦の大量流入があったという指摘は非常に重要である［Aymard 1966:155-164;Braudel 1966, vol.1:543-545］。

7　ヨーロッパにおける商人文書とその重要性については，とりわけ［深沢 2002］の第3章1「官と民のまなざし」から大きな示唆を受けた［深沢 2002:158-167］。

8　620年以上にわたって継続したオスマン朝の歴史の前近代を「古典期」として捉えなおした代表的な研究者として，ハリル・イナルジュクをあげることができる。イナルジュクは，オスマン朝史を「草創期」「発展期」「停滞期」「衰退期」としてきた従来の歴史理解を修正し，前近代を「古典期」とする新たな時代区分を提示した。この「古典期」というタームはイナルジュクの代表的著作である［İnalcık 1973］の副題ともなっている。

9　別名を小アジアとも呼ばれるアナトリアは，トルコ語ではアナドルという。1071年のマラーズギルドの戦いでトルコ系遊牧民を主体としたセルジューク朝の軍隊がビザンツ帝国軍に大勝したのをきっかけに，本格的なトルコ・イスラーム化が進展したとされる。

10　ジェラーリー諸反乱については，［Akdağ 1975］が先駆的な研究である。より実証

的な研究としては[Griswold 1983]があり，簡潔な事典項目としては[İlgürel 1993]を参照。

11　この時期のドナウ沿岸地帯の反乱については，[Sugar 1977:113-126]や[Uzunçarşılı 1951:92-94]に詳しい。

12　著者のアフメト・レフィクは，イスタンブル大学の前身である「イスタンブルの知恵の館 İstanbul Darülfünunu」においてオスマン史の教員であった人物である。のちには，オスマン朝下で設立された「トルコ歴史協会 Türk Tarih Encümeni」会長も務めた。ただし，これはトルコ共和国下でアタテュルクの主導によって設立されて現在にいたる「トルコ歴史協会 Türk Tarih Kurumu」とは別組織である。彼は，のちにトルコ共和国期においてアルトゥナイという姓をもつことになるが，[Refik R.1332/1916]を執筆した当時は，たんにアフメト・レフィクと名乗っていた[Refik R.1332/1916:42]。本書においても混乱を避けるため，便宜的にアフメト・レフィクで統一する。

13　著者のオスマン・ヌーリ・エルギンは，長くイスタンブル市に勤め，同市の文化政策を担うとともに，都市行政についての多くの著作を著した。

14　例えば同書においては，ヒジュラ暦1171(1757)年付の食料枢機勅令簿が収録されている[Ergin H.1330-8/1912-19･20, vol.1:779-782]。

15　のちに既存の法学部，医学部，工学部との統合によって1946年に総合大学としてのアンカラ大学が誕生した。

16　アタテュルクの養女となったアフェト・イナンらを中心として展開されたトルコ共和国における「公定歴史学」については[永田雄三 2004]に詳しい。

17　誤解のないように書き添えておくと，この間に16世紀後半におけるオスマン朝の穀物流通についての研究が「まったく」なされなかったわけではない。例えばルーマニア人研究者であるマリア＝マティルダ・ブルガルは，この間に16世紀におけるイスタンブルへの食糧供給についての２つの論考を発表している[Bulgaru 1969; Bulgaru 1983]。しかし，[Bulgaru 1969]においては，オスマン文書史料がほとんど用いられていないうえに，論文中にはこの分野においてもっとも重要な研究であるギュチェルの業績すら参照できなかったことが本人の筆によって記されている[Bulgaru 1969(rep. 2006):526]。また，[Bulgaru 1983]では，ようやく数冊の枢機勅令簿が使用されてはいるものの，35年以上前に発表された[Güçer 1953]に比べても特筆するべき新たな指摘はなされていない。

18　この問題についてのより詳細な情報は，[三沢 1991;三沢 2000]および[Afyoncu 2003]に詳しい。

19　とりわけ『地中海』の初版にあたる[Braudel 1949]においては，オスマン史研究者であるバルカンの研究成果を積極的に取り入れた第２版[Braudel 1966]に比べると，こうした「ヨーロッパ中心主義」的な傾向がより顕著にあらわれていると指摘することができる。

20　16世紀から17世紀初頭にかけてのオスマン朝とハプスブルク家との関係を簡潔に解説したものとしては，とりあえず[澤井 2013b]を参照されたい。

21　[Marino 2002]に代表されるように，ブローデルの『地中海』に対する再検討は，

これまでも数多くなされてきた。しかし，その担い手の大部分はヨーロッパ史を専門とする研究者たちであった。そのため，ブローデルへの批判もあくまで西欧キリスト教世界の内部に留まるか，あるいは地中海を飛び越えて中国など他地域との比較をおこなうといった，いわば両極端の状況にある感は否めない。

22　この論考の初出は[鈴木董 1996:33-68]である。また，『地中海』の邦訳をおこなった濱名優美も「トルコとブローデル」と題した小論においてのちに同様の指摘をおこなっている[濱名 2008:158f.]。

23　ただし，こうした問題意識をイスラーム地域あるいはオスマン朝という特定の「研究対象への感情移入」であるとして批判する研究者も存在する。例えば永沼博道は，「陸域史観」を批判する家島彦一の名前をあげつつ，地中海世界は「古代文明の時代から，文化，人種，民族を異にする人々が，海を通して交流することができた，一種自由な空間であったといえる。そこには陸の原理とは異なる原理が働いていたのではなかろうか」と述べ，地中海世界が「ヨーロッパの海」か，あるいは「イスラームの海」なのかといった議論にはそれほど意味がないと主張する[永沼 2003:103]。しかし[鈴木董 1997]からの引用を一読すれば明白であるように，こうした解釈は明らかに鈴木の意図を誤解しているといわざるをえない。また，インド洋海域を中心に研究をおこなってきた家島による「海域史観」を安易に地中海世界にもあてはめることの危険性については[澤井 2007b:76f.]を参照されたい。

24　オスマン朝によって作成された文書は，そのすべてが必ずしもオスマン語によって記録されたわけではない。トルコ語をアラビア文字であらわしたオスマン語のほか，アラビア語，ペルシア語など多種多様な言語によって記された文書・記録を，ここでは便宜的に一括してオスマン文書と呼ぶ。

25　より詳細な情報については，[髙松 2005b]を参照。また，2013年に同文書館は，イスタンブル中心部のファーティフ区ギュルハーネから，郊外に位置するキャーウトハーネ区サーダーバードに新たに建設された建物内に移転したことも付記しておく。

26　16世紀後半において御前会議は，大宰相の主宰のもと数名の宰相 Vezir に複数の財務長官 Defterdar と軍人法官 Kazasker に加えて国璽尚書 Nişancı などが出席し，オスマン朝におけるあらゆる重要事項を討議，決裁する機関であった。詳細は[Mumcu 1976]を参照。

27　ここでいう「勅令」の原義は，「聖なる şerif/şerife」命令，あるいは「帝王の hümayun」命令である。具体的にはオスマン語史料において，emr-i şerif，hükm-i şerif，ferman-ı şerif，ahkam-ı şerife，hükm-i hümayun，ferman-ı hümayun など様々なかたちで表現される。

28　一方で，枢機勅令簿の起源はいまだ明らかではない。現在のところ首相府オスマン文書館におけるもっとも古い枢機勅令簿は，1559年の日付を有する[MD3]である。ただし，より古いヒジュラ暦951/952(1545/46)年に属する枢機勅令簿が，後述するトプカプ宮殿博物館文書館に保管されており，ハリル・サーヒルリオールによって出版されている[Sahillioğlu 2002]。また，枢機勅令簿の原型とされるアフキャーム台帳については1501年に作成されたものが出版されている[Şahin and Emecen 1994]。

29　例えば，首相府オスマン文書館には枢機勅令簿フォンドが独立して存在し，多数の枢機勅令簿が同フォンドに分類されている。ただし，枢機勅令簿フォンドには，ティマール(封土)授与や対外遠征など特定のテーマに特化され記録された台帳も多く混在している。一方で，枢機勅令簿フォンド以外のいくつかのフォンドにも枢機勅令簿であると考えられる記述内容をもつ台帳が散見される。これは，史料が作成された時期と文書館でのフォンドが作成された時期との時代的な「ずれ」に起因する問題であると考えられる。おそらくは，今日「枢機勅令簿」と呼ばれている史料群がオスマン朝官僚機構によって作成されてからずっとのちの時代になって，文書の整理と保管をおこなう必要性から「枢機勅令簿フォンド」が新たに設置され，その際に枢機勅令簿に該当すると当時の文書館員によって判断された史料が同フォンドに分類されたためであろう。このため，同史料を用いる際には，まず各台帳が実際に枢機勅令簿であるのかどうかを記述内容から逐一確認する必要がある。詳細については[澤井 2006]を参照されたい。

30　それぞれの台帳番号などについては文献一覧を参照されたい。

31　同書のトルコ語タイトルは『イスタンブル史——17世紀におけるイスタンブル』(*İstanbul Tarihi: XVII. Asırda İstanbul*)であるが，その内容に鑑みて本書においては『イスタンブル誌』とした。

第Ⅰ部　16世紀後半におけるオスマン朝の食糧事情とイスタンブル

1　これについて，ブローデルは以下のように述べている。「短期の危機という変動局面の歴史の研究の場合さえ，その答えを求めて，まずはじめに構造，すなわち徐々に変化する歴史に向かわなければならないといっておくべきだろう。すべてをこの基本となる水面と比較しなければならない」[Braudel 1966, vol.2:518]。

第1章　「食糧不足の時代」とオスマン朝の食糧事情

1　例えば近年は，とりわけ地球温暖化の進行とその悪影響が，大きな注目を集めている。しかし，今日でこそ日常の話題にのぼるようになった地球温暖化の問題ですら，大々的に報道され，一般の人々に認知され始めたきっかけは，わずか20年ほど前の1988年に，アメリカ議会の公聴会で取り上げられたことに求められるという[山本 2006:32]。

2　『史林』第92巻第1号。この特集には，環境史についての6本の論説に加えて2本の研究動向が寄稿された。

3　例えば，後述する[Moberg et al. 2005]。

4　詳細については，本章の第1節第1項において考察するが，「小氷期」を正面から取り上げた専論としては，[Grove 1988]がある。

5　また，現在のところ，気候の寒冷化の原因についても決定的な定説は打ち出されていない。この時代が，ヴォルフ極小期やマウンダー極小期と呼ばれる太陽活動の停滞期にあたることや，同時代の大規模な火山噴火による大量の微粒子が太陽光を遮ったこと，この時期に偏西風の流れが大きく南方へと移動したことなど様々な要因が指摘されている。この問題についての，より詳細な研究として[増田 1992]や

[永田諒一 2008]を参照。

6　のちに詳述するが，例えば17世紀前半にはイスタンブルにおいてもボスポラス海峡が完全に凍結した。このように，現在の状況からは想像できないような厳しい寒さが16世紀後半から17世紀にかけて進行していたことは明らかである。

7　近年，ようやくオスマン朝史においても環境や気候の変化に注目する研究があらわれ始めた。その代表として，例えばジェラーリー諸反乱と気候の寒冷化の関連性について検討した[White 2011]やオスマン期のエジプトの自然環境についての[Mikhail 2011]をあげることができよう。

8　多くの冷夏のなかでも，1993年の冷夏は我々の記憶にも新しい。当時，「平成の米騒動」とまで呼ばれ，日常生活にも大きな混乱を引き起こしたこの年の夏の平均気温は，北日本で平年を約２℃，西日本では約１℃程度下回るものであったにすぎない[気象庁統計室 1993]。しかし，このわずかな気温の低下によって長雨や局地的な豪雨が各地で発生し，同年の米の作況指数は全国平均で74(平年を100とした場合)となり，穀倉地帯である東北地方ではそれをさらに下回る不作となった。

9　この大飢饉については，同時代のオスマン語史料からより詳細な情報を得ることが可能である。これについては，第３節で言及する。

10　ナポリでは，少しあとの時代になるが，1607年にも甚大な食糧不足が生じ，反乱の発生につながった。また同様の反乱は1647年のメッシーナでも起きたという[Braudel 1966, vol.1:303]。

11　原文では「トルコ人 Turc」であるが，ここではオスマン朝とした[Braudel 1966, vol.1:301]。

12　第４章で詳しくみるように，こうした穀物の禁輸措置は，同時代のオスマン朝においても頻繁に実施された典型的な食糧不足対策であった。地中海の東西において同じような政策が実施されていたことは，地中海世界の一体性を考えるうえでも興味深い事例を提供している。

13　配給は，１人の１日分が小麦と粟が半々のパン２つであったという[Braudel 1966, vol.1:540]。

14　いずれにしても，外部から，とりわけシチリアからの定期的な穀物輸入によって，スペインでは17世紀初頭までは食糧暴動は起こらなかったという[ケイメン 2009:73]。

15　例えば，1565年８月４日付の枢機勅令簿には，ドゥブロヴニクの貴族たちの要請に基づいて，ラリッサ(イェニシェヒル)，ヴェリア(カラフェルイェ)，ファルサラ(チャタルジャ)などのペロポネソス半島東岸にある各カーディー管区のカーディーたちに，同地域に存在するイスタンブルのウスキュダルにある救貧院の諸ワクフとして指定された収穫物から小麦が確保され，ヴォロス湾にあったヴォロス(ゴロス)船着場から船に積み込まれて，ドゥブロヴニクに送られる旨の命令が記されている[MD5:37]。

16　ただし例外として，検討の対象がキプロス島という，極めて限定的な地域に特化されたものであるが，同島におけるイナゴの被害について考察した[Jennings 1988]が存在する。この論考は，中世のリュジニャン朝から1950年代にいたる長い期間を通じてキプロス島で生じたイナゴの大量発生とその被害について詳細に検討したも

のである。

17　具体的には，［Kılıç 2001］で用いられている枢機勅令簿は，３番，５番，６番，７番，10番，12番，15番，19番，21番，22番，25番，26番，28番，30番，33番，34番，35番，47番，69番の19冊である。このように限られた史料のみを用いているため，嵐は６件，洪水は16件，厳冬は７件，落雷にいたってはわずか３件の事例のみが取り上げられるに留まっている。

18　具体的には，イスタンブル郊外のチェクメジェ湖に架かる橋のために，材木や釘の搬出が命じられた。しかし降雪によって，荷車による輸送が不可能となったため，わざわざブルガリアのプロヴディフ（フィリベ）から輸送用のラクダがサモコフに送り込まれる事態となった。

19　史料に記述された海難事故の日付と場所は以下のとおりである。イスタンブル北方の黒海に面する町であるシレ（1564年11月17日），イスタンブル西方にあるマルマラ海の港町スィリヴリ（1565年１月31日），ペロポネソス半島南部のミストラ（1565年３月６日）。また16世紀後半のオスマン朝期の海難事故については［Sahillioğlu 1964］および［Sawai 2005］を参照されたい。

20　とくに，1565年12月８日にイズミトの北方 48km に位置し，黒海を臨む町であるカンドゥラの近海で生じた海難事故について記された「北西風にあおられた船は真二つに折れた」という記述は，この冬の暴風の凄まじさを物語っている［MD5:663］。また，同年12月13日にも，地中海沿岸のテケ県の近海で，「異教徒の船が海上でバラバラになった」ことが記録されており，さらに，イスタンブルの大城壁の外にあるエユップにおいても，強風のために蜂蜜を積んだ船が座礁したことが記されている［MD5:651, 660］。

21　実際には，トカトはスィヴァスの北西わずか 100km に位置している。しかし，スィヴァスが標高約 1300m とアナトリア高原のもっとも高い地点を占めている一方で，トカトの標高は 679m にすぎない。一般には 100m の標高差で0.6℃程度の気温差が生じるといわれていることから，スィヴァスの平均気温はトカトのそれに比べると約3.5〜４℃低いと考えられる。そのため，とりわけ冬期の寒さが厳しいスィヴァスに対して，トカトの気候は比較的温暖である。

22　ボスポラス海峡の凍結は，1621年にもみられた。このときには１月24日に，まず比較的流れが穏やかな金角湾が完全に凍結し，イスタンブルと対岸のガラタの間は徒歩で往復できるようになったという。さらに，その16日後の２月９日には，潮流が激しいボスポラス海峡も完全に凍結して，アジア側のウスキュダルにさえ人が歩いて渡れるようになった。その様子は当時の詩人ハーシミー・チェレビによって以下のような詩の１節が詠まれるほどの奇観であったと伝えられている。「道となれり，ウスキュダルまで，〔ヒジュラ暦〕1030（1621）年，地中海は凍てつけり」（Yol oldu Üsküdar'a, bin otuzda Akdeniz dondu.）［Danişmend 1972:279］。

23　具体的には1574年12月19日から22日までの４日間にあたる。

24　この1563年のイスタンブル大洪水の詳細については，［澤井 2013a］を参照されたい。

25　イスタンブル西方にある小チェクメジェ湖の北東に位置する。古くからイスタン

ブルへの水源地のひとつとして知られ，1563年にはスレイマン１世の命によって大規模な水道システムが構築された[Çeçen 1994:524-527]。また，2009年９月９日にイスタンブルにおいて発生した洪水が，『セラーニキー史』の記述とほぼ同様に，ハルカル周辺の４つの谷の氾濫と高潮によるものであったことは極めて興味深い。

26　イスタンブル郊外の景勝地として知られる。金角湾の最奥部に注ぐキャーウトハーネ谷の周辺地域。キャーウトハーネの名は，バヤズィト２世の時代(在位1481～1512)に製紙工房が存在していたことに由来する[*DBİA* 1994:380-382]。

27　クラチは，両手を広げた長さ(尋)でオスマン朝においては約1.89mに相当する。

28　1580年代の大雨や洪水については，わずか２例のみが記録されている。ひとつは，ヒジュラ暦993年のラジャブ月(1585年６月29日から７月28日)にルメリ北西部に位置するトゥムシュヴァル州において大雨が降り続いたことについてであり[MD58:746]，いまひとつは，1589年の春にボスニアにおいてサヴァ川が氾濫した事例である[MD64:129]。

29　図４は，冬期に生じた厳冬を集計するために，１月１日から12月31日を区切りとせず，４月１日から３月31日を区切りとして採用した。

30　同じ時期にイスタンブルに滞在していたゲルラッヒもまた，郊外の山頂に当時の大宰相ソコルル・メフメト・パシャ(1506～79)に属する多くの氷室が存在していたことについて言及している[Gerlach 2006, vol.1:509]。

31　また，ヴェネツィアやドゥブロヴニクの史料を用いて地中海世界の食糧事情を概観したモーリス・エマールの研究[Aymard 1966]とそれを手際よくまとめて表にした[İnalcık 1978:80-83]と[İnalcık 1994b:184]も参照した。

32　ただし，サーヒルリオールが出版したトプカプ宮殿に所蔵されている枢機勅令簿は，首相府オスマン文書館に収蔵されているものよりも古い，ヒジュラ暦951/952(1544/45)年に属するものである。

33　ただし，イスタンブルに飢饉の記録はほとんどなく，そのほとんどが食糧不足で占められていることから，事態が深刻化することを防止する目的で他の諸地域よりも多くの勅令が発せられていた可能性がある。

34　キオス島における飢饉は翌年にも継続したため，対岸のアナトリアから食糧が輸送されている[MD4:699]。

35　この時期の黒海北岸地域における大飢饉については，先に紹介したジル・ヴァンスタインの先駆的な研究が存在する[Veinstein 1999]。

36　さらに状況が悪化したロドス島には，11月にも3000ミュド(約1539トン)の穀物が追加輸送されたほか[MD6:330]，穀物集積地のひとつでありダーダネルス海峡に位置するゲリボルにも知らせが送られた[MD6:387]。さらに，12月にはテッサリアの中心都市であるラリッサからも２万アクチェ分の小麦が輸送された[MD6:489]。

37　1565年３月後半には，チェシメ近郊のウルラにおいて150ディルヘム(約480.75g)の小麦粉の価格が１アクチェに暴騰し[MD6:896]，同じくチェシメ県においては小麦がイスタンブルのキレ(約25.64kg)当り45～50アクチェに，大麦も同10アクチェに高騰したため，エーゲ海を隔てた西トラキア地方にあるドラマとズィキニ(ズィフナ)から70ミュド(約35.91トン)の穀物が送られた[MD6:926]。ウルラには，1565

年８月にもズィキニから200ミュド(約102.6トン)の穀物が輸送されている[MD6:1382]。

38 イムロズ島には，1565年３月にも各地から合計200ミュド(約102.6トン)の小麦が送られた[MD6:885]。

39 先に述べたように，この年の冬にはヴァンに大雪が降ったことが確認されている[MD6:1003]。

40 これに関連して，1566年１月には，ドゥブロヴニクに近いキリス県においても，食糧の持出しに起因する食糧不足が発生している[MD5:811]。

41 対象とする時代はマムルーク朝期であるが，エジプトにおける食糧不足については[長谷部 1988]および[長谷部 1990]が詳しい。また，オスマン朝期にあたる17世紀末から18世紀初頭のカイロの食糧騒動については[長谷部 1994]を参照。

42 同年９月には，ケシャンのほかにも，同じトラキア地方のスタラ・ザゴラ(ザーラ・エスキスィあるいはザーラ・アティーク)とチュルパンにおいても甚大な食糧の欠乏が発生した[MD7:260, 265]。

43 先に言及した，1566年のエジプトにおける飢饉に対しておこなわれたテッサリアからの食糧輸送を指していると考えられる[MD5:1034]。

44 ロドス島では，アナトリアからの食糧輸送がおこなわれなかったことから，翌1569年春にも極度の窮乏が生じ，メンテシェとテケの両県からの緊急の食糧輸送が命じられた[MD9:153]。

45 14世紀初頭以来，長らくジェノヴァ領であったキオス島は，1566年にいたってオスマン朝に征服された。

46 ただし，この年の６月にはメンテシェ県のペチンにおいて旱魃となり，収穫直前にはイナゴが大量発生して収穫物が食べつくされたために，同県も窮乏状態にあった[MD14:1619]。

47 宮廷用の上質なビティニア小麦については，17世紀初頭にヴェネツィアのバイロ(駐在大使)として約２年半にわたってイスタンブルに暮らしたオッタヴィアーノ・ボンが言及している[Bon 1996:98]。

48 テッサリアのイェニシェヒル(ラリッサ)とは同名ではあるが別の場所を指す。ちなみに「新しい街」を意味するイェニシェヒルは，ほかにもアナトリア南西部のアイドゥン県や同北部のアマスラ近郊にも存在する。

49 枢機勅令簿には，「穀物の問題について，その地域ではいまだに窮乏が生じていることを知らせてきたので」という記述がみられることから，記録には残されていないものの，イェニシェヒルにおいては，さらに１年遡った1573年頃から食糧不足が継続していた可能性が高いと考えられる。

50 この頃，ブルサのカーディーが，同地域においては１年間にわたってネズミ fare が，さらに３年間にわたってイナゴが農作物を食い荒らしたために収穫が得られなかったことを報告している[MD27:704]。

51 ただし，この年の飢饉の原因は自然環境の変化による影響のみならず，当局による通貨政策が大きく影響していた。具体的には，このとき金銀比価をフィオリーノ金貨１枚に対してカッファのアクチェ(銀貨)300枚に固定したためにタタールの

人々は食糧をもたらさなくなり，それが黒海北岸地域における飢饉の被害を増大させたという[MD34:371]。

52　オスマン語史料からは，ヤコモ・ドゥ・ジェルミニ男爵と読める。フランス国王アンリ3世によってイスタンブル駐在大使に任じられたジェルモル男爵，ジャック・ドゥ・ジェルミニー(1532〜86)である[des Roches 2006:258]。

53　同書の翻訳者が，アナトリアやルメリのカザスケル(大法官／軍人法官)を歴任した高位のウラマーであり，また同時代の代表的な知識人でもあったタシキョプリュザーデ・ケマーレッディン・メフメト・エフェンディ(1522〜1621)であったことも，この著作が16世紀後半において非常に重要視されていたことを示唆しているといえよう[*İA*: TAŞKÖPRİ-ZADE]。この写本は41葉からなり，筆者が史料調査をおこなった2008年においては，ヴェリユッディン・エフェンディ図書館 Veliyüddin Efendi Kütüphanesi 分類の no.2407 として，イスタンブルのベヤズット国立図書館 Beyazıt Devlet Kütüphanesi に所蔵されていた。

54　この著作の原著については，[佐藤 1974]が非常に詳しく検討している。

55　ただし，このグラフには，イスタンブルにおいて発生した食糧不足は含まれていない。理由の詳細は第3章に譲るが，イスタンブルにおける食糧不足は，その要因や傾向がその他の地域のものとは大きく異なるため，別に論じる必要がある。

56　数年のデータの欠如があるものの，基本的には1559年から90年までの枢機勅令簿に記された食糧不足，飢饉の総計。この数には，イスタンブルにおいて発生した食糧不足も含まれている。

57　ただし，第3章でも述べるように，16世紀後半を通じてイスタンブルにおいて大規模な飢饉は発生していない。1576年2月に一度「食糧危機」が記録されているほかは，ほとんどが「食糧の欠乏」の水準に留まるものであった[MD27:590]。

58　また，地図をみれば明らかなように，オスマン朝の他の領域と比較した場合，そうした近隣地域にあたるルメリ東部や西アナトリアにおいては都市化がより進展していた。そのために，それぞれの地域が抱える人口規模は決して小さなものではなく，地元の食糧需要も少なくなかった。

59　例えば，本章第2節第1項でも引用したドイツ人のヘベレルによると，1585年のイラン遠征に際しては，イスタンブルで深刻な食糧不足が生じた。その状況は，「これ〔先発するオスマン軍がサファヴィー朝に敗れたこと〕に対して軍隊が集められ，コンスタンティノポリス〔イスタンブル〕からアナトリアへと毎日，陸続と送られた。これらの者たちの傍らには道中のためのパンや糧秣が与えられ，あとからあとから定期的に派遣された。このため，コンスタンティノポリスでは大きな食糧不足と物価高騰が発生した。多くの場合，パン屋の前に集まった200人もの人々に，わずか20個のパンが与えられるのが精いっぱいであった」という深刻なものであったという[Heberer 2003:159f.]。

第2章　イスタンブルへの人口流入とその対応策

1　ここで用いる「枢機勅令簿」の大部分は，未刊行のままイスタンブルにある首相府オスマン文書館に収蔵されている。刊行されているものについては，文献目録を

参照されたい。また，16世紀後半の「枢機勅令簿」については序論第4節において触れているが，より詳細な情報については[澤井 2006]を参照。

2　この問題についての先行研究は，[Toprak 1994;Behar 1996]および[Koç 1999]に手際よくまとめられている。煩雑さを避けるため，ここでこれらを逐一列記することは避ける。

3　16〜17世紀のイスタンブルに関する古典的研究である[Mantran 1962]は，同時代のイスタンブルの巨大さを強調し，また16世紀の急速な人口増加に言及しているものの，それが都市におよぼした影響については一切の考察をおこなっていない。オスマン朝社会経済史研究のひとつの到達点である[İnalcık 1994b]においても，「巨大都市への食糧供給」という項目が設けられているものの，そこで扱われているのはイスタンブルへの一般的な食糧供給地域と品目の概観のみである[İnalcık 1994b:182-187]。

4　メフメト2世によるイスタンブルの復興政策については[山本(林) 1981]および[林 1995]を参照。

5　例えば，イスタンブルの重要な給水源である「ベオグラードの森 Belgrad Ormanı」の名は，このときにイスタンブル郊外に定住したベオグラード出身の人々に由来する[Yaltırık 1994:148-150]。さらに，イスタンブルの大城壁にある諸門のうち，メヴラーナ門 Mevlana Kapısı とも呼ばれるベオグラード門 Belgrad Kapısı の名もまた，この門の付近に移住してきたベオグラードの人々にその起源を求められるという。

6　例えば，現在でもイスタンブル中心部にその名が残るアクサライ地区は，メフメト2世期に大宰相イスハク・パシャ(1497年没)がアナトリアに拠るカラマン君侯国の支配する都市であったアクサライを征服した際に，その住民を移住させたことに由来するという[Kuban 1993:161]。また一説によると，ファーティフ地区にあるチャルシャンバ地区も，同名の黒海の小都市から移住してきた人々が集住したことからその名がつけられたとされる。

7　ただし，16世紀におけるイスタンブルの人口がどの程度の規模のものであったかという点については，各研究者の意見の一致がみられていない。多くの研究においては，イスタンブルの人口についての明らかな過大評価がみられるが，この問題については稿を改めて論じたい。

8　このような農民の大規模な逃散は，1580年代から17世紀初頭にかけてアナトリアで続発したジェラーリー諸反乱の淵源ともみることができよう。ジェラーリー諸反乱とそれがオスマン朝に与えた影響については，[Griswold 1983]を参照されたい。

9　この時代，女性や子どもの移動が史料に記録されることは非常に稀である。この事例は，偶然にも道中で匪賊に襲撃されたことから枢機勅令簿に記録されたと考えられる。1572年2月12日という日付から，何らかのかたちで先にイスタンブルに入っていた父親が，断食月があけるラマダーン祭に合わせて家族を呼び寄せたものと推測される。

10　現在も造船所が立ち並ぶこの地域は，スレイマン1世の宰相であったギュゼルジェ・カスム・パシャ(1533年没)のモスク周辺に発展した新開地であった。カスムパ

シャ地区には16世紀後半においても海軍工廠をはじめとするオスマン艦隊の各種施設が多数存在していた。この地域にイスタンブルに流入してきた者たちが集住したことの大きな理由のひとつは，このような艦隊関連の施設で肉体労働などの単純労働をおこなうことによって，他の地域に居住するよりも容易に職を得ることができたからであろうと考えられる。

11　同様の都市問題は，規模の程度の差こそあれ，現代のイスタンブルにおいても確認することができる。1970年代以降に急速に進展したイスタンブルへの人口流入の結果として，「一夜建て」と呼ばれる違法住宅の建設や飲料水やエネルギー供給問題など，本章で指摘した事象に類する諸問題が現在のイスタンブルにおいても早急に解決されるべき都市問題となっていることは大変興味深い。

12　関係する史料の数が膨大であるのでここで逐一あげることは避けるが，一例としてとりあえず[MD14:796;MD19:376;MD21:411;MD23:356]。これらの史料においては，水道管が敷設されている土地の上に建物を建てることを禁じるとともに，水道管を保護するために埋設地点から一定距離の割合で空き地を設けることを命じている。

13　この時期の公定価格制度の実態について詳しくは，［澤井 2003］を参照。

14　ここで用いられているイスタンブルは，現在，一般的に用いられる「大イスタンブル」ではなく，大城壁の内側の「歴史的イスタンブル」を意味する。その場合，大城壁の西側に位置するエユップ，金角湾を挟んだガラタ，ボスポラス海峡対岸のウスキュダルとは区別して使用される。

15　史料上においては，食料 zahire，穀物(tereke あるいは hububat)といった語がもっとも多く使用されている。しかし，他の記事と照合すると，「食料の欠乏 zahire müzayakası」と記された際には，実態としては多くの場合，小麦 buğday の欠乏を意味していることが理解される[MD26:703, 793]。

16　また，この時代のオスマン朝における代表的知識人であるムスタファ・アーリーの『諸情報の精髄』(*Künh'l-ahbar*)には，ムラト３世として即位した直後に彼が述べた言葉が「朕は腹が空いた」(Karınım aç)という一言であったことが，この年の「飢饉 kaht」を暗示するものであったと記されている。ムスタファ・アーリーはまた同書において，この時期のイスタンブルでは，「始祖オスマンの御世以来，〔これまで〕生じなかったような，物価の高騰や飢饉と高値の継続」があったとも記しており[Ali 2000, vol.2:240f.]，これらの逸話は，当時のイスタンブルにおける食糧事情の危機的状況を如実に物語るものであるといえよう。

17　おそらく本業の洗濯業を口実にして，売春などの違法行為もおこなっていた者であると考えられる。

18　エユップの名は，メッカからメディナに聖遷(ヒジュラ)した預言者ムハンマドを家に迎え入れた教友(アンサール)であり，90歳を超えてコンスタンティノポリス攻囲戦に参加し，そこで戦死したとされるアブー・アイユーブ・アル・アンサーリー(672年没)に由来する。メフメト２世によるコンスタンティノポリス征服の際に偶然にもその墓が発見されたとされ，以来，イスタンブルにおけるイスラームの聖地となった[*DBİA* 1994:245-250]。

19　史料に具体的な記述はないが，おそらくは飲酒行為あるいは酒の販売を指してい

るものと考えられる。
20 この場合も，先に示したガラタの洗濯婦の例と同様に，売春あるいはそれに準じる違法行為をおこなっていたと推測される。
21 この問題については，第4章において詳しく検討する。また，イスタンブルへの各種物資の供給地域の概要については[İnalcık 1994a:116-119;İnalcık 1994b:179-187]も参照。
22 なお，この史料においては，比較的近郊のイズミトからイスタンブルに小麦粉を輸送する旨の命令が記されている。
23 オスマン朝においてはムフタスィブ Muhtesib と呼ばれた都市経済の監督責任者。原義は「ヒスバ(公益監督)の義務の実行を委任された者」であるため，宗教的な義務や禁忌の監督，風紀の取締りにもあたる[村田 2001]。ムフタスィブについて詳しくは[湯川 1987-88]を，また16〜17世紀のオスマン朝におけるムフタスィブについては，とりあえず[澤井 2003]を参照。なお，より詳しい情報については次項において述べる。
24 史料上の用語はエユップ Eyüp ではなくハースラル Haslar であるが，混乱を避けるために，ここでは便宜上エユップに統一する。
25 保証人がいない者というのは，言い換えると，誰も保証人になりたがらないような犯罪者や無法者，あるいは新たにイスタンブルにやって来たために知合いがいない者たちであった。あとで詳しく述べるように，イスタンブルにやって来て5年を経ていない者たちは「人返し」の対象として，イスタンブルでの居住を認められず，元の居住地へと送り返された。
26 例えば，イスタンブルにおいてシャリーアに反するような乞食や物乞いが増加した問題については，これを禁じるためにス・バシュであるシャー・チャヴシュが担当官として任命されている[MD31:69]。
27 この史料からは，イスタンブルに肉体労働者としてやって来たズィンミーのうち，6カ月以上にわたって滞在した者たちに「滞在税」が課せられていたことがわかる。ただし，同様の「滞在税」がムスリムにも課せられていたかどうかは，現在のところ不明である。
28 寛政・天保両改革の代表的な研究として[藤田 2002]がある。また，「人返し」を江戸の人口問題や都市と農村との関係から論じた[藤田 2003]も参照。
29 ただし，日本における「人返し」が，それほど実効的な政策ではなかったこともまたよく知られた事実である。例えば農村への帰還を促した寛政の改革の「旧里帰農(奨励)令」に応じた者は，江戸全体でわずかに4人であったという[藤田 2002:36]。また，天保の改革における「人返しの法」も江戸町奉行遠山景元や各地の代官たちの反対などから，それほど大きな効果をあげることはできなかった[藤田 2003:263f.]。一方のイスタンブルにおける「人返し」が，人口抑制のための政策としてどれほどの実効性を有したのかについては，史料などには明確な記述がなく，いまのところ不明であるといわざるをえない。

第Ⅱ部　オスマン朝の穀物流通システムと東地中海世界における「穀物争奪戦」

第3章　イスタンブルにおける食糧不足と穀物供給

1　ビザンツ帝国時代のコンスタンティノポリスへの食糧供給の古典的研究として[Teall 1959]や[Laiou 1967]がある。また先行研究をまとめてビザンツ期からオスマン朝期にかけての黒海からの穀物供給を概観した論文として[Özgüven 2003]。同じく，13世紀から15世紀までの黒海南部における穀物貿易についての研究として[Karpov 1993]がある。

2　本章に関連する先行研究については，繰返しを避けるためにここでは詳しく触れない。序論第3節の「オスマン朝穀物史研究の展開と課題」を参照いただきたい。

3　米は，我々日本人にとっては主食となる穀物であるが，オスマン朝における食生活を詳しく検討した[鈴木董 1995]にも「日本人の必要必須の主食たる米は，トルコ人にとっては主食ではなく，副食であった」とあるように，オスマン朝の食文化においては，あくまで「おかず」の材料であったことには注意する必要がある[鈴木董 1995:65-68, 142, 159, 162, 214]。また，穀物以外の各種食料品の供給元については，同書の「イスタンブル市場めぐり」と題された章を参照されたい[鈴木董 1995:63-92]。さらに当時の宮廷への食料供給については，やはり同書における「トプカプ宮殿の台所」と題された章[鈴木董 1995:145-170]のほか，15〜17世紀における宮廷への食料供給についての最初の，かつ優れた著作である[Bilgin 2004]が非常に詳しい。

4　レンチベル(rençber)はペルシア語の「苦しみ，困難 renj」を「おこなう者 ber」に由来し[Devellioğlu 1993]，原義は「一般の日雇い労働者 a common day-laborer」[Redhouse 1890]である。しかし，枢機勅令簿においては，レンチベルは輸送業に従事する商人として記述されており，とりわけ「官有船 miri gemi(si)」というタームに対応するかたちで「私有商船 rençber gemisi」として用いられることが多い。官有船と私有商船がそれぞれに果たした役割については本章の第3節において詳述する。

5　ただし先にも述べたように，オスマン朝においては，大麦は基本的には家畜の飼料として用いられることが多かったことは繰り返しておく必要がある。

6　枢機勅令簿には，食物をあらわす多くの言葉が用いられている。もっとも広い意味をもつのはアラビア語起源の「ザヒーレ zahire」とその複数形の「ゼハーイル zehair」であり，日本語の「食料」一般に対応する。ザヒーレは，フェリト・デヴェッリオールによると「必要な際に消費するために，倉庫に保管された穀物，食物」を意味し[Devellioğlu 1993]，食肉などの各種食料を含む場合もないわけではないが，枢機勅令簿に記された実例をみると，おおむね小麦を中心とする穀物を意味する事例が多い[MD26:703, 793]。一方，「穀物」を意味する言葉としては，「テレケ tereke」と「フブーバート hububat」が用いられる。テレケは，アラビア語起源の「遺産」を意味する語と同じ綴りではあるが，ここではトルコ語起源の「穀物」を意味する語として用いられる。一方のフブーバートは，アラビア語で「粒」を意味する「ハッバ habba」の複数形であり，小麦や大麦など粒状の穀物一般を指す。

7　しかしこのことは，この空白の期間にイスタンブルにおいて食糧不足がまったく発生しなかったということを意味するものではない。同時代の代表的な年代記である『セラーニキー史』には，1563年にイスタンブルで発生した集中豪雨と，それが引き起こした未曾有の大洪水が記録されており，こうした自然災害の影響によって食糧不足が生じていた可能性は極めて高いと考えられる[Selaniki 1989, vol.1:1f.]。1563年のイスタンブル大洪水の被害の実態と，災害復興の状況については，[澤井 2013a]を参照されたい。

8　このあとにおいても詳述するように，エジプトからは米に加えてレンズマメやヒヨコマメなどの豆類がイスタンブルに供給されていた。

9　断食月は，アラビア語でラマダーン，オスマン(トルコ)語でラマザンと呼ばれるヒジュラ暦の第九月。ムスリムの義務のひとつである断食をおこなう月であり，敬虔なムスリムは日の出から日没まで一切の飲食を絶つ。しかし，日没の礼拝のアザーンが唱えられたあとにはイフタールと呼ばれる断食月に特有の豪華な食事をとる。また，日の出の前にはサフルと呼ばれる食事をとることが一般的である。このため，断食月という名が与える印象とは正反対に，断食月には他の月と比較しても，極めて大きな食料需要が生じる。

10　1565年7月16日付の記録によると，オスマン艦隊において重要な位置を占める指揮官であり，この年の6月にマルタ島の攻防戦において戦死したトゥルグート・パシャ(1485〜1565)指揮下のカルヨンにイスタンブルから200ミュド(約102.6トン)の穀物が積み込まれている[MD6:1419]。また，直後の7月19日付の記録によると，ハサン，アブディー，アリの息子スィナンおよびペルヴァーネという4人の船長のカラミュルセルと呼ばれる小型船4隻に，イスタンブルにおいて食糧が満載されて送り出された。同じ史料には，このあと4隻，さらにのちには15隻分の食糧が前線であるマルタ島に送られていることが記されている。カラミュルセル船の積載量は約50〜100トンとそれほど多くはないが，それでも合計で23隻分の食糧が送られたと仮定すると，おおよそ1150〜2300トンもの食糧がイスタンブルから搬出されたと考えられる[MD6:1469]。

11　1570年には，これと同様の事態がたびたび発生しており[MD14:65]，ときにはエジプトからの船が，マルマラ海に面する穀物集積地であるロドスジュク(テキルダー)に寄港して荷を降ろしてしまうことから，イスタンブルにおいて米や香辛料が欠乏したことが記録されている[MD10:80]。

12　また，第1章第3節でも述べたように，この頃，ルメリで進行していた慢性的な飢饉もエディルネ行幸の中止の一因であった[MD14:793]。

13　同じように1571年6月には，イスタンブルからアルジェリア州総督に対して，小麦を積み込んだフェルハト・レイス指揮下の船が送られている[MD12:675]。このこともまた，イスタンブルにおける余剰穀物の存在を示唆しているといえよう。

14　この期間における唯一の例外は，1572年1月下旬に発生した食糧への需要であるが，これも程度としては軽微なものであり，これ以降は1572年から73年にかけての冬までイスタンブルにおける食糧不足は確認されない[MD10:322]。

15　セミズ・アフメト・パシャ(1492〜1580)。シェムスィ・アフメト・パシャとも。

1563/64年にアナドル州総督となり，のちにルメリ州総督職を歴任したあとに，セリム２世によって宰相に任ぜられた。ムラト３世治世の1579年に87歳という高齢で大宰相位に登りつめるも，翌年に死去している。

16　ギリシア語のヘラクレイア Ἡράκλεια がトルコ語化したエレーリは，マルマラ海西岸の同地(現マルマラ・エレーリスィ)のほか，イズミト湾沿岸部，黒海沿岸部に加えてコンヤ近郊にも同名の都市が存在する。

17　ウラマーと呼ばれるイスラーム知識人のことを指すと推測される。

18　この年のイスタンブルにおける食糧不足の原因のひとつに，厳しい旱魃があったことが推測される。同じくゲルラッヒの日誌には，1576年４月４日にムラト３世が雨乞いの祈りのために馬車でイスタンブルのもっとも重要な聖地であるエユップに向かい，あらゆる都市住民もそれぞれのモスクにおいてこの雨乞いに参加したことが記されている。また，ユダヤ教徒たちに対しても４月９日，12日および16日に断食と雨乞い祈願をおこなうように訓告がなされた[Gerlach 2006, vol.1:309]。しかしそれにもかかわらず，雨乞いが功を奏してはじめて雨が降ったのは，ようやく４月12日のことであったという[Gerlach 2006, vol.1:314]。

19　ボヤル・メフメト・パシャ(1593年没)。御前会議書記官 Divan-ı Hümayun Katibi から国璽尚書 Nişancı とアレッポ州総督を経て1580年に第四宰相に任じられた。その後も数度にわたって国璽尚書や宰相職を歴任した。1593(ヒジュラ暦1001)年にイスタンブルにおいて死去。

20　1586年の断食月には，穀物だけでなく干し果物やブドウ，スイカあるいはメロンといった果物にも欠乏が生じた[MD61:171, 172]。

21　同様の命令は，断食月12日目の８月27日にも発せられている[MD61:177]。

22　現在はルーマニアのトゥルチャ県に属するドナウ河口付近の小都市。ブライラの東方約 10km に位置する。

23　このとき，それぞれ１通の写しがベルガマとタルハラのカーディーたちにも送られており，また積み出すための船着場としてはアヤズメンド，フォチャおよび両船着場の中間に位置するチャンダルルが指定されている[MD61:200]。

24　このときには，ほかにも油脂，蜂蜜，チーズなど各種食料品と藁も送るように指示がなされた。また，同量の諸物資をイスタンブルに送るよう，モルダヴィア公にも命令が送られている[MD61:208]。

25　とりわけ，イェニチェリをはじめとするアスケリー層の商業への参入が事態の悪化に拍車をかけていたため，こうした「支配者層」による不当な取引行為や干渉を排除し，公定価格の秩序を回復させるために，担当官として先の第二厩舎長 Küçük Mirahor であったハサン・アーが任命された[MD62:166, 167]。

26　友邦の支配者であるクリム・ハンにまでイスタンブルの穀物供給についての要請がなされることは，極めて稀な事例である。このこともまた，当時のイスタンブルの食糧事情が危機的なものとなりつつあったことを示唆しているといえよう。

27　ただし，どの月に発生したのか不明である記録件数が４％あるため，実際の割合は65％に近かったと考えられる。

28　前近代のオスマン朝における海難事故研究は，いまだ端緒についたばかりである

が，とりあえず[Sawai 2005]を参照。

29　地中海で活動するオスマン朝艦隊もまた，一般的にはルーズ・カスムにはイスタンブルに帰港することが慣習とされていた。また，ルーズ・フズルは伝統的な夏冬二季制の夏の始まりとされ，同じくルーズ・カスムは冬の始まりの日であるとされていた。ルーズ・カスム以降，ルーム・フズルまでの食糧供給は，例外的な場合を除けば基本的に陸路によっておこなわれていたのではないかと推測される。

30　ただし，枢機勅令簿に穀物の輸送量が具体的に記されることは，極めて稀である。そのため基本的に，ある地域からイスタンブルに一度にどれだけの量の穀物が送られたかを知ることはできない。本節での議論も，あくまで枢機勅令簿に記された記録回数をもとに展開されるものであり，輸送された穀物の総量をもとにおこなわれるものではない。

31　現在はトルコ最大の穀物生産地域となっているコンヤ平野がイスタンブルと緊密に結びつくようになるのは，バグダード鉄道に接続するエスキシェヒルを経てコンヤにいたるアナトリア鉄道が開通した1896年以降のことである[Özyüksel 1988]。

32　ちなみに，これらの地域が，ローマ帝国からビザンツ帝国期においてコンスタンティノポリスへの穀物供給の主要地域であったビティニア州，アシア州およびポントス州にほぼ対応していることは食糧供給政策におけるビザンツ帝国とオスマン帝国との連続性を考えるうえでも極めて興味深い。

33　例えば，ワラキア，モルダヴィア両公国あるいはドゥブロヴニクなど他の属国への意思伝達には「命令 hüküm」という形式が用いられたのに対して，クリム・ハン国のハンには必ず「親書 name-i hümayun」の形式が用いられた。また，クリム・ハンが率いる軍団は，オスマン朝が実施した数多くの遠征にも同盟軍として従軍しており，この意味においても16世紀後半の両国関係は，宗主国と属国というよりはむしろ，オスマン朝の保護下にあるとはいえ，極めて親密な独立国のような状態にあったといえる。

34　ブルサ周辺で収穫される上質の小麦が宮廷用のパンの原料となることは，17世紀初頭にヴェネツィアのバイロ baylo(駐在大使)としてイスタンブルに2年半にわたって滞在したオッタヴィアーノ・ボンも記している[Bon 1996:98]。

35　ただし枢機勅令簿に穀物の具体的な輸送量が数値で記されることは極めて稀である。このため，ここでの考察もまた16世紀後半の史料的限界から，穀物輸送量ではなく，あくまで枢機勅令簿にあらわれた記録回数を基礎にしたものであることは，改めて述べておく必要があろう。

36　『ヨーロッパと海』(*L'Europe et la mer*)の著者であるミシェル・モラ・デュ・ジュルダンが，その第1章に「ボスポラス・ダーダネルス両海峡」と題する1節を設けて，両海峡の重要性と特性について述べていることは大変興味深い[モラ・ドゥ・ジュルダン 1996:39-45]。

37　また，1579年の「海開き」が翌日に迫った5月5日には，アレクサンドリアとロドスの提督に加えて，エーゲ海や地中海の沿岸部に展開するキオス島，ミストラ，レスボス島，キプロス島のファマグスタ(マゴサ)の県知事たちにも，エジプトからの穀物輸送船や商船を護衛する命令が出されている[MD36:544;MD38:254, 255]。エ

ジプトからイスタンブルに向かう輸送船団を襲撃した聖ヨハネ騎士団の「海賊活動」については，[Greene 2010]も参照。

38　カヴァラは，エーゲ海を担当するオスマン艦隊の根拠地であり，カヴァラの提督 Kavala kaptanı が常駐する戦略上の重要拠点でもあった。

39　イタリア語史料ではロドスト Rodosto と表記され，おそらくそれが変化してオスマン語における呼称であるロドスジュク Rodoscuk となったと考えられる。

40　ビザンツ期のライデストスにおける穀物流通の詳細については，「ライデストス穀物専売政策をめぐって——11世紀ビザンツの国家と官僚」と題する優れた論考が存在する[根津 1988]。また，ミカエル７世(在位1071～78)期について記したミカエル・アッタレイアテスの『年代記』は，当時のロドスジュクについて以下のように記している。「ライデストスの町にはたくさんの車が小麦を運んできて，そこで売却がおこなわれ，修道院所属旅人宿泊所，聖ソフィア大教会の代理商人，ならびにさまざまな地方の商人に売りさばかれたが，そのさい取引は，それを欲する何人に対しても，自由に，妨げられることなくおこなわれ，その結果，穀物はとどこおりなくすべての人にゆきわたっていた」[渡邊 1985:5-8]。

41　エレーリは，ロドスジュクと並んでビザンツ期においてコンスタンティノポリスへの穀物供給に重要な役割を果たしていたヘラクレイアである。

42　豆類はまた，食肉が高価であった当時のタンパク源としても非常に貴重な存在であった。

43　エジプトからはそのほかにもレンズマメやソラマメがもたらされることもあった[MD43:284]。

44　ミュセッレムは，オスマン朝において兵士として登録される代わりに免税特権を享受した者たち[Pakalın 1946, vol.2:627f.]。1581年６月25日付の枢機勅令簿の記述によると，ロドスジュクでは，155人のミュセッレムがイスタンブルへの食糧の積込み作業に従事していた[MD42:196]。

45　穀物袋のほかにも，チーズや油脂などの水分を含む物資を輸送する際にはトゥルムと呼ばれる別種の袋が用いられていた[MD26:887;MD30:266]。

46　1581年６月11日付の枢機勅令簿の記述によると，イスタンブルの小麦粉計量所にいた，ある臣民の商人のもとには，2000枚もの小麦粉用袋があった[MD42:862]。

47　オスマン朝における各種船舶については[Bostan 2005]がもっとも詳細な研究である。同書には，大量の細密画や写真，模型が用いられておりオスマン朝の船舶について視覚的に理解するのに好都合ではあるが，各船舶についての具体的な記述は[Uzunçarşılı 1948]および[Bostan 1992]に依拠しているため，本書においては直接の引用はおこなわなかった。

48　カラミュルセルの名は，マルマラ海に存在する同名の港湾都市で建造されたことに由来するという[Bostan 1992:88]。

49　しかしこのとき，オスマン朝政府は，イスタンブルにおける食糧窮乏の原因となることから，積載能力が低いカラミュルセルには穀物を載せないようにエジプト州総督に宛てて命令を送っている[MD6:425]。

50　ガレー船をはじめとする各種櫂船については，[Zysberg et Burlet 1987]に非常に

詳しい。

51　マヴナは，ガレー船をさらに大きくした軍用櫂船。2本ないし3本のラテン帆を装備し，座席数は片側2段26席で，それぞれの櫂を7人の漕ぎ手が漕いだという。このため乗組員は，操帆要員が40人と漕ぎ手が364人の合計404人におよんだ。さらに，戦時には150人の戦闘員に加えて40人の砲兵もが乗り組んだことから，乗員の合計は600人以上を数えた[Uzunçarşılı 1948:460f.; Bostan 1992:87f.]。

52　カルヨンも，その他の多くの船舶の名称と同じく，イタリア語のヴェネツィア方言であるガリオン galión からオスマン語に取り入れられたものである。地中海各地の様々な言語で記されたカルヨンの史料上の用例としては，[Tieze and Kahane 1988:238-241]を参照。

53　ウズンチャルシュルは，同書が書かれた当時のアゾフ海で使用されていた平底の輸送船がバルツァと呼ばれていたことを根拠に，バルチャ船を平底の船であったと記述している[Uzunçarşılı 1948:469]。しかし，小規模な内海であり，波が比較的おだやかなアゾフ海ではともかく，季節によっては非常に波が高くなる地中海東部において，16世紀後半に平底の大型帆船が用いられていたとは考えにくい。

54　地中海世界で用いられたリンガ・フランカの海事用語を研究したアンドレアス・ティーツェによると，アーリバルの起源はギリシア語に求められるという[Tieze and Kahane 1988:501-503]。

55　イドリス・ボスタンはサンダルを7～12の櫂を有するボートであると説明しているが[Bostan 1992:93]，枢機勅令簿の記述をみる限り，おそらくもっと小型の舟艇もサンダルと呼ばれて用いられていたと思われる。

56　また，イスタンブルのムフタスィブのもとには，「執務所をもたないムフタスィブ Ayak Muhtesib」と名づけられた部下たちが複数名存在しており，彼らはその名のとおり，ムフタスィブの手足となってイスタンブル市内を巡回し，都市経済の監督業務をおこなっていた[MD64:28]。

57　それ以外にも，イスタンブルのムフタスィブは，イスタンブルへの穀物輸送への大きな障害となっていたオスマン領の他地域への不正輸送についても状況を把握し，防止策を講じるように政府に奏上している例も確認することができる[MD5:1402]。

58　このときに作成された勅令の草稿の写しが枢機勅令簿に記録されたと考えられる。勅令の正本は現地に送付され，命令が実行されたあとに行方不明となる場合が多いため，とりわけ伝世する史料が限定的な16世紀後半においては，枢機勅令簿はオスマン朝の各種政策の内容を知りうる稀有の史料である[澤井 2006]。

59　場合によっては，イスタンブルへの穀物輸送を許可する押印証書や押印書付は，イスタンブルのムフタスィブ以外にも，イスタンブルのカーディー[MD35:140]やイスタンブル港湾長官 İstanbul Iskele Emini[MD34:131]，あるいはイスタンブルの関税長官 İstanbul Gümrük Emini によって付与されることもあった[MD23:101]。また，こうした許可証の発行に際しては，一定の手数料が徴収されることが習慣であった[MD23:101]。

60　場合によっては受領証のほかに，あるいは受領証の代わりに，穀物輸送証書の写しが作成されて穀物を輸送する船の船長に手渡されることもあった[MD31:339]。

61　もちろんレンチベルたちが，輸送業務だけではなく，積荷である小麦をはじめとする各種穀物の取引そのものにも関与していた可能性は十分にある。

62　ただし，食糧輸送に従事したチャヴシュの個人的な持ち船が，イスタンブルへの穀物輸送をおこなっていた事例は存在する[MD27:295, 296]。

63　ただし，ズィンミーと記された船長たちが，実際にはギリシア正教徒であるのかアルメニア教会派に属する人々であるのか，あるいはユダヤ教徒であるのかについては史料からは明らかではない。

64　例えば1560年６月８日付の枢機勅令簿には，アナトリアからペロポネソス半島に穀物を不正に輸送しようとして拿捕《だほ》されたカラミュルセル船の記録が存在するが，その際には船内から42ミュド(約21.5トン)の小麦が見つかっている[MD3:1228]。

65　16世紀後半においては，数千ミュド単位の穀物輸送は頻繁におこなわれており，なかには一度に２万ミュド(約１万260トン)もの小麦がレンチベルたちの手によってイスタンブルに送られた事例も確認することができる[MD5:462]。かりにこのときの輸送料を前記の例と同じくキレ当り２アクチェとすると，レンチベルたちが得た輸送料は合計で実に80万アクチェにのぼる。

第４章　穀物問題にみるオスマン朝と地中海世界

1　16世紀を通じて増大する一方であったアナトリアの人口圧に対して，農業生産力の上昇が追いついていなかったことについては[Cook 1972]を参照。

2　禁輸物資としての穀物については，[Arıkan 1991:284-289]にごく簡単にではあるが触れられている。

3　例えば，[Braudel 1966, vol.1:517-548;Aymard 1966:125-140;齊藤 2002:228-276]を参照。

4　現在，普通小麦と呼ばれるパンの原材料の小麦粉をとるための小麦は六倍種に分類され，その名のとおり，ひとつの小穂に６粒が稔実する。しかし，16世紀の地中海世界においては，二倍種(一粒系)のヒトツブ小麦や四倍種(二粒系)のエンマー小麦が主流であったと考えられている。すなわち，二倍種は普通小麦の３分の１，四倍種でも３分の２程度の収量しか見込むことができない。とりわけ二倍種の小麦は世界最古の栽培種であるとされ，現在ではアナトリアとクリミアの一部での栽培が確認されているのみであるという[長尾 1998:95-98]。また休耕地については，二圃制や三圃制はもとより，ときには10年に一度しか耕作されないこともあったとされ，収穫効率は，現在とは比較にならないほど低いものであったと考えられる[Braudel 1966, vol.1:388]。

5　こうした穀物輸入のうち，オスマン朝からのものについては本章第３節において詳述する。ヨーロッパ諸国間における穀物輸送については[Braudel 1966, vol.1:517-548]に詳しい。

6　こうしたオスマン朝からの小麦の流入の影響によって，1550年頃を境に，それまでヨーロッパ各地への穀物供給地として重要な役割を担っていたシチリアからの穀物輸出は，衰退を始めたという[Braudel 1966, vol.1:526f.]。

7　このエマールの研究成果を批判的に紹介したものとして[齊藤 1989]がある。

8　リュステム・パシャ（1561年没）は，アルバニア系のデヴシルメ出身者。宮廷で教育を受けたあとに，ディヤルバクル州総督 Diyarbakır beylerbeyi となり1543年にスレイマン１世の愛娘であるミフリマフ・スルタンと結婚する。その後，第三宰相を経て大宰相に登りつめた。生前に貿易などによって莫大な財を成したことでも有名であり，エミニョニュ地区に豪華な装飾タイルで知られるリュステム・パシャ・モスクを建設させた。大宰相在任中の1561年に一説によるとペストに罹患して死去。より詳細な情報については［鈴木董 1993:85-87］を参照。

9　一方でイナルジュクは，典拠となる史料を明示していないものの，1553〜60年にオスマン朝政府が穀物の輸出禁止をおこなったとしている［İnalcık 1994b:184］。

10　ただし，穀物不足が深刻であった16世紀後半においては，こうした穀物流通の統制政策は地中海世界の他の国々においても一般的におこなわれていた。例えば，ヴェネツィアもまた，法的規制によって首都ヴェネツィアへの穀物輸送を促進するとともに，大陸領土の地域間取引を禁止していたという［齊藤 1989:59］。

11　一般に収入が２万アクチェ以内のものをティマール，２万〜９万9999アクチェまでをゼアーメト，それ以上の収入をもたらし，君主たるパーディシャー自身や皇族あるいは極めて高位の者たちに与えられる知行地をハスと呼んだ。

12　不正輸送と密輸は，史料中の具体的な記述内容からも容易に峻別することができる。また，オスマン朝領内における不正輸送については，穀物の輸送元あるいは輸送先にあたる領内の特定の地名が記されることが多い。一方で，国外への密輸については，穀物の行き先として一部にヴェネツィアやアンコーナなどの具体的な地名がみられるものの，ほとんどの場合は「海上や卑しき異教徒どもに」などの抽象的な表現に留まる。詳しくは，第２節および第３節において改めて言及したい。

13　商品の購入のために現地に赴いておこなう「能動貿易」と自らは移動することなく外部から買付けに来る商人を相手におこなわれる「受動貿易」については，［深沢 2000:223-237］において非常に明解に説明されている。

14　カーディー管区は，カーディーが居住する人口3000〜２万ほどの都市あるいは町を中心に，周辺の村々をあわせた周囲 40〜60km 程度の広がりをもつのが一般的であった［Genç 2000:46f.］。

15　メスィフ・スレイマン・パシャ。白人宦官《かんがん》出身で宮廷財庫管理官長 Hazinedar başı，エジプト州総督を経て宰相となり，のちに大宰相にも就任した。1589年没。

16　これには，イスタンブルへの食糧供給を名目にして他の場所に穀物をもたらす行為，すなわち政府の命令による穀物輸送を隠れ蓑にしておこなわれていた不正輸送も含まれる。

17　地方でエミンと呼ばれた者たちの実態については，よくわかっていない。一般には，地方の都市や町にいて，多様な業務に従事した下級役人であったと考えられている［Pakalın 1946, vol.1:25f.］。

18　1560年の大飢饉についての詳細は，［Veinstein 1999］を参照されたい。

19　あるいはトラキア南部から荷車や駄獣による長距離の陸上輸送をおこなうことによって，ポモリエなどの黒海沿岸の港湾都市に穀物を移送し，そこから海路でカッファへと送られていた可能性も完全には否定できない。ただし陸上輸送は海運に比

べると輸送コストが高いうえに人目にもつきやすいことから，ボスポラス海峡を突破する方法が不正輸送の主流であったと考えられる。

20　エジプトからイスタンブルに向かう輸送船団を襲撃した聖ヨハネ騎士団の「海賊活動」については，[Greene 2010]に詳しい。

21　ゲリボルにおける不正輸送の記録が多いことの一因としては，エジプトからの輸送船団によるもののほかに，マルマラ海沿岸部において穀物を不正に積み込んだあとにダーダネルス海峡を突破しようとした船舶の存在があげられる。ゲリボルは，全長約60kmにおよぶダーダネルス海峡における最大の港湾都市であり，オスマン艦隊の重要な拠点でもあった。そのため，ゲリボルに駐在するカーディーや守備隊長は，港湾都市としてのゲリボルだけでなく，ダーダネルス海峡全体における監視にも責任を負っていたと考えられる[MD42:1003;MD46:159]。

22　地方の寒村から一大港湾都市に発展を遂げたイズミルの状況については[Goffman 1999]および[永田雄三 1999]が非常に詳しい。

23　詳しい分析については第3節に譲るが，ここでは図24にみられる不正輸送の年ごとの発生傾向は，同時代における密輸の発生とは性格を異にしていることを付け加えておきたい。

24　一方でこれとは逆に，イスタンブルへの穀物輸送を命じた勅令や証書をもって地方に赴いたにもかかわらず，現地での退蔵や隠蔽によって，輸送船の船長が十分な量の穀物を受け取ることができない事態も発生した[MD35:666]。こうした穀物の退蔵に対しても，オスマン朝は断固とした態度で臨み，カーディーをはじめとする現地役人の解任や懲罰を含めた厳しい措置をとっている[MD35:939]。また，事前に穀物の退蔵行為が発覚した場合には，穀物が他の地域に流出することを防止するために倉庫を封印させ，イスタンブルから派遣される担当官が到着するまで穀物を保全するようにも命じている[MD30:106]。

25　場合によっては城兵の代わりにミュセッレムと呼ばれる免税特権を得て軍務に就いた人々を乗船させることもあった[MD58:883]。ときには，乗船させたミュセッレムの出身地である村の名前まで調べ上げてイスタンブルに報告させるほどの念の入れようであった[MD6:1109]。

26　ハッサ・ハルジュ・エミニはシェヒル・エミニとも呼ばれ，宮廷に必要な様々な物資の調達や購入にかかわる役人である[Sertoğlu 1986:143]。

27　金角湾の南岸に位置するウンカパヌ(原義は小麦粉計量所)は，別名を同義のカパヌ・ダキーク Kapan-ı dakik といい，ここには外部からイスタンブルにもたらされる小麦が運び込まれ，計量や課税および分配がおこなわれていた[*DBİA*, vol.7 1994:325f.]。ウンカパヌにはまた，穀物を運搬する船のための専用の船着場も備えられており，そこに接岸した輸送船からは積荷の小麦が計量所に直接運び込まれる仕組になっていた[Kömürcüyan 1952:16f.]。

28　同義の類似表現としては，「卑しき敵ども ada-i haksar」もある[MD12:1022]。

29　ダール・アル・ハルブの対義語は「イスラームの家」を意味し，理論上はすでにイスラーム化し，シャリーア(イスラーム法)が施行されている地域を指す「ダール・アル・イスラーム」である[大塚ほか 2002:618f.]。また，少なくとも枢機勅令簿

の作成にかかわったムスリムの書記官僚たちは，当然のことながらオスマン朝の領土を「ダール・アル・イスラーム」であると認識していたと考えられる。

30　16世紀後半の地中海世界を舞台としたオスマン朝とスペインとの争いはブローデルの『地中海世界』における第3部の主要なテーマとなっている［Braudel 1966, vol.2］。

31　ちなみにこのときの疑いは，たんなる杞憂には終わらなかった。実際に，わずか3年後にあたる1567年9月14日付の枢機勅令簿には，「何隻かの船に小麦が積み込まれ，異教徒に売られることによって〔ロドス島の〕地域が飢饉となり，地域の人々が食糧の欠乏状態におかれていること」が記録されている［MD7:213］。

32　この時代のオスマン朝における公定価格制度については，［澤井 2003］を参照。

33　このマノルが第2節でみた不正輸送の際にガレー船に送られたマノルと同一人物であるのか，あるいは同名の別人であるのかについては史料からは定かではない。

34　バルチャ船やアーリバル船をはじめ，本章において頻出する様々な船舶名称とその特徴については，第3章第3節第2項においてすでに詳しく述べたため，該当の関係個所(173〜174頁)を参照されたい。

35　オスマン朝における標準的なミュドで計算すると，2万ミュドは数隻の密輸船ではとうてい運び出せないほどの莫大な量になる。史料には「イステフェ〔ティーヴァ〕のミュド İstefe müdü」であると記されており，実際おそらくここで換算した数値よりもずっと少ないものであったと考えられる。いずれにしても当時のティーヴァ地方で用いられていたミュドが，何キロに相当するのかは明らかではない。

36　また，イタリア史料をもとに1540年代におけるオスマン朝からの穀物密輸の状況を詳しく分析した齊藤寛海によると，収穫地の村々から海岸までの運搬には荷車が用いられたという［齊藤 2002］。

37　一般に，スィパーヒーがティマールを保有したのに対して，ゼアーメトと呼ばれるより多くの収入をもたらす知行地を有していた者たちをとくにザーイムと呼ぶ。

38　もちろんペロポネソス半島以外の各地においても，スィパーヒーが関与する穀物密輸は発生していた。例えば，エーゲ海のアジア側にあるエドレミト［MD7:1733］やアルバニアのデルヴィネ［MD33:209］，あるいはシリアのシャム州などにおいて同様の事例を確認することができる［MD42:871］。

39　実際にキリス県においては，この直後の1566年1月15日に，「海外や異教徒どもに食糧を与えたために飢饉が発生し」たことが記録されている［MD5:811］。

40　ララの綽名《あだな》をもつムスタファ・パシャは，その名のとおりセリム2世が皇太子時代の師傅《しふ》であるとともに，キプロス遠征の総司令官を務めた人物でもあった。

41　例えば齊藤寛海によると，1540年2月にテッサリア産の小麦約3万スタイオ(約1860トン)を輸送するドゥブロヴニクの船団がヴェネツィアのガレー船団によって拿捕されたため，ドゥブロヴニクでは翌月に餓死者がでる惨状となった。この事件を受けて，スレイマン1世はすぐさまドゥブロヴニクに対して2万5000スタイオ(約1550トン)の小麦を輸送する許可を与えたという［齊藤 2002:249f.］。

42　16世紀におけるアドリア海についてのより詳細な情報については，［Braudel 1966, vol.1:113-122］を参照。

43　また，ごく稀にではあるが，黒海で積み込まれた穀物がイスタンブルを通過してエーゲ海方面に密輸される例もあり，ここではこれらについてもマルマラ海沿岸部からの密輸に含めた[MD58:3]。

44　例えば，[MD53:405;MD61:177]。ただし，いつの時代も例外は存在する。1580年4月25日付の枢機勅令簿には，「ヴェネツィア，フランス，クレタ島，ナクソス島，スキアトス島およびその他のよそ者の諸船舶が」イスタンブルを出港する際の積荷検査を受けたあとにマルマラ海沿岸部にあるほかの港に寄港して，禁輸物資を購入して持ち出していることが記されている[MD39:668]。

45　オスマン朝によるキプロス征服とそれにともなう対ヴェネツィア戦争の経緯については，とりあえず[Uzunçarşılı 1951:9-26]を参照。

46　ただしエマールは，イタリア小麦への回帰の時期を1560年から90年としている[Aymard 1966:141]。また，ここでの議論との直接の関係性は薄いが，エマールは1590年以降のオスマン朝の小麦の再到来についても触れている[Aymard 1966:165-168]。

47　ただしブローデルは，オスマン朝による穀物輸出の禁止以降もオスマン領からの穀物密輸が活発であったことには言及している[Braudel 1966, vol.1:528f.]。また，イタリアが試練を乗り越えた要因のひとつとして，アドリア海沿岸部とりわけアルバニアといったオスマン朝領からの穀物密輸が重要な要素であったことを指摘していることもあわせて明記しておく必要がある[Braudel 1966, vol.1:538]。

48　また，すでに述べたように穀物は戦略物資としても非常に重要視されていた。そのため，オスマン朝政府は各種の穀物を禁輸物資に指定し，とくにヴェネツィアやスペインなど敵対する国々への輸出を厳禁していた[Arıkan 1991:284-289]。

49　ただし例外的に現地で船長を処罰し，ガレー船送りにした記録も存在する[MD16:323]。

50　このときには，ヴェネツィアのバイロ(駐在大使)の要請に応じるかたちで，ヴロラにあった帝室領から500ミュド(約256.5トン)の穀物をヴェネツィアに与える許可がなされている[MD67:114]。また，この時期にオスマン朝からヴェネツィアへの穀物貿易が再開されたことについては，ヴェネツィア史料を用いたエマールの研究においても言及されている[Aymard 1966:165-168]。

結論　つながる地中海世界，隔たる地中海世界

1　ブローデルもまた『地中海』の結論において，以下のように述べている。「まずはじめに来るのは農民であり，小麦である。言い換えれば人間を養う食糧であり，人間の数である。それが，この時代の運命を決定づける，物言わぬ基準なのである。短期的にみても，長期的にみても，農業活動がすべてを支配している。農業活動は，日増しに増える人間たちの重みを，それしか目に入らなくなるほどまぶしい都市の贅沢を，これからも支えていけるのだろうか。これこそは毎日の各世紀の死活を賭けた問題なのだ。それ以外は，相対的に，ほとんどどうでもいいようなことなのである」[Braudel 1966, vol.2:517]。

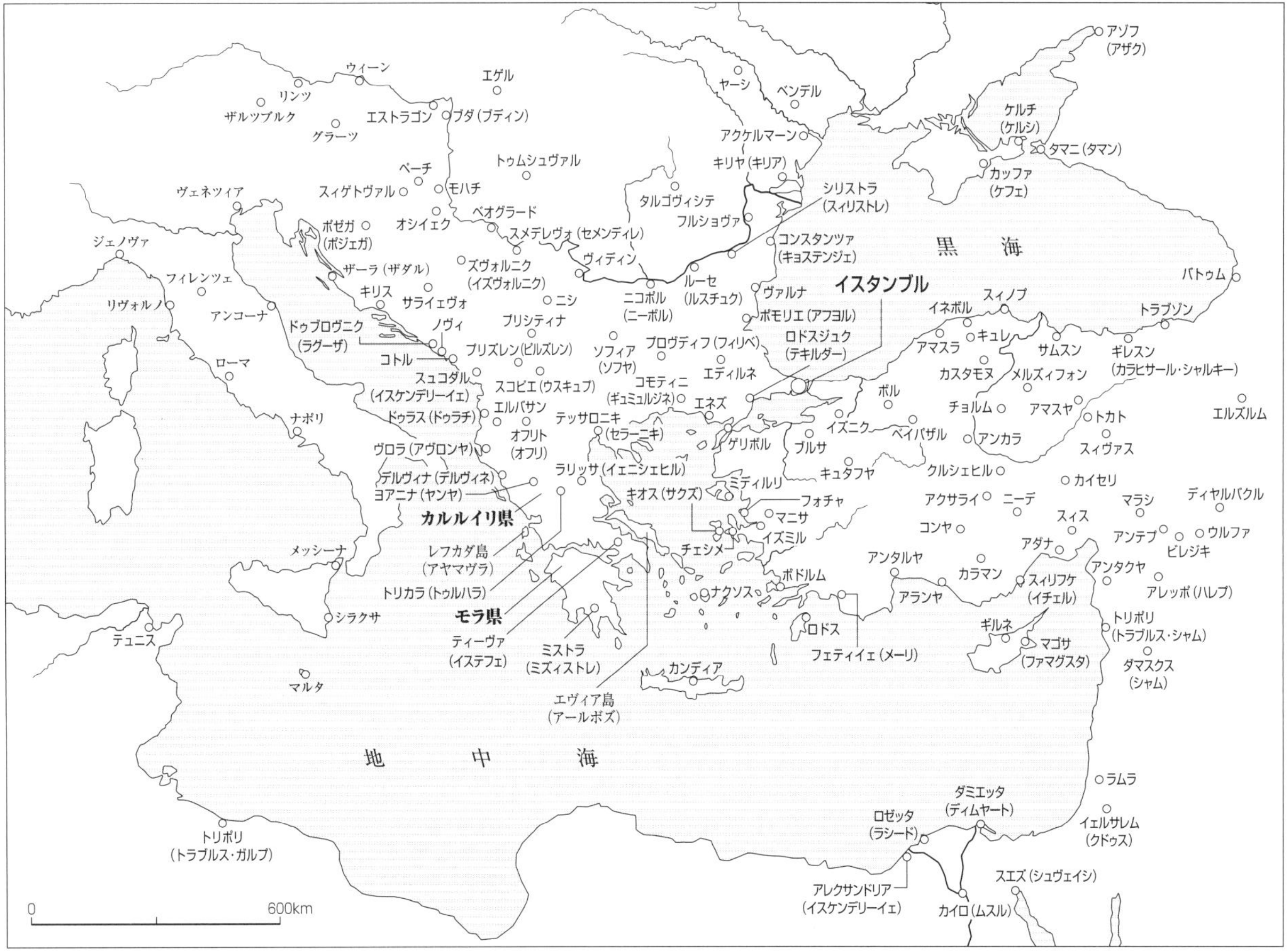

東地中海世界とオスマン朝